水利规划与工程检测技术应用

曾玉蓉　任衍磊　侯高峰　主编

吉林科学技术出版社

图书在版编目（CIP）数据

水利规划与工程检测技术应用 / 曾玉蓉, 任衍磊, 侯高峰主编. -- 长春：吉林科学技术出版社, 2024.8.
ISBN 978-7-5744-1769-4
Ⅰ. TV212
中国国家版本馆CIP数据核字第2024XJ0509号

水利规划与工程检测技术应用

主　　编	曾玉蓉　任衍磊　侯高峰
出 版 人	宛　霞
责任编辑	李万良
封面设计	刘梦杏
制　　版	刘梦杏
幅面尺寸	185mm×260mm
开　　本	16
字　　数	368千字
印　　张	18.75
印　　数	1~1500册
版　　次	2024年8月第1版
印　　次	2024年12月第1次印刷

出　　版　吉林科学技术出版社
发　　行　吉林科学技术出版社
地　　址　长春市福祉大路5788号出版大厦A座
邮　　编　130118
发行部电话/传真　0431-81629529 81629530 81629531
　　　　　　　　　81629532 81629533 81629534
储运部电话　0431-86059116
编辑部电话　0431-81629510
印　　刷　三河市嵩川印刷有限公司

书　　号　ISBN 978-7-5744-1769-4
定　　价　98.00元

版权所有　翻印必究　举报电话：0431-81629508

编委会

主　编　曾玉蓉　任衍磊　侯高峰
副主编　谢璐琼　银　波　段　义
　　　　杨爱兰　曾维林　许清远
　　　　孙军尧
编　委　史晓铭　常雪如

前 言
PREFACE

水资源是一个国家国民社会经济发展的基础。自古以来，水利工程建设一直是各朝各代必须发展的国家项目，如众所周知的大禹治水，秦时郑国渠和灵渠的修建等，都是为了国民生计和国家治理所建设的项目，对我国历史的发展进步起着至关重要的作用。自新中国成立以来，我国大力发展各项水利工程，并且取得了不菲的成绩，为国民经济发展，保障人民生命和财产安全起到了极其重要的作用。水资源是人类社会生存和经济社会发展不可或缺的资源。随着人类社会的快速发展，人们对水资源的需求也呈现不断增加的趋势，从而导致水资源趋于减少。

水利工程规划设计是整个水利工程建设工作的重点，是保证水利工程设计合理、施工有序、管理有效的基本保障。随着我国经济的飞速提升，水利事业较以往进步也非常显著，水利工程越发成为人们热议的话题，对国民经济与社会发展有着深远的影响。想要大规模地破土动工，就需要将建设速度提升上去，而这很大程度上取决于规划设计成效如何。另外，对于国家与政府投入资金也提出了较高的要求，同一时间相关决策部门也应当出台一系列政策。本书在此基础上，对水利建设工程规划与设计进行研究，希望能对相关工作者有所帮助。

由于技术与认识的局限，设计欠妥、施工材料选择不当、施工质量不佳、结构基础和建筑物本身存在缺陷以及地震影响等，加之运行条件变化、运行年限增加、运行管理存在问题等诸多不利因素的综合作用，致使为数不少的水工混凝土建筑物存在不同程度的病害，有些已严重影响工程安全运行。为了及时掌握水工混凝土建筑物的运行状态，保证结构的正常安全运行，延长结构的使用年限，需要在不影响结构安全运行的前提下进行一系列的现场无损检测，为下一步工程的安全评估和修补加固处理提供科学依据。水工建筑物无损检测的主要目的是，在不影响结构安全和正常运行的前提下检测其结构强度、内部缺陷及其他性能。

本书围绕"水利规划与工程检测技术应用"这一主题，以水利工程规划理论为切入点，由浅入深地阐述了水利工程规划重要性、生态水利工程规划、水利工程规划设计的基本原则等，并系统地论述了水利工程施工排水规划、水利工程施工建设等内容。此外，本书对水利工程检测技术进行了实践探索，介绍了土石坝工程试验与检测、水工混凝土检测、水电站金属结构安装检测。本书内容翔实、条理清晰、逻辑合理，兼具理论性与实践性，适用于从事相关工作与研究的专业人员。

由于水利工程复杂、发展较快，作者水平有限，书中难免存在不足之处，恳请广大读者给予批评指正。

目 录

第一章 水利工程规划理论研究 1

    第一节 水利工程规划重要性 1

    第二节 生态水利工程规划 3

    第三节 水利工程规划设计的基本原则 5

    第四节 水利工程规划设计各阶段重点 9

    第五节 水利工程规划与可行性分析 11

第二章 水利工程施工建设 13

    第一节 水利工程规划设计 13

    第二节 水利枢纽 19

    第三节 水库施工 27

    第四节 堤防施工 37

    第五节 水闸施工 47

第三章 水利工程导截流施工 58

    第一节 导流施工 58

    第二节 截流工程施工 67

    第三节 基坑排水及其他 72

    第四节 施工导流 81

    第五节 施工现场排水 101

第六节　施工排水安全防护 ………………………………………………… 102

第七节　施工排水人员安全操作 …………………………………………… 106

第四章　土石坝工程试验与检测 …………………………………………… 107

第一节　土石坝工程建筑原材料性能试验 ………………………………… 107

第二节　土石坝工程施工检验 ……………………………………………… 112

第三节　土石坝安全监测 …………………………………………………… 117

第五章　水工混凝土检测 …………………………………………………… 123

第一节　混凝土的主要技术性能 …………………………………………… 123

第二节　混凝土的配合比设计 ……………………………………………… 136

第三节　混凝土的质量控制与强度评定任务 ……………………………… 138

第四节　其他种类混凝土 …………………………………………………… 141

第五节　水工混凝土用细骨料（砂）性能试验 …………………………… 148

第六节　水工混凝土用粗骨料（石）性能检测 …………………………… 153

第七节　混凝土钢筋强度与钢筋保护层厚度检测 ………………………… 162

第八节　混凝土性能试验 …………………………………………………… 165

第六章　水电站金属结构安装检测 ………………………………………… 172

第一节　金属结构安装的试验 ……………………………………………… 172

第二节　闸门安装的检测 …………………………………………………… 180

第三节　门槽安装的检测 …………………………………………………… 184

第四节　启闭机安装的检测 ………………………………………………… 192

第五节　钢管安装的检测 …………………………………………………… 200

第六节　焊缝检测 …………………………………………………………… 202

第七节　防腐检测 …………………………………………………………… 204

第七章 农村饮水工程安全运行管理 ... 206

第一节 农村饮水工程安全运行管理基本理论研究 ... 206

第二节 农村饮水工程安全的属性 ... 213

第三节 农村饮水工程运行安全管理模式的评价组成 ... 218

第八章 农村饮水供水工程系统优化 ... 224

第一节 农村饮水供水工程水厂选址分析 ... 224

第二节 农村饮水供水工程系统协同优化简述 ... 235

第三节 农村区域饮水供水工程系统协同优化分析 ... 241

第九章 水利工程进度管理 ... 247

第一节 施工总进度计划的编制 ... 247

第二节 网络进度计划 ... 251

第十章 水利工程质量监督 ... 256

第一节 水利工程质量监督与影响因素 ... 256

第二节 水利工程质量监督机构的建设与单项工程的监督管理 ... 263

第三节 水利工程质量监督管理模式与建议 ... 274

参考文献 ... 287

第一章 水利工程规划理论研究

第一节 水利工程规划重要性

一、水利工程规划设计的重要性

水利工程建设是我国现代化建设的要求，是我国农业发展的要求。水利工程建设必须经过科学的规划设计才能更好地凸显其真实的价值和作用。因此，规划设计在水利工程项目的建设中起到了举足轻重的作用，主要体现在以下三方面。

（一）水利工程规划设计与质量工程造价紧密相关

水利工程项目建设主要包含决策、规划设计和实施三个阶段。其中，需要我们控制的重点在于相关项目的决策和规划设计，规划设计尤为重要。虽然水利工程项目规划设计收费一般占整个项目费用的3%左右，但是它所产生的影响巨大，必须引起高度的重视。比如，在规划设计中，如何选择材料，设计什么样的内部结构等，这些都将直接关系整个工程的造价预算和整体格局。

（二）水利工程规划设计与运行费用开支相关联

我们清楚地知道，水利工程项目规划设计质量的好坏，不仅对整个工程投资产生巨大的影响，它还会对工程运行时的各种费用支出产生较大的影响，可以说水利工程的规划设计与实际的运行费用具有一定的关联性，我们应该对其有足够的重视。比如，在供水项目工程的建设过程中，由于对年用水量方面的分析和研究作出了错误的判断，认为年用水量会很大，结果导致在工程项目建设的中由于建设的规模过大，最终导致实际费用远远超出了预算，而工程竣工投入使用后，实际的年用水量却远远小于当初规划设计的预期，这就导致整个工程在后续运行中产生的费用居高不下，使得整个项目一直处于亏损状态。

（三）水利工程规划设计与人民生命和财产安全相关

自2014年以来，全国大部分城市遭受大雨袭击，特别是内涝造成了人员和财产损失。目前，国内有些城市排涝设计标准较低，导致城市内涝问题非常严峻，建设符合城市人民需要的水利工程迫在眉睫。因此，无论是城市还是农村，水利工程规划和设计，对于保障人们的生命安全和财产安全具有重要的意义。

二、提高水利工程规划设计质量和水平的有效策略

现阶段，由于我国的水涝问题十分严峻，所以在水利工程建设中，要进一步加强水利工程设计、规划、建设，并提高设计规划的质量，进一步突出水利工程对于人民切身利益的重要性。针对以上问题，提出如下具体的实施方案。

（一）确保设计规划原始资料的真实客观性

在规划设计水利工程建设项目时，要严格对原始资料进行审查，必要时还要求相关工作人员多次复查以确保原始资料的真实性、可靠性。由于水利工程项目涉及诸多方面的数据和信息，如自然环境、人为因素、经济因素、政治因素、国际因素等，因此不可避免地会受到这些因素的影响，进而对水利工程规划设计和设计人员提出更高的要求。鉴于如上因素，水利工程规划设计相关工作人员在审核前，必须全面调查研究水利工程涉及的所有可能的因素，确保原始资料具有客观性、真实性和可靠性，为建设有保障性的水利工程项目打下坚实基础。

（二）规划设计过程中应严格按照相关标准规范进行

实际上，不仅仅应在建设水利工程项目时要严格遵循设计标准和规范标准，当涉及设计、建设和规划其他工程项目时同样要遵守。因此，工程规划设计人员在涉及工程的具体操作时，要用职业素养严格要求自己，做到按照标准和要求施工作业，优化和完善水利工程的设计方案。若遇到与水利工程设计相违背的情况，要及时反馈给上级，以便及时研究并提出合理的解决方案，让水利工程规划设计顺利进行。同时将设计理念贯穿在整个水利工程项目中，甚至具体到各个设计环节，高度警惕和重视任何环节，强调任何一个环节都不能疏忽，不然会带来极其严重的后果。在具体施工过程中，将施工环节具体地划分成不同的等级，对与不同等级安排相适应的技术设计人员负责，做到人才的有效运用，提高整个水利工程项目的质量。针对较高等级的环节，必须根据规划设计要求进行精确无误的规划，确保设计规划的准确性和合理性，但是对于偏低等级的环节也不能马虎，要谨慎处理和对待，避免在水利工程项目的建设过程中出现不必要的损失和影响。

（三）规划设计过程中应当坚持生态和谐与可持续发展理念

水利工程在规划设计时，要合理运用人力、物力和财力，提前对拟建地区的人文环境和生态环境展开全面的调查和勘测，通过书面记录和电脑记录的方式，掌握准确的、可靠的和符合实际的相关信息和数据，整合出水利工程设计所需要的重要资料，因地制宜地规划设计，让水利工程项目与周围人文环境和生态环境和谐发展，不能只为了发展经济、创造利益，而牺牲我们赖以生存的自然环境，要坚持走经济和环境和谐发展的道路。与此同时，要不断创新、不断改变世俗的传统审美观和标准，保留传统精华，结合当前人们的实际需要，设计出让人民满意的水利工程项目，满足人民日益增长的实际需求，解决威胁人民生命和财产安全的水涝问题。在规划设计水利工程时，病态的和过度的设计、装饰都是不可取的，应该遵从自然的魅力，使水利设施的规划设计方案与生态环境相融合，你中有我，我中有你，更加充分合理地利用资源和景观，创造更多利国利民的水利工程。

水利工程规划设计关系着我国的国计民生及经济的发展，因此必须重视水利工程的建设。坚持科学发展观的思想和路线，利用现代先进的水利工程技术努力创新和突破，创建人类与生态环境和谐共处的道路，推动人类可持续发展。

第二节　生态水利工程规划

本节主要介绍了生态水利工程规划设计，重点介绍了生态水利工程规划设计工作需要遵循的原则以及生态水利工程规划设计的具体方法两个方面的内容。对生态水利工程进行规划设计时，工作人员必须遵循一些必要的原则，同时要采取正确的方式方法，这样才能促进生态水利工程建设的顺利进行。

一、生态水利工程规划设计工作需要遵循的原则

（一）遵守安全性原则和经济性原则

工程建设企业在进行生态水利工程规划设计时，除了要最大限度地满足人们生活和工作的用水需求，还应该遵循安全性原则和经济性原则，尽可能实现生态水利工程的可持续发展。从专业角度来讲，工程学原理和生态学原理都是生态水利规划设计中应该应用到的原理。在进行具体的设计工作时，相关的设计人员要提前对工程所在位置的生态系统的情

况进行细致考察，进行水利工程建设时可以充分利用生态系统本身所具有的一些功能，这样就可以在一定程度上提升工程建设企业的经济效益。

（二）遵循生态系统的自我恢复原则和自我组织原则

生态系统所具有的自我恢复能力和自我组织能力是其能够进行可持续发展的主要表现，大自然对于生态系统中不同物种的选择就是生态系统所具有的自我组织性，在生态系统的这种性质下，能够适应自然环境变化的物种被保留下来并且进行世代繁殖。

同时，生态系统的自我恢复能力是指生态系统经受过自然灾害或者人为破坏之后，经过一段时间，便可以恢复到原来的状态。设计人员在进行生态水利工程规划设计时一定要遵循生态系统的自我恢复原则和自我组织原则，以此形成较为科学合理的物种结构，使生态水利工程的建设符合可持续发展战略要求。

（三）遵循循环反馈调整式的设计原则

由于对河流进行修复的工作往往具有长期性和艰巨性，因此生态水利工程规划设计工作人员不能期望通过水利工程的建立在短时间内对河流进行修复。从本质上说，生态水利工程的建立是一个对河流中的生态系统进行模仿的过程。因此，设计工作人员进行设计工作时并不能依照传统的设计方式，而是要遵循循环反馈调整式的设计原则，其具体的流程分别为：设计、执行、监测、评估和调整。为了能够充分体现循环反馈调整式设计原则的优势，工程建设企业可以邀请相关方面的专家与设计工作人员一起对水利工程进行规划和设计，尽可能提升规划设计方案的科学性和合理性。

二、生态水利工程规划设计的具体方法

（一）以生态水文和工程水文为基础进行科学合理的分析

生态水利工程规划设计工作人员对水文进行分析时，必须结合实际情况，将生态水文和工程水文有机结合起来，实现水文分析工作科学性和合理性的提升。因为生态水利工程需要服务的对象种类有很多，除了满足人们的正常生活，林业、牧业等都需要大量的水资源。设计工作人员必须清楚地了解生态水利工程需要达到的供水目标，然后再尽可能地通过工程的设计使其满足用水需求，同时使生态水利工程的实用性得到有效提升。

（二）将环境工程与水利工程有机结合起来进行设计

生态水利工程的建立必定会对工程周围的生态环境产生一定的影响，工程规划设计工作人员在进行设计时一定要清楚地判断出生态水利工程的影响作用，然后尽可能地将环境

工程与水利工程结合起来。同时，在生态水利工程中，水质和水量都必须达到国家规定的相关标准，如果能够通过生态水利工程对水污染问题进行解决，那么生态水利工程发挥的作用就会进一步增强。但是设计工作人员需要注意的是，生态水利工程中的具体水量会随着季节的变化有明显的不同，因此进行方案设计时一定要结合实际情况，确保生态水利工程方案的合理性和适用性。

（三）从整体环境的大范围对生态水利工程进行设计

生态水利工程规划设计工作人员如果仅仅从小范围对工程进行设计，不仅不能达到对生态环境进行修复的目标，而且会导致整个生态水利工程与预期不相符。因此，设计人员一定要从整个环境的大范围对生态水利工程进行设计，充分考虑到生态系统中不同因素之间的影响和作用，这样才能从整体出发，协调好各方面的关系，使生态水利工程的建设能够顺利进行。

生态水利工程规划设计工作需要遵循的原则：遵守安全性原则和经济性原则、遵循生态系统的自我恢复原则和自我组织原则、遵循循环反馈调整式的设计原则等。生态水利工程规划设计的具体方法：以生态水文和工程水文为基础进行科学合理的分析，将环境工程与水利工程有机结合起来进行设计工作，从整体环境的大范围对生态水利工程进行设计等。只有采取科学合理的方法对生态工程进行规划和设计，才能使水利工程发挥尽可能大的作用。

第三节　水利工程规划设计的基本原则

现代化的水利工程应当摒弃过往只注重经济发展的观念，应当充分考量人与自然的和谐相处，从而做到以人为本的现代化设计理念。现有的水利工程除了发挥其原本的生产生活价值以外，还需要结合景观文化、现代自然相融合的境界。在做到发挥水利工程原有的价值以外，相关职能单位在进行水利工程的规划过程中，还要充分结合当地的实际情况，将人文、思想、氛围等因素纳入考虑范畴之中，开展多元化的水利工程建设，让水利工程成为我国集经济、文化为一体的标志性社会公益单位建设。

就目前我国水利工程的建设经验而言，尽管目前我国各项相关水利工程建设的法律规定都建设完毕，在水利工程的施工技术与条件上，都得到了极大的发展，然而工程的落实情况，尤其是部分偏远地区的水利工程建设情况，却没有达到应有的标准，存在一定的问题。

首先，我国水利工程中建筑质量问题仍然是最为主要的问题。其次，在国家水利工程重要性不断突出的形势下，市场的竞争机制仍然不够健全。目前，我国整体上水利工程仍然呈现上升的态势，但基于各种客观或主观的因素，在其建设工作中仍然有许多可改进的空间，只有从源头做起，切实解决水利工程中的不足，才能更好地完成我国政府的建设任务。

一、生态水利工程的基本设计原则

（一）工程安全性和经济性原则

区别于其他工程类型，水利工程是一项综合性较强的工程，在河流周边的区域不仅需要满足灌溉、防灾等各项人为需求，还要避免破坏原有的自然和生态环境。

因此，水利工程的建设需要同时满足工程学和生态学两大科学原理，其建筑过程也要运用到水力学、水质工程学等多项科学技术，从而才能更好地提升建筑工程的安全性和耐久性。就水利工程而言，其首要任务是抵挡洪涝、暴雨等自然天气的冲击。在水利工程的设计阶段，相关工作人员的首要任务是深入勘查水流情况、当地的天气情况等客观因素，从而设计出更符合水流冲击、泄洪的通道，保障水利工程的长期使用。对于生态水利工程而言，必须以最小的建筑成本换回最大的经济收益，才能最大化水利工程的价值。由于受到各类客观因素的影响，往往生态系统在水利工程建设中会遭受各种破坏。故而对工作人员做好各方案的比对，做好长期性的动态监控提出了较高的要求。同时，由于水体具有一定的自净能力，故而在水利工程建设上也要充分考虑水体的这一特征。

（二）生态系统自我设计、自我恢复原则

所谓生态自组织功能，即在一定程度上生态系统能够自我调节发展。自组织机理下的所有生物都能够生存在生态系统之中，说明其适应环境，并能够在一定的范围内表现出自适应的反应，寻找更好的机会发展。因此，在现代化的水利工程建设上，目前的水利工程更强调适应自组织机理。例如，在水利工程中的支柱——大坝的建设上，大坝的体型、选材都在设计者的掌握之中，故而最终表现出预期的功能性。水利工程中的河流修复系统，其本质上与大坝有所不同，其功能主要是帮助原有的水流生态环节，在不破坏其基本构造的情况下，帮助生态系统加以优化调整，属于一类帮助性的建设工程。通过自组织的机理选择，原有的生态系统能够更快适应水利工程，并根据自然规律获得更好的发展。

坚持与环境工程设计进行有机结合。由于现代化水利工程对生态系统有了更强的要求，因此其涉及的技术学科内容往往更多。鉴于此，其设计原则上不仅需要切实吸收建筑

工程学原理，还需要在一定程度上获取环境科学相关的技术，从而达到更优化的综合性建设。针对目前我国水资源越发短缺，各地水资源急需更好、更深入地开发现状，水利工程还需要将环境治理纳入考量范围之中。与此同时，由于水利工程尤其是规模较大的水利工程所涉及的水量较大，故而在水利工程的设计上无疑又增加了难度。例如，我国东北部黑龙江地区的扎龙湿地补水工程，尽管每年都采取了大量的补水措施，但其水质难以匹配过往传统的水态，最终也引发了水质进一步恶化，部分生物数量急剧下降的负面影响，尤其是众多的可迁徙鱼类往往不选择该区域进行繁殖。在水利工程中，为了进一步减少灌溉农田对下游湖泊的影响，可在其回流道路上设置一定的过渡带或中转区域池塘。在水田附近的农作物生产不遭受影响的情况下，也可以经由农业户自行处理过剩的有机物。尤其在缺水地区种植水稻，需要注重水体的重复利用率，以期更好地符合水利工程的水体净化处理要求。

（三）空间异质原则

在水利工程的设计阶段，就需要对其可能的影响因素做好充分考量，尤其是原有河流之中的生物因素，是导致水利工程是否发挥作用与价值的关键环节，在水利工程的设计原则中，不破坏原有的生物结构是关键。河流中的生物往往对其所在的环境有很强的依赖性，生物也与整个生态系统息息相关，因此水利工程设计阶段必须将其纳入重要的衡量因素之一，避免工程结构对原有的生态环境造成破坏。这就要求设计人员在前期做好充分考量工作，掌握河流生物的分布与生活要求，在不破坏其生态系统的基础上，做好设计工作。

（四）反馈调整式设计原则

生态系统的形成需要一个过程，河流的修复同样需要时间。从这个角度来看，自然生态系统进化要历经千百万年，其进化的趋势十分复杂，生物群落以及系统有序性，都在逐步完善和提高，抵御外部干扰的能力以及自身的调节能力也会逐渐完善。从短期效果来看，生态系统的更迭和变化，就是一种类型的生态系统被另外一种生态系统取代的过程，而这个过程需要若干年的时间，因此在短时期内想要恢复河流水源的生态系统是很不现实的。在水利工程设计的过程中，应该遵循以上生态系统逐渐完善的规则，能够正确形成一个健康、生态、可持续发展的生态工程。在这样的设计之下，水利工程一旦投入使用，其对自然生态的仿生就会自动开始，并进入一个不断演变、更替的动态过程之中。但是为了避免在这个过程中可能出现与预期目标发展不符的情况，生态水利工程的设计要依照设计—执行—监测—评估—调整这样一套流程，并且以一种反复循环方式来运行。整个流程之中，监测是整个工作的基础。监测的任务主要包括水文监测与生物监测两种。要想达到良好有效的监测目的就需要在工程建设的初始阶段建立起一套完整有效的监测系统，并且进行长期的检测。

二、水利工程规划设计的标准

（一）设计应满足工程运用的基本要求

工程实施后应能满足工程的任务和规模，实现工程运行目标；设计应满足安全运行的要求。

（二）设计应有针对性

在水利工程项目规划设计时，要针对场址及地形、地质的特点来对建筑物的形式和布局进行合理设置；且这些设置随着设计条件的变化还需要进行适当的调整，而不能照搬照抄其他的设计，需要确保设计的针对性和独特性。

（三）设计应有充分的依据

设计应有充分的依据是指方案的设计应经过充分的分析和论证：①建筑物设置和工程措施的采取应通过必要性论证，以解决为什么要做的问题，如设置调压井时，应先对为什么要设调压井进行论证。②建筑物的布局和尺寸的确定等应有科学的依据。为使依据充分，布局应符合各种标准和规范，体型和尺寸应通过计算或模型试验验证，缺少既定规范或计算依据时应通过工程类比或借鉴同类工程的经验确定。

三、设计应有一定的深度

在前期工作的各个阶段，设计深度有较大差别，越往后期深度越深。需掌握的原则有两条：①应满足各阶段对设计深度的要求。②对同一阶段的不同方案，其设计深度应相同。在水利工程规划设计时方案比选结果的可信度与设计深度有较大关系。由于方案需要在可行性研究阶段和初步设计阶段进行确定，这时就需要方案具有一定的深度，通过各方案的比选来选择最佳的方案。

在水利工程项目施工建设之初，对其进行合理的规划设计，是保障工程质量以及工程使用寿命的前提。在规划设计的过程中，设计人员要严格按照相关的原则进行，在保障工程施工质量的同时，最大限度地实现工程的经济价值、生态价值，以优化环境，满足我国水资源利用需求以及自然灾害防御需求，真正实现水利工程效能，使其促进国家的建设发展。

第四节　水利工程规划设计各阶段重点

　　水利工程规划是水利工程项目实施的基础，科学合理的水利规划能够保证水利工程的使用价值以及使用寿命。水利工程规划设计通常情况下包含项目建议书、可行性研究、初步设计、招投标阶段、施工图设计阶段五个环节。

一、水利工程规划设计现状

　　我国水利工程项目规划设计发展较晚，在实际规划设计中由于地理条件、水文地质情况、环境因素、地区发展不平衡等多种因素的影响，使得目前我国水利工程规划设计相对较为简单，没有较为完善的设计流程及规范保障，与国外发达国家相比，水利工程规划设计水平相差甚远。

　　在具体项目规划设计中，尤其是较为大型的项目，涉及范围较广、涉及专业众较多，在规划设计中经常出现不同程度的偏差。目前，在我国水利工程项目规划设计中，各个设计人员之间联系配合不够紧密，沟通交流不够充分。而水利工程又涉及社会规划、水位变化、地区环境等方面的问题，需要综合进行考虑，针对不同项目的各项影响因素进行归纳、总结，与已有的项目进行详细对比，才能实现水利工程项目合理化设计。但是目前在实际的水利工程项目规划设计中，很多规划设计过程都被省略过去，且通常存在资料不完备的情况，使得设计人员无法全面考虑和评估项目规划设计中的要素。再者，目前国内水利工程规划设计流程较为简单，没有规范的制度进行相应的保障，使得所编制的规划设计存在许多问题，为后续水利工程项目实施埋下隐患。

二、水利工程设计各阶段重点

（一）项目建议书阶段

　　每一个水利工程项目建设都有其特定的背景，对项目背景进行全面了解是水利工程规划设计的基础。在项目建议书阶段，设计人员应该全面地了解所涉及项目所在流域范围内的其他水利工程，项目资金筹措情况、筹集的方式，项目所在地居民安置情况，项目对周边环境的影响以及当地政府对电价、水价的控制文件等内容。根据以上各个影响因素进行综合全面考虑，给水利工程建设单位提供相应的文件资料，进行相应的项目审批。在项目建议阶段，水利工程规划设计过程中应该重点关注水利工程项目对周边环境的影响，根据实际项目情况进行专题的环境影响研究，编制相应的环境影响评估报告。该报告需要经过项目所在省、市各级部门的审批，根据各级审批意见进行相应的调整。

（二）可行性研究阶段

可行性研究阶段，设计人员对项目进行全面的综合分析，该阶段主要涉及项目投资环境分析、发展情况分析、背景分析、必要性分析、财务指标分析、市场竞争力分析、建设规模以及建设条件等方面的分析。包括对已有水利工程的调研、对项目所在地产出物用途调研、替代项目研究、产能需求研究、同类型项目国内外情况调研。在此基础上对项目布局方案、建设规划进行相应的调整。同时设计水利项目的生产工艺、方法、流程。对项目进行总体布置，对建设工程量进行预估。

（三）初步设计阶段

初步设计阶段设计人员根据相关的法律规定，在详细分析的基础上进行设计。水利工程初步设计中需要在可行性研究的基础上，重点关注水土保持以及环境影响方案。同时，应该依据相应的法律法规进行相应的编制。初步设计阶段必须进行勘测、调查、研究、实验，对基础资料进行全面、可靠的掌握。依据技术先进、安全可靠、节约投资、密切配合的原则进行设计。在设计过程中，对已有项目建设情况进行了解，对初步设计具有重要的意义。再者，初步设计阶段应该考虑规划中各个专业、各个部门之间的协调配合。将规划与施工、造价、水工、移民等综合考虑，全面设计。可行性研究阶段和初步设计阶段是项目方案确定的阶段，是水利工程项目实际建设规模、建设形式、建设投资确定的阶段，该阶段对设计方案的控制直接影响后续项目投资，控制项目造价的形成，因此在初步设计阶段不仅要注重对方案的设计，还应该充分考虑项目投资金额，合理控制建设规模，让项目资金发挥最佳的效益。

（四）招标设计阶段

招标设计阶段，应该对项目进行重点把控。根据《中华人民共和国招投标法》相关规定：在我国国境之内所进行的建设项目，包括该建设项目的勘察、设计、施工、监理、设备采购、材料采购等都必须根据相应的程序进行招标。水利工程项目作为国有资金投资项目，必须进行招投标选择相应的设计、施工等相关单位。在招标设计环节工作重点应该放在市场准入、招标文件质量、公告的发布、评标的规范性等问题上。严格按照相应的招投标流程进行招标活动，注重程序监督，对评标委员会的组成、招标公告的发布、招标文件的编制、投标、开标、评标、定标等进行严格管理，保证招投标环节合法合规。

（五）施工详图设计阶段

施工详图设计阶段应该保证各施工图保持一致。该阶段设计工作应重点关注基础处理图、地基开挖图、钢筋混凝土结构图、建筑图、设备安装图等图纸具有一致的尺寸，利用先进的计算机软件技术进行校核。例如，利用BIM技术对项目中的管线进行综合，对施工过程进行模拟，从而保证施工详图的准确性。

由于我国水利工程技术现代化发展历史较短，同时受到社会环境、自然环境、工艺技术等因素的影响，使得水利技术设计水平相对较低。在水利工程规划设计项目建设阶段应该充分掌握建设项目的背景；可行性研究阶段应该对项目进行全面分析；初步设计阶段应该根据国家相应水利设计规范，对项目进行方案设计；招投标阶段应该严格按照招投标相应的法律法规流程进行管理控制；施工详图设计阶段应该保证各部分图纸之间的一致性。

第五节　水利工程规划与可行性分析

目前，我国水利建设进入了从原始传统水利基础设施建设发展到现代追求绿色、健康、环保多样化的新阶段，水利工程如何配套与完善已成为摆在我国政府面前亟须解决的问题，在保证水利工程施工的前提下，又能在水利工程施工完成后，使岸边遭到破坏的植被得到保护和充分利用，用洼地养殖名优鱼类，用较高的地方种植高档果蔬类，形成高效绿色农业，与水渠相结合，发展活水养鱼、旅游观光，形成集植被恢复、高效渔业、果蔬经济、风景观赏于一体的新型水利工程格局。

一、水利工程、植被恢复、休闲渔业、旅游观光等配套发展规划

水利工程在设计建设中，要在休闲渔业、植被恢复、旅游观光等配套上下功夫，水利工程取走大量土石方后形成废弃地，很难恢复植被，如何利用这块废弃地，已成今后水利工程建设中亟须解决的问题，既能保证水利工程建设正常进行，又能使水利工程建设完成后与之相配套，更好地完善水利工程，水利工程建成后，形成一个与水利工程相配套的亮丽风景带，一处水利工程，一处美景。对于改善环境，拉动地方经济，增加就业将发挥积极作用。

一是在规划设计水利工程时就要考虑到休闲渔业，水中岸边旅游观光远景规划。可因

地形、地貌不同而因地制宜进行长远规划设计。二是可考虑大坝下游水渠两侧，办公区、观光区等，规划一个整体配套设计方案，在取走土石方的地方设计休闲渔业、旅游观光业项目，充分论证，合理设计，一步到位，一次成型。在适合养殖名优鱼类的地方设计养殖名优鱼类，在适合发展高档果蔬的地方种植高档果蔬，在适合观光旅游的地方发展特色旅游观光业。如在大坝下游挖走土石方后形成一个低洼地带，利用大坝高低落差形成自流活水养殖当地名优鱼类，生长快、口感好、经济价值高，是一个绝好可利用的自然资源。在环境保护、绿化地带，发展绿色植物，对于环境保护、减少水土流失可起到保护作用。如发展高档采摘果业，对于美化环境、增加收入、拉动地方产业将起到一个良好的作用。三是涉及休闲渔业、旅游观光业档次一定要高，保证多年不落后。如在北方地区可与周边民族风情相结合，与自然风景相依托，建设具有独特风格的餐饮、住宿、园林、观光特色的度假区。夏季利用北方白天热、夜晚凉爽的特点，组织垂钓比赛、郊游、啤酒篝火晚会等系列活动，既为游客创造良好的外部环境，又陶冶了游客的情操。在冬季可组织游客体验雪地、冰上游乐活动，如滑雪比赛、滑冰比赛等，还可观赏北方冬季捕鱼的盛大场面。

二、水利工程、休闲渔业、旅游观光协调发展的可行性分析

利用水利工程废弃地发展休闲渔业、绿色果蔬业，是旅游业中的重要内容，是家庭旅游业的新亮点，也是当今世界旅游业的一大风景线，可以使环境保护和休闲渔业得到可持续发展，实现了双赢，充分利用了自然资源和人力资源。过去一些水利工程较多考虑单一因素，忽视了全面配套规划，浪费了大量的土地资源，使土地荒废很多年。

根据每个大中型水利工程的特点，深层次地挖掘其可利用的价值。

一是在水利工程规划中就考虑挖掘土石方工程以后获得的地块用处，防止重复建设，一举多得，降低成本，利用效率高。

二是用此废弃地发展适合当地的土著品种的果类、鱼类等品种项目。如我国三峡水利枢纽工程就是一个典范，全面考虑多方认证，在利用率、经济效益、生态效益和社会效益方面都是全国乃至世界水利工程的楷模。现在当地土著品种柳根鱼口感非常好，营养价值高，人工养殖技术已经具备，可大面积养殖，也可以在高地种植鸡心果，这是果类种口感较好的高档果，属于北方特种果类。

三是在不影响水利工程项目的前提下，整体考虑建设功能齐全适合各配套项目发展的秀美的新型水利工程。同时，政府要协调环保、规划、水利、农业、林业、旅游、环保等有关部门联合制定出远景规划，按规划要求把水利等系统配套工程建设成既能把水利工程高标准建设好，又能把相关配套工程完善好，形成多重叠式的集休闲、渔业、旅游观光于一体的当今最时尚的新亮点，具有广阔的发展前景。

第二章　水利工程施工建设

第一节　水利工程规划设计

一、水利勘测

水利勘测是为水利建设进行的地质勘查及测量，它是水利科学的组成部分。其任务是对拟定开发的江河流域或地区，就有关的工程地质、水文地质、地形地貌、灌区土壤等条件开展调查与勘测，分析研究其性质、作用及内在规律，评价预测各项水利设施与自然环境可能产生的相互影响和出现的各种问题，为水利工程规划、设计和施工运行提供基本资料和科学依据。

水利勘测是水利建设基础工作之一，与工程的投资和安全运行关系十分密切；有时由于对客观事物的认识和对未来演化趋势的判断不同，措施失当，往往发生事故或失误。水利勘测需反复调查研究，必须密切配合水利基本建设程序，分阶段并逐步深入进行，达到利用自然和改造自然的目的。

（一）水利勘测内容

1.水利工程测量

包括平面高程控制测量，地形测量（含水下地形测量），纵横断面测量，定线、放线测量及变形观测等。

2.水利工程地质勘查

包括地质测绘、开挖作业、遥感、钻探、水利工程地球物理勘探、岩土试验和观测监测等。用以查明：区域构造稳定性、水库地震；水库渗漏、浸没、塌岸、渠道渗漏等环境地质问题；水工建筑物地基的稳定和沉陷；洞室围岩的稳定；天然边坡和开挖边坡的稳定性，以及天然建筑材料状况等。随着实践经验的丰富和勘测新技术的发展，环境地质、系统工程地质、工程地质监测和数值分析等，都有较大进展。

3.地下水资源勘查

已由单纯的地下水调查、打井开发向全面评价、合理开发利用地下水发展，如渠灌井灌结合、盐碱地改良、动态监测预报、防治水质污染等。此外，对环境水文地质和资源量计算参数的研究，也有较大提高。

4.灌区土壤调查

包括自然环境、农业生产条件对土壤属性的影响，土壤剖面观测，土壤物理性质测定，土壤化学性质分析，土壤水分常数测定以及土壤水盐动态观测。通过调查，研究土壤的形成、分布和性状，掌握在灌溉、排水、耕作过程中土壤、水、盐、肥力变化的规律。除上述内容外，水文测验、调查和实验也是水利勘测的重要组成部分，但中国的学科划分现多将其列入水文学体系之内。

水利勘测要密切配合水利工程建设程序，按阶段要求逐步深入进行：工程运行期间，还要开展各项观测、监测工作，以策安全。勘测中，既要注意区域自然条件的调查研究，又要注重水工建筑物与自然环境相互作用的勘探试验，使得水利设施起到利用自然和改造自然的作用。

（二）水利勘测特点

水利勘测是应用性很强的学科，大致具有如下三点特性。

1.实践性

着重现场调查、勘探试验及长期观测、监测等一系列实践工作，以积累资料、掌握规律，为水利建设提供可靠依据。

2.区域性

针对开发地区的具体情况，运用相应的有效勘测方法，阐明不同地区的各自特征。如山区、丘陵与平原等地形地质条件不同的地区，其水利勘测的任务要求与工作方法，往往大不相同，不能照抄照搬。

3.综合性

充分考虑各种自然因素之间及其与人类活动相互作用的错综复杂关系，掌握开发地区的全貌及其可能出现的主要问题，为采取较优的水利设施方案提供依据。因此，水利勘测兼有水利科学与地学（测量学、地质学与土壤学等）以及各种勘测、试验技术相互渗透、融合的特色。但通常以地学或地质学为学科基础，用测绘制图和勘探试验成果的综合分析作为基本研究途径，是一门综合性的学科。

二、水利工程规划设计的设计基础

水利工程规划是以某一水利建设项目为研究对象的水利规划。水利工程规划通常是在编制工程可行性研究或工程初步设计时进行的。

改革开放以来，随着社会主义市场经济的飞速发展，水利工程对我国国民经济增长具有非常重要的作用。无论是城市水利还是农村水利，它不但可以保护当地免遭灾害的发生，更有利于当地的经济建设。因此必须严格坚持科学的发展理念，确保水利工程的顺利实施。在水利工程规划设计中，要切合实际，严格按照要求，以科学的施工理念完成各项任务。

随着经济社会的不断快速发展，水利事业对于国民经济的增长而言发挥着越来越重要的作用，无论是对于农村水利，还是城市水利，其不仅会影响到地区的安全，可以防止灾害发生，而且也能够为地区的经济建设提供足够的帮助。鉴于水利事业的重要性，水利工程的规划设计就必须严格按照科学的理念展开，从而确保各项水利工程能够带来必要的作用。对于科学理念的遵循就是要求在设计中严格按照相应的原则，从而很好地完成相应的水利工程。总的来讲，水利工程规划设计的设计基础包括着如下几个部分：

（一）确保水利工程规划的经济性和安全性

就水利工程自身而言，其所包含的要素众多，是一项较为复杂与庞大的工程，不仅包括着防止洪涝灾害、便于农田灌溉、支持公民的饮用水等要素，也包括保障电力供应、物资运输等方面的要素，因此对于水利工程的规划设计应该从总体层面入手。在科学的指引下，水利工程规划除了要发挥出其做大的效应，也需要将水利科学及工程科学的安全性要求融入到规划中，从而保障所修建的水利工程项目具有足够的安全性保障，在抗击洪涝灾害、干旱、风沙等方面都具有较为可靠的效果。对于河流水利工程而言，由于涉及到河流侵蚀、泥沙堆积等方面的问题，水利工程就更需要进行必要的安全性措施。除了安全性要求，水利工程的规划设计也要考虑到建设成本的问题，这就要求水利工程构建组织对于成本管理、风险控制、安全管理等都具有十分清晰的了解，进而将这些要素进行整合，得到一个较为完善的经济成本控制方法，使得水利工程的建设资金能够投放到最需要的地方，杜绝浪费资金状况出现。

（二）保护河流水利工程的空间异质

河流水利工程的建设也需要将河流的生物群体进行考虑，而对于生物群体的保护也就构成了河流水利工程规划的空间异质，所谓的生物群体也就是指在水利工程所涉及到的河流空间范围内所具有的各类生物，其彼此之间的相互影响，并在同外在环境形成默契的情况下进行生活，最终构成了较为稳定的生物群体。河流作为外在的环境，实际上其存在也必须与内在的生物群体的存在相融合，具有系统性的体现，只有维护好这一系统，水利工程项目的建设才能够达到其有效性。作为一种人类的主观性的活动，水利工程建设将不可避免地会对整个生态环境造成一定的影响，使得河流出现非连续性，最终可能带来不必要的破坏。因此，在进行水利工程规划的时候，有必要对空间异质加以关注。尽管多数水利工程建设并非聚焦于生态目标，而是为了促进经济社会的发展，但在建设中同样需要注意对于生态环境的保护，从而确保所构建的水利工程符合可持续发展的道路。当然，这种对于异质空间保护的思考，有必要对河流的特征及地理面貌等状况进行详细的调查，进而确保所指定的具体水利工程规划能够切实满足当地的需要。

（三）水利工程规划要注重自然力量的自我调节

就传统意义上的水利工程而言，对于自然在水里工程中的作用力的关注是极大的，很多项目的开展得益于自然力量，而并非人力。伴随着现代化机械设备的使用，不少水利项目的建设都寄希望于使用先进的机器设备来对整个工程进行控制，但效果往往并非很好。因此，在具体的水利工程建设中，必须将自然的力量结合到具体的工程规划当中，从而在最大限度的维护原有地理、生态面貌的基础上，进行水利工程建设。当然，对于自然力量的运用也需要进行大量的研究，不仅需要对当地的生态面貌等状况进行较为彻底的研究，而且也要在建设中竭力维护好当地的生态情况，并且防止外来物种对原有生态进行入侵。事实上，大自然都有自我恢复功能，而水利工程作为一项人为的工程项目，其对于当地的地理面貌进行的改善也必然会通过大自然的力量进行维护，这就要求所建设的水利工程必须将自身的一系列特质与自然进化要求相融合，从而在长期的自然演化过程中，将自身也逐步融合成为大自然的一部分，有利水利项目可以长期为当地的经济社会发展服务。

（四）对地域景观进行必要的维护与建设

地域景观的维护与建设也是水利工程规划的重要组成部分，而这也要求所进行的设计必须从长期性角度入手，将水利工程的实用性与美观性加以结合。事实上，在水利工程建设中，不可避免的会对原有景观进行一定的破坏，需要在注意破坏程度的同时，也需要将水利工程的后期完善策略相结合，即在工程建设后期或使用中，对原有的景观进行必要的恢复。当然，整个水利工程的建设应该以尽可能的不破坏原有景观的基础上进行开展，但不可避免的破坏也要将其写入建设规划当中。另外水利工程建设本身就要可能具有较好的美观性，而这也能够为地域景观提供一定的补充。总的来说，对于景观的维护应该尽可能从较小的角度入手，这样既能保障所建设的水利工程具备详尽性的特征，又可以确保每一项小的工程获得很好的完工。值得一提的是，整个水利工程所涉及到的景观维护与补充问题都需要进行严格的评价，进而确保所提供的景观不会对原有的生态、地理面貌发生破坏，而这种评估工作也需要涵盖着整个水利工程范围，并有必要向外进行拓展，确保评价的完备性。

（五）水利工程规划应符合自然生态演替的动态过程

水利工程设计主要是模仿成熟的河流水利工程系统的结构，力求最终形成一个健康、可持续的河流水利系统。在河流水利工程项目执行以后，就开始了一个自然生态演替的动态过程。这个过程并不一定按照设计预期的目标发展，可能出现多种可能性。针对具体一项生态修复工程实施以后，一种理想的可能是监测到的各变量是现有科学水平可能达到的最优值，表示水利工程能够获得较为理想的使用与演进效果；另一种差的情况是，监测到的各生态变量是人们可接受的最低值，在这两种极端状态之间，形成了一个包络图。

三、水利工程规划设计的发展与需求

目前，在城市水利工程建设当中，把改善水域环境和生态系统作为主要建设目标，同时是水利现代化建设的重要内容，所以按照现代城市的功能来对流经市区的河流进行归类大致有两类要求。

一是对河中水流的要求：水质清洁、生物多样性、生机盎然和优美的水面规划。二是对滨河带的要求：其规划不仅要使滨河带能充分反映当地的风俗习惯和文化底蕴，同时要有一定的人工景观，供人们休闲、娱乐和活动，另外在规划上还要注意文化氛围的渲染，所形成的景观不仅要有现代气息，同时要注意与周围环境相协调，达到自然环境、山水、人的和谐统一。

这些要求充分体现在经济快速发展的带动下社会的明显进步，这也是水利工程建设发展的必然趋势。这就对水利建设者提出了更高的要求，水利建设者在满足人们的要求的同时，还要在设计、施工和规划方面进行更好的调整和完善，从而使水利工程建设具有更多的人文、艺术和科学气息，使得工程不仅起到美化环境的作用，同时具有一定的欣赏价值。

水利工程不仅实现了人工对山河的改造，也起到了防洪抗涝，实现了对水资源的合理保护和利用，从而使之更好地服务于人类。水利工程对周围的自然环境和社会环境起到了明显的改善。现在人们越来越重视到环境的重要性，所以对环境保护的力度不断提高，对资源开发、环境保护和生态保护协调发展加大了重视力度，在这种大背景下，水利工程设计在强调美学价值的同时，就更注重生态功能的发挥。

四、水利工程设计对环境因素的影响

（一）水利工程与环境保护

水利工程有助于改善和保护自然环境。水利工程建设以水资源的开发利用和防止水害为主，其基本功能是改善自然环境，如除涝、防洪，为人们的日常生活提供水资源，保障社会经济健康有序地发展，同时可以减少大气污染。另外，水利工程项目具有调节水库，改善下游水质等优点。水利工程建设将有助于改善水资源分配，满足经济发展和人类社会的需求，同时，水资源也是维持自然生态环境的主要因素。如果在水资源分配中，忽视自然环境对水资源的需求，将会引发环境问题。水利工程对环境工程的影响主要表现在对水资源方面的影响，如河道断流、土地退化、下游绿洲消失、湖泊萎缩等生态环境问题，甚至会导致下游环境恶化。工程的施工同样会给当地环境带来影响，若这些问题不能及时得到解决，将会限制社会经济的发展。

水利工程既能改善自然环境又能对环境产生负面效应，因此在实际开发建设中，要最大限度地保护环境、改善水质，维持生态平衡，将工程效益发挥到最大。要将环境保护纳入实际规划设计工作中去，并且实现可持续发展。

（二）水利工程建设的环境需求

从环境需求的角度分析建设水利工程项目的可行性和合理性，具体表现在如下几个方面。

1.防洪的需要

兴建防洪工程为人类生存提供基本的保障，这是构建水利工程项目的主要目的。从环境的角度分析，洪水是湿地生态环境的基本保障，如河流下游的河谷生态、新疆的荒漠生态等，都需要定期的洪水泛滥以保持生态平衡。因此，在兴建水利工程时必须考虑防洪工程对当地生态环境造成的影响。

2.水资源的开发

水利工程的另一项功能是开发利用水资源。水资源不仅是维持生命的基本元素，也是推动社会经济发展的基本保障。水资源的超负荷利用，会造成一系列的生态环境问题。因此在水资源开发中强调水资源合理利用。

（三）开发土地资源

土地资源是人类赖以生存的保障，通过开发土地，以提高其使用率。针对土地开发利用，根据需求和提法的不同分为移民专业和规划专业。移民专业主要是从环境容量、土地的承受能力以及解决的社会问题方面进行考虑。而规划专业的重点则是从开发技术的可行性角度进行分析。改变土地的利用方式多种多样，在前期规划设计阶段要充分考虑环境问题，并制定多种可行性方案并择优进行。

第二节 水利枢纽

一、水利枢纽概述

水利枢纽是为满足各项水利工程兴利除害的目标，在河流或渠道的适宜地段修建的不同类型水工建筑物的综合体。水利枢纽常以其形成的水库或主体工程——坝、水电站的名称来命名，如三峡大坝、密云水库、罗贡坝及新安江水电站等；也有直接称水利枢纽的，如葛洲坝水利枢纽。

（一）类型

水利枢纽按承担任务的不同，可分为防洪枢纽、灌溉（或供水）枢纽、水力发电枢纽和航运枢纽等。多数水利枢纽承担多项任务，成为综合性水利枢纽。影响水利枢纽功能的主要因素是选定合理的位置和最优的布置方案。水利枢纽工程的位置一般通过河流流域规划或地区水利规划确定。具体位置须充分考虑地形、地质条件，使各个水工建筑物都能布置在安全可靠的地基上，并能满足建筑物的尺度和布置要求，以及施工的必需条件。水利枢纽工程的布置，一般通过可行性研究及初步设计确定。枢纽布置必须使各个不同功能的建筑物在位置上各得其所，在运用中相互协调，充分有效地完成所承担的任务；各个水工建筑物单独使用或联合使用时水流条件良好，上下游的水流和冲淤变化不影响或少影响枢纽的正常运行，总之技术上要安全可靠；在满足基本要求的前提下，要力求建筑物布置紧凑，一个建筑物能发挥多种作用，减少工程量和工程占地，以减小投资；同时要充分考虑管理运行的要求和施工便利，工期短。一个大型水利枢纽工程的总体布置是一项复杂的系统工程，需要按系统工程的分析研究方法进行论证确定。

（二）枢纽组成

水利枢纽主要由挡水建筑物、泄水建筑物、取水建筑物及专门性建筑物组成。
1.挡水建筑物
在取水枢纽和蓄水枢纽中，为拦截水流、抬高水位和调蓄水量而设的跨河道建筑物，分为溢流坝（闸）和非溢流坝两类。溢流坝（闸）兼做泄水建筑物。

2.泄水建筑物

为宣泄洪水和放空水库而设。其形式有岸边溢洪道、溢流坝（闸）、泄水隧洞、闸身泄水孔或坝下涵管等。

3.取水建筑物

为灌溉、发电、供水和专门用途的取水而设。其形式有进水闸、引水隧洞及引水涵管等。

4.专门性建筑物

为发电的厂房、调压室，为扬水的泵房、流道，为通航、过木、过鱼的船闸、升船机、筏道、鱼道等。

（三）枢纽位置选择

在流域规划或地区规划中，某一水利枢纽所在河流中的大体位置已基本确定，但其具体位置还需要在此范围内通过不同方案的技术经济比较进行确定。水利枢纽的位置常以其主体——坝（挡水建筑物）的位置为代表。因此，水利枢纽位置的选择常称为坝址选择。有的水利枢纽，只需要在较狭窄的范围内进行坝址选择；有的水利枢纽，则需要在较宽的范围内选择坝段，然后在坝段内选择坝址。例如，三峡水利枢纽，就曾先在三峡出口的南津关坝段及其上游30~40km处的美人坨坝段进行比较。前者的坝轴线较短，工程量较小，发电量稍大。但地下工程较多，特别是地质条件、水工布置和施工条件远较后者为差，因而选定了美人坨坝段。在这一坝段中，又选择了太平溪和三斗坪两个坝址进行比较。两者的地质条件基本相同，前者坝体工程量较小，但后者便于枢纽布置，特别是便于施工，最后，选定了三斗坪坝址。

（四）划分等级

水利枢纽常按其规模、效益和对经济、社会影响的大小进行分等，并将枢纽中的建筑物按其重要性进行分级。对级别高的建筑物，在抗洪能力、强度和稳定性、建筑材料、运行的可靠性等方面都要求高一些，反之就要求低些，以达到既安全又经济的目的。

（五）水利枢纽工程

指水利枢纽建筑物（含引水工程中的水源工程）和其他大型独立建筑物。包括挡水工程、泄洪工程、引水工程、发电厂工程、升压变电站工程、航运工程、鱼道工程、交通工程、房屋建筑工程和其他建筑工程。其中挡水工程等前七项为主体建筑工程。

（1）挡水工程。包括挡水的各类坝（闸）工程。

（2）泄洪工程。包括溢洪道、泄洪洞、冲砂孔（洞）、放空洞等工程。

(3) 引水工程。包括发电引水明渠、进水口、隧洞、调压井、高压管道等工程。

(4) 发电厂工程。包括地面、地下各类发电厂工程。

(5) 升压变电站工程。包括升压变电站、开关站等工程。

(6) 航运工程。包括上下游引航道、船闸、升船机等工程。

(7) 鱼道工程。根据枢纽建筑物布置情况，可独立列项，与拦河坝相结合的，也可作为拦河坝工程的组成部分。

(8) 交通工程。包括上坝、进厂、对外等场内外永久公路、桥涵、铁路、码头等交通工程。

(9) 房屋建筑工程。包括为生产运行服务的永久性辅助生产建筑、仓库、办公、生活及文化福利等房屋建筑和室外工程。

(10) 其他建筑工程。包括内外部观测工程，动力线路（厂坝区），照明线路，通信线路，厂坝区及生活区供水、供热及排水等公用设施工程，厂坝区环境建设工程，水情自动测报工程及其他。

二、拦河坝水利枢纽布置

拦河坝水利枢纽是为解决来水与用水在时间和水量分配上存在的矛盾修建的，以挡水建筑物为主体的建筑物综合运用体，又称水库枢纽，一般由挡水、泄水、放水及某些专门性建筑物组成。将这些作用不同的建筑物相对集中布置，并保证它们在运行中良好配合的工作，就是拦河水利枢纽布置。

拦河水利枢纽布置应根据国家水利建设的方针，依据流（区）域规划，从长远着眼，结合近期的发展需要，对各种可能的枢纽布置方案进行综合分析、比较，选定最优方案，然后严格按照水利枢纽的基建程序，分阶段有计划地进行规划设计。

拦河水利枢纽布置的主要工作内容有坝址、坝型选择及枢纽工程布置等。

（一）坝址及坝型选择

坝址及坝型选择的工作贯穿于各设计阶段之中，并且是逐步优化的。

在可行性研究阶段，一般是根据开发任务的要求，分析地形、地质及施工等条件，初选几个可能筑坝的地段（坝段）和若干条具有代表性的坝轴线，通过枢纽布置进行综合比较，选择其中最有利的坝段和相对较好的坝轴线，进而提出推荐坝址，并在推荐坝址上进行枢纽工程布置，再通过方案比较，初选基本坝型和枢纽布置方式。

在初步设计阶段，要进一步进行枢纽布置，通过技术经济比较，选定最合理的坝轴线，确定坝型及其他建筑物的形式和主要尺寸，并进行具体的枢纽工程布置。

在施工详图阶段，随着地质资料和试验资料的进一步深入和详细，对已确定的坝轴线、坝型和枢纽布置做最后的修改和定案,并且作出能够依据施工的详图。

坝轴线及坝型选择是拦河水利枢纽设计中的一项很重要的工作,具有重大的技术经济意义,二者是相互关联的,影响因素也是多方面的,不仅要研究坝址及其周围的自然条件,还需要考虑枢纽的施工、运营条件、发展远景和投资指标等,需进行全面论证和综合比较后,才能作出正确的判断及选择合理的方案。

1.坝址选择

选择坝址时,应综合考虑下述条件。

(1)地质条件。

地质条件是建库建坝的基本条件,是衡量坝址优劣的重要条件之一,在某种程度上决定着兴建枢纽工程的难易。工程地质和水文地质条件是影响坝址、坝型选择的重要因素,且往往起决定性的作用。

选择坝址,首先要清楚有关区域的地质情况。坚硬完整、无构造缺陷的岩基是最理想的坝基,但如此理想的地质条件很少见,天然地基总会存在这样或那样的地质缺陷,要看能否通过合宜的地基处理措施使其达到筑坝的要求。在这方面必须注意:不能疏漏重大地质问题,对重大地质问题要有正确的定性判断,以便决定坝址的取舍或定出防护处理的措施,或在坝址选择和枢纽布置上设法适应坝址的地质条件。对存在破碎带、断层、裂隙、喀斯特溶洞、软弱夹层等坝基条件较差的,还有地震地区,应作充分的论证和可靠的技术措施。坝址选择还必须对区域地质稳定性和地质构造复杂性以及水库区的渗漏、库岸塌滑、岸坡及山体稳定等地质条件作出评价和论证。各种坝型及坝高对地质条件有不同的要求。如拱坝对两岸坝基的要求很高,支墩坝对地基要求也高,次之为重力坝,土石坝要求最低,一般较高的混凝土坝多要求建在岩基上。

(2)地形条件。

坝址地形条件必须满足开发任务对枢纽组成建筑物的布置要求。通常,河谷两岸有适宜的高度和必需的挡水前缘宽度时,则对枢纽布置有利。一般来说,坝址河谷狭窄,坝轴线较短,坝体工程量较小,但河谷太窄则不利于泄水建筑物、发电建筑物、施工导流及施工场地的布置,有时反而不如河谷稍宽处有利。除考虑坝轴线较短外,对坝址选择还应结合泄水建筑物、施工场地的布置和施工导流方案等综合考虑。枢纽上游最好有开阔的河谷,使在淹没损失尽量小的情况下,能获得较大库容。

坝址地形条件还必须与坝型相互适应,拱坝要求河谷狭窄;土石坝适应河谷宽阔、岸坡平缓、坝址附近或库区内有高程合适的天然垭口,并且方便归河,以便布置河岸式溢洪道。岸坡过陡,会使坝体与岸坡接合处削坡量过大。对于通航河道,还应注意通航建筑的布置、上河及下河的条件是否有利。对有暗礁、浅滩或陡坡、急流的通航河流,坝轴线宜选在浅滩稍下游或急流终点处,以改善通航条件。有瀑布的不通航河流,坝轴线宜选在瀑布稍上游处以节省大坝工程量,对于多泥沙河流及有漂木要求的河道,应注意坝址位段对取水防沙及漂木是否有利。

(3)建筑材料。

在选择坝址、坝型时,当地材料的种类、数量及分布往往起决定性作用。对土石坝,坝址附近应有数量足够、质量能符合要求的土石料场;如为混凝土坝,则要求坝址附近有良好级配的砂石骨料。料场应便于开采、运输,且施工期间料场不会因淹没而影响施工。所以对建筑材料的开采条件、经济成本等,应该进行认真的调查和分析。

(4)施工条件。

从施工角度来看,坝址下游应有较开阔的滩地,以便布置施工场地、场内交通和进行导流。应对外交通方便,附近有廉价的电力供应,以满足照明及动力的需要。从长远利益来看,施工的安排应考虑今后运用、管理的方便。

(5)综合效益。

坝址选择要综合考虑防洪、灌溉、发电、通航、过木、城市及工业用水、渔业以及旅游等各部门的经济效益,还应考虑上游淹没损失以及蓄水枢纽对上、下游生态环境的各方面的影响。兴建蓄水枢纽将形成水库,使大片原来的陆相地表和河流型水域变为湖泊型水域,改变了地区自然景观,对自然生态和社会经济产生多方面的环境影响。其有利影响是发展了水电、灌溉、供水、养殖、旅游等水利事业和解除洪水灾害、改善气候条件等,但是,也会给人类带来诸如淹没损失、浸没损失、土壤盐碱化或沼泽化、水库淤积、库区塌岸或滑坡、诱发地震,使水温、水质及卫生条件恶化,生态平衡受到破坏以及造成下游冲刷,河床演变等不利影响。虽然水库对环境的不利影响与水库带给人类的社会经济效益相比,一般来说居次要地位,但处理不当也能造成严重的危害,故在进行水利规划和坝址选择时,必须对生态环境影响问题进行认真研究,并作为方案比较的因素之一加以考虑。不同的坝址、坝型对防洪、灌溉、发电、给水、航运等要求也不相同。至于是否经济,要根据枢纽总造价加以衡量。

归纳上述条件,优良的坝址应该是:地质条件好、地形有利、位置适宜、方便施工、造价低、效益好。所以应全面考虑、综合分析,进行多种方案比较,合理解决矛盾,选取最优成果。

2.坝型选择

常见的坝型有土石坝、重力坝及拱坝等。坝型选择仍取决于地质、地形、建材与施工及运用等条件。

(1)土石坝。

在筑坝地区,若交通不便或缺乏三材,而当地又有充足实用的土石料,地质方面无大的缺陷,又有合宜的布置河岸式溢洪道的有利地形时,则可就地取材,优先选用土石坝。

随着设计理论、施工技术和施工机械方面的发展，近年来土石坝比重修建的数量已有明显的增长，而且其施工期较短，造价远低于混凝土坝。在我国中小型工程中，土石坝占有很大的比例。目前，土石坝是世界坝工建设中应用最为广泛和发展最快的一种坝型。

（2）重力坝。

有较好的地质条件，当地有大量的砂石骨料可以利用，交通又比较方便时，一般多考虑修筑混凝土重力坝。可直接由坝顶溢洪，但不需另建河岸溢洪道，抗震性能也较好。我国目前已建成的三峡大坝是世界上最大的混凝土浇筑实体重力坝。

（3）拱坝。

当坝址地形为V形或U形狭窄河谷，且两岸坝肩岩基良好时，则可考虑选用拱坝。它工程量小，比重力坝节省混凝土量1/2～2/3，造价较低，工期短，也可从坝顶或坝体内开孔泄洪，因而也是近年来发展较快的一种坝型。

（二）枢纽的工程布置

拦河筑坝以形成水库是拦河蓄水枢纽的主要特征。其组成建筑物除拦河坝和泄水建筑物外，根据枢纽任务还可能包括输水建筑物、水电站建筑物和过坝建筑物等。枢纽布置主要是研究和确定枢纽中各个水工建筑物的相互位置。该项工作涉及泄洪、发电、通航、导流等各项任务，并与坝址、坝型密切相关，需要统筹兼顾，全面安排，认真分析，全面论证，最后通过综合比较，从若干个比较方案中选出了最优的枢纽布置方案。

1.枢纽布置的原则

进行枢纽布置时，一般可遵循下述原则。

（1）为使枢纽能发挥最大的经济效益，进行枢纽布置时，应综合考虑防洪、灌溉、发电、航运、渔业、林业、交通、生态及环境等各方面的要求。应确保枢纽中各主要建筑物，在任何工作条件下都能协调地、无干扰地进行正常工作。

（2）为方便施工、缩短工期和能使工程提前发挥效益，枢纽布置应同时对工程施工的导流方式、导流标准和导流程序、主要建筑物的施工方法及施工进度计划等进行综合分析研究。工程实践证明，统筹工作不仅能方便施工，还能使部分建筑物提前发挥效益。

枢纽布置应做到在满足安全和运营管理要求的前提下，尽量降低枢纽总造价和年运行费用；如有可能，应考虑使一个建筑物能发挥多种作用。例如，使一条隧洞做到灌溉和发电相结合；施工导流与泄洪、排沙、放空水库相结合等。

（3）在不过多增加工程投资的前提下，枢纽布置应与周围自然环境相协调，应注意建筑艺术、力求造型美观，加强绿化环保，因地制宜地将人工环境和自然环境有机地结合起来，创造一个完美的、多功能的宜人环境。

2.枢纽布置方案的选定

水利枢纽设计需通过论证比较,从若干个枢纽布置方案中选出一个最优方案。最优方案应该是技术上先进和可能、经济上合理、施工期短、运行可靠以及管理维修方便的方案。需论证比较的内容如下。

(1)主要工程量。

如土石方、混凝土和钢筋混凝土、砌石、金属结构、机电安装、帷幕和固结灌浆等工程量。

(2)主要建筑材料数量。

如木材、水泥、钢筋、钢材、砂石及炸药等用量。

(3)施工条件。

如施工工期、发电日期、施工难易程度、所需劳动力和施工机械化水平等。

(4)运行管理条件。

如泄洪、发电、通航是否相互干扰,建筑物及设备的运用操作和检修是否方便,对外交通是否便利等。

(5)经济指标。

指总投资、总造价、年运行费用、电站单位千瓦投资、发电成本、单位灌溉面积投资、通航能力、防洪以及供水等综合利用效益等。

(6)其他。

根据枢纽具体情况,需专门进行比较的项目。如在多泥沙河流上兴建水利枢纽时,应注重泄水和取水建筑物的布置对水库淤积、水电站引水防沙和对下游河床冲刷的影响等。

上述项目有些可定量计算,有些则难以定量计算,这就给枢纽布置方案的选定增加了难度,因而,必须以国家研究制定的技术政策为指导,在充分掌握基本资料的基础上,用科学的态度,实事求是地全面论证,通过综合分析和技术经济比较选出最优方案。

3.枢纽建筑物的布置

(1)挡水建筑物的布置。

为了减少拦河坝的体积,除拱坝外,其他坝型的坝轴线最好短而直,但根据实际情况,有时为了利用高程较高的地形以减少工程量,或为避开不利的地质条件,或为便于施工,也可采用较长的直线或折线或部分曲线。

当挡水建筑物兼有连通两岸交通干线的任务时,坝轴线与两岸的连接在转弯半径与坡度方面应满足交通上的要求。

对于用来封闭挡水高程不足的山垭口的副坝,不应该片面追求工程量小,而将坝轴线布置在垭口的山脊上。这样的坝坡可能产生局部滑动,容易使坝体产生裂缝。在这种情况下,一般将副坝的轴线布置在山脊略上游处,避免下游出现贴坡式填土坝坡;如下游山坡过陡，还应适当削坡来满足稳定要求。

（2）泄水及取水建筑物的布置。

泄水及取水建筑物的类型和布置，常决定于挡水建筑物所采用的坝型和坝址附近的地质条件。

土坝枢纽：土坝枢纽一般均采用河岸溢洪道作为主要泄水建筑物，而取水建筑物及辅助的泄水建筑物，则采用开凿于两岸山体中的隧洞或埋于坝下的涵管。若两岸地势陡峭，但有高程合适的马鞍形垭口，或两岸地势平缓且有马鞍形山脊，以及需要修建副坝挡水的地方，其后又有便于洪水归河的通道，则是布置河岸溢洪道的良好位置。如果在这些位置上布置溢洪道进口，但其后的泄洪线路是通向另一河道的，只要经济合理且对另一河道的防洪问题能做妥善处理的，也是比较好的方案。对上述利用有利条件布置溢洪道的土坝枢纽，枢纽中其他建筑物的布置一般容易满足各自的要求，干扰性也较小。当坝址附近或其上游较远的地方均无上述有利条件时，则常采用坝肩溢洪道的布置形式。

重力坝枢纽：对于混凝土或浆砌石重力坝枢纽，通常采用河床式溢洪道（溢流坝段）作为主要泄水建筑物，泄取水建筑物及辅助的泄水建筑物采用设置于坝体内的孔道或开凿于两岸山体中的隧洞。泄水建筑物的布置应使下泄水流方向尽量与原河流轴线方向一致，以利于下游河床的稳定。沿坝轴线上地质情况不同时，溢流坝应布置在比较坚实的基础上。在含沙量大的河流上修建水利枢纽时，泄水及取水建筑物的布置应考虑水库淤积和对下游河床冲刷的影响，一般在多泥沙河流上的枢纽中，常设置大孔径的底孔或隧洞，汛期用来泄洪并排沙，以延长水库寿命；如汛期洪水中带有大量悬移质的细微颗粒，应研究采用分层取水结构并利用泄水排沙孔来解决浊水长期化问题，减轻对环境的不利影响。

（3）电站、航运及过木等专门建筑物的布置。

对于水电站、船闸、过木等专门建筑物的布置，最重要的是保证它们具有良好的运用条件，并便于管理。关键是进、出口的水流条件。布置时须选择好这些建筑物本身及其进、出口的位置，并处理好它们与泄水建筑物及其进、出口之间的关系。

电站建筑物的布置应使通向上、下游的水道尽量短、水流平顺，水头损失小，进水口应不致被淤积或受到冰块等的冲击；尾水渠应有足够的深度和宽度，平面弯曲度不大，且深度逐渐变化，并与自然河道或渠道平顺连接；泄水建筑物的出口水流或消能设施，应尽量避免抬高电站尾水位。此外，电站厂房应布置在好的地基上，以简化地基处理，同时应考虑尾水管的高程，避免石方开挖过大；厂房位置还应争取布置在可以先施工的地方，以便早日投入运转。电站最好靠近交通线的河岸，密切和公路或铁路的联系，便于设备的运输；变电站应有合理的位置，应尽量靠近电站。航运设施的上游进口及下游出口处应有必要的水深，方向顺直并与原河道平顺连接，而且没有或仅有较小的横向水流，以保证船只、木筏不被冲入溢流孔口，船闸和码头或筏道及其停泊处通常布置在同一侧，应该横穿溢流坝前缘，并使船闸和码头或筏道及其停泊处之间的航道尽量缩短，以便在库区内风浪较大时仍能顺利通航。

船闸和电站最好分别布置于两岸，以免施工和运用期间的干扰。如必须布置在同一岸时，则水电站厂房最好布置在靠河一侧，船闸则靠河岸或切入河岸中布置，这样易于布置引航道。筏道最好布置在电站的另一岸。筏道上游常需设停泊处，以便重新绑扎木或竹筏。

在水利枢纽中，通航、过木以及过鱼等建筑物的布置均应与其形式和特点相适应，以满足正常的运用要求。

第三节　水库施工

一、水库施工的要点

（一）做好前期设计工作

水库工程设计单位必须明确设计的权利和责任，对设计规范，由设计单位在设计过程中实施质量管理。设计的流程和设计文件的审核，设计标准和设计文件的保存和发布等一系列必须依靠工程设计质量控制体系。在设计交接时，由设计单位派出设计代表，做好技术交接和技术服务工作。在交接中，要根据现场施工的情况，对设计进行优化，进行必要的调整和变更。对于项目建设中确有需要的重大设计变更、子项目调整、建设标准调整、概算调整等，必须组织开展充分的技术论证，由业主委员会提出编制相应文件，报上级部门审查，并报请项目原复核、审批单位履行相应手续；一般设计变更，项目主管部门和项目法人等也应及时履行相应审批程序。由监理审查后报总工批准。对设计单位提交的设计文件，先由业主总工审核后交监理审查，未经监理工程师审查批准的图纸，不能交付施工。坚决杜绝以"优化设计"为名，人为擅自降低工程标准、减少建设内容，造成安全隐患。

（二）强化施工现场管理

严格进行工程建设管理，认真落实项目法人责任制、招标投标制、建设监理制和合同管理制，确保工程建设质量、进度和安全。业主与施工单位签订的施工承包合同条款中的质量控制、质量保证、要求与说明，承包商根据监理指示，必须遵照执行。承包商在施工中必须坚持"三检制"的质量原则，在工序结束时必须经业主现场管理人员或监理工程师值班人员检查、认可，未经认可不得进入下道工序施工，对关键的施工工序，均建立完整的验收程序和签证制度，甚至监理人员跟班作业。施工现场值班人员采用旁站形式跟班监督承包商按合同要求进行施工，把握住项目的每一道工序，坚持做到"五个不准"。为了掌握和控制工程质量，及时了解工程质量情况，对施工过程的要素进行核查，并作出施工现场记录，换班时经双方人员签字，值班人员对记录的完整性及真实性负责。

（三）加强管理人员协商

为了协调施工各方关系，业主驻现场工程处每日召开工程现场管理人员碰头会，检查每日工程进度情况、施工中存在的问题，提出改进工作的意见。监理部每月五日、二十五日召开施工单位生产协调会议，由总监主持，重点解决急需解决的施工干扰问题，会议形成纪要文件，结束承包商按工程师的决定执行。

（四）构建质量监督体系

水库工程质量监督可通过查、看、问、核的方式实施工程质量的监督。查，抽查；通过严格地对参建各方有关资料的抽查，如抽查监理单位的监理实施细则、监理日志；抽查施工单位的施工组织设计、施工日志、监测试验资料等。看，查看工程实物；通过对工程实物质量的查看，可以判断有关技术规范、规程的执行情况。一旦发现问题，应及时提出整改意见。问，查问；参建对象，通过对不同参建对象的查问，了解相关方的法律、法规及合同的执行情况，一旦发现问题，及时处理。核，核实工程质量；工程质量评定报告体现了质量监督的权威性，同时对参建各方的行为起监督作用。

（五）合理确定限制水位

通常一些水库防洪标准是否应降低须根据坝高以及水头高度而定。若15m以下坝高土坝且水头小于10m，应采用平原区标准，此类情况水库防洪标准应降低，调洪时保证起调水位合理性应分析考虑两点：第一，若原水库设计中无汛期限制水位，仅存在正常蓄水位时，在调洪时应以正常蓄水位作为起调水位。第二，若原计划中存在汛期限制水位，则应该把原汛期限制水位当作参考依据，同时对水库汛期后蓄水情况应做相应的调查，分析水库管理积累的蓄水资料，总结汛末规律，径流资料从水库建成至今，汛末至第二年灌溉用水止，如果蓄至正常蓄水位年份占水库运行年限比例小于20%，应利用水库多年的来水量进行适当插补延长，重新确定汛期限制水位，对水位进行起调。若蓄至正常蓄水位的年份占水库运行年限的比例大于20%，应该采用原汛期限制水位为起调水位。

二、水库帷幕灌浆施工

根据灌浆设计要求,帷幕灌浆前由施工单位在左、右坝肩分别进行灌浆试验,进一步确定选定工艺对应下的灌浆孔距、灌浆方法、灌浆单注量和灌浆压力等主要技术参数及控制指标。

(一)钻孔

灌浆孔测量定位后,钻孔采用100型或150型回转式地质钻机,直径91mm金刚石或硬质合金钻头。设计孔深17.5~48.9m,按照单排2m孔距沿坝轴线布孔,分3个序次逐渐加密灌浆。钻孔具体要求如下。

(1)所有灌浆孔按照技施图认真统一编号,精确测量放线并报监理复核,复核认可后方可开钻。开孔位置与技施图偏差不可≥2cm,最后终孔深度应符合设计规定。若需要增加孔深,必须取得监理及设计人员的同意。

(2)施工中高度重视机械操作及用电安全,钻机安装要平整牢固,立轴铅直。开孔钻进采用较长粗径钻具,并适当控制钻进速度及压力。井口管理设好后,选用较小口径钻具继续钻孔,若孔壁坍塌,应考虑跟管钻进。

(3)钻孔中应进行孔斜测量,每个灌段(5m左右)测斜一次。各孔必须保证铅直,孔斜率应≤1%。测斜结束,将测斜值记录汇总,如发现偏斜超过要求,确认对帷幕灌浆质量有影响,应及时纠正或采取补救措施。

(4)对设计和监理工程师要求的取芯钻孔,应对岩层、岩性以及孔内各种情况进行详细记录,统一编号,填排装箱,采用数码摄像,进行岩芯描述并绘制钻孔柱状图。

(5)如钻孔出现塌孔或掉块难以钻进时,应先采取措施进行处理,再继续钻进。如发现集中漏水,应立即停钻,查明漏水部位、漏水量及原因,处理后再进行钻进。

(6)钻孔结束等待灌浆或灌浆结束等待钻进时,孔口应堵盖,妥善加以保护,防止杂物掉入从而影响下一道工序的实施和灌浆质量。

(二)洗孔

(1)灌浆孔在灌浆前应进行钻孔冲洗,孔底沉积厚度不得超过20cm。洗孔宜采用清洁的压力水进行裂隙冲洗,直至回水清净为止。冲洗压力为灌浆压力的80%,该值若大于1MPa时,采用1MPa。

(2)帷幕灌浆孔(段)因故中断时间间隔超过24h的应在灌浆前重新进行冲洗。

（三）制浆材料及浆液搅拌

该工程帷幕灌浆主要为基础处理，灌入浆液为纯水泥浆，采用32.5级普通硅酸盐水泥，用150L灰浆搅拌机制浆。水泥必须有合格卡，每个批次水泥必须附生产厂家质量检验报告。施工用水泥必须严格按照水泥配制表认真投放，称量误差宜小于3%。受湿变质硬化的水泥一律不得使用。施工用水采用经过水质分析检测合格的水库上游来水，制浆用水量严格按搅浆桶容积准确兑放。水泥浆液必须搅拌均匀，拌浆时使用150L电动普通搅拌机，搅拌时间不少于3min，浆液在使用前过筛，从开始制备至用完时间宜小于4h。

（四）灌前压水试验

施工中按自上而下分段卡塞进行压水试验。所有的工序灌浆孔按简易压水（单点法）进行，检查孔采用五点法进行压水试验。工序灌浆孔压水试验的压力值，按灌浆压力的0.6倍使用，但最大压力不能超过设计水头的1.5倍。压水试验前，必须先测量孔内安定水位，检查止水效果，效果良好时，才能进行压水试验。压水设备、压力表、流量表（水表）的安装及规格、质量必须符合规范要求，具体按《水利水电工程钻孔压水试验规程》（SL31—2003）执行。压水试验稳定标准：压力调到规定数值，持续观察，待压力波动幅度很小，基本保持稳定后，开始读数，每5min测读一次压入流量，当压入流量读数符合规定标准的时候，压水即可结束，并以最有代表性流量读数作为计算值。

（五）灌浆工艺选定

1.灌浆方法

基岩部分采用自上而下孔内循环式分段灌注，射浆管口距孔底小于等于50cm，灌段长5~6m。

2.灌浆压力

采用循环式纯压灌浆，压力表安装在孔口进浆管路上。灌浆压力采用公式

$$P1 = P0 + MD \tag{3-1}$$

式中：$P1$——灌浆压力；

$P0$——岩石表面所允许的压力；

M——灌浆段顶板在岩石中每加深1m所允许增加的压力值；

D——灌浆段顶部上覆地层的厚度。

因表层基岩节理、裂隙发育较破碎。

M取0.15~0.2m，$P0$=1.0。

3.浆液配制

灌浆浆液的浓度按照由稀到浓，逐级调整的原则进行。水灰比按5∶1，3∶1，2∶1，1∶1，0.8∶1，0.6∶1，0.5∶1七个级逐级调浓使用，起始水灰比为5∶1。

4.浆液调级

当灌浆压力保持不变，吃浆量持续减少，或当注入率保持不变而灌浆压力持续升高时，不得改变水灰比级别；当某一比级浆液的注入浆量超过300L或灌浆时间已达1h，而灌浆压力和注入率均无改变或变化不明显时，应改浓一级；当耗浆量>30L/min时，检查证明没有漏浆、冒浆情况时，应该立即越级变换浓浆灌注；灌浆过程中，灌浆压力突然升高或降低，变化较大；或吃浆量突然增加很多，应高度重视，及时汇报值班技术人员进行仔细分析查明原因，并采取相应的调整措施。灌浆过程中如回浆变浓，宜换用相同水灰比新浆进行灌注，若效果不明显，延续灌注30min，即可停止灌注。

5.灌浆结束标准

在规定压力下，当注入率≤1L/min时，继续灌注90min；当注入率≤0.4L/min时，继续灌注60min，可结束灌浆。

6.封孔

单孔灌浆结束后，必须及时做好封孔工作。封孔前由监理工程师、施工单位、建设单位技术人员共同及时进行单孔验收。验收合格采用全孔段压力灌浆封孔，浆液配比与灌浆浆液相同，即灌什么浆用什么浆封孔，直至孔口不再向下沉为止，每孔限3d封好。

（六）灌浆过程中特殊情况处理

冒浆、漏浆、串浆处理：在灌浆过程中，应加强巡查，发现岸坡或井口冒浆、漏浆现象，可立即停灌，及时分析找准原因后采取嵌缝、表面封堵、低压、浓浆、限流、限量、间歇灌浆等具体方法处理。一种方法是当相邻两孔发生串浆时，如被串孔具备灌浆条件，可采用串通的两个孔同时灌浆，即同时采用两台泵分别灌两个孔。另一种方法是先将被串孔用木塞塞住，继续灌浆，待串浆孔灌浆结束，再对被串孔重新扫孔、洗孔、灌浆及钻进。

（七）灌浆质量控制

首先是灌浆前质量控制，灌浆前对孔位、孔深、孔斜率、孔内止水等各道工序进行检查验收，坚持执行质量一票否决制，上一道工序未经检验合格，不得进行下道工序的施工。其次是灌浆中质量控制，应严格按照设计要求和施工技术规范严格控制灌浆压力、水灰比及变浆标准等，并严把灌浆技术标准关，使灌浆主要技术参数均满足设计和规范要求。灌浆全过程质量控制先在施工单位内部实行三检制，三检结束报监理工程师最后检查验收、质量评定。为保证中间产品及成品质量，监理单位质检员必须坚守工作岗位，实时掌控施工进度，严格控制各个施工环节，做到多跑、多看、多问，发现问题及时解决。施工中应认真做好原始记录，资料档案汇总整理及时归档。因为灌浆系地下隐蔽工程，其质量效果判断主要手段之一是依靠各种记录统计资料，如果没有完整、客观、详细的施工原始记录资料就无法对灌浆质量进行科学合理的评定。最后是灌浆结束质量检验，所有的灌浆生产孔结束14d后，按照单元工程划分布设检查孔获取资料对灌浆质量进行评定。

三、水库工程大坝施工

（一）施工工艺流程

1.上游平台以下施工工艺流程

浆砌石坡脚砌筑和坝坡处理→粗砂铺筑→土工布铺设→筛余卵砾石铺筑和碾压→碎石垫层铺筑→混凝土砌块护坡砌筑→混凝土锚固梁浇筑→工作面清理。

2.上游平台施工工艺流程

平台面处理→粗砂铺筑→天然砂砾料铺筑和碾压→平台混凝土锚固梁浇筑→砌筑十字波浪砖→工作面清理。

3.上游平台以上施工工艺流程

坝坡处理→粗砂铺筑→天然砂砾料铺筑和碾压→筛余卵砾石铺筑和碾压→碎石垫层铺筑→混凝土预制砌块护坡砌筑→混凝土锚固梁及坝顶水封顶浇筑→工作面清理。

4.下游坝脚排水体处施工工艺流程

浆砌石排水沟砌筑和坝坡处理→土工布铺设→筛余卵砾石分层铺筑和碾压→碎石垫层铺筑→水工砖护坡砌筑→工作面清理。

5.下游坝脚排水体以上施工工艺流程

坝坡处理→天然砂砾料铺筑和碾压→混凝土预制砌块护坡砌筑→工作面清理。

（二）施工方法

1.坝体削坡

根据坝体填筑高度拟按2~2.5m削坡一次。测量人员放样后，采用一部1.0m³反铲挖掘机削坡，预留20cm保护层待填筑反滤料之前，由人工自上而下削除。

2.上游浆砌石坡脚及下游浆砌石排水沟砌筑

严格按照图纸施工，基础开挖完成并经验收合格后，方可开始砌筑。浆砌石采用铺浆法砌筑，依照搭设的样架，逐层挂线，同一层要大致水平塞垫稳固。块石大面向下，安放平稳，错缝卧砌，石块间的砂浆插捣密实，并做到砌筑表面平整美观。

第二章 水利工程施工建设

3. 底层粗砂铺设

底层粗砂沿坝轴方向每150m为一段，分段摊铺碾压。具体施工方法：自卸车运送粗砂至坝面后，从平台及坝顶向坡面倒料，人工摊铺、平整，平板振捣器拉三遍振实；平台部位粗砂垫层人工摊铺平整后采用光面振动碾顺坝轴线方向碾压压实。

4. 土工布铺设

土工布由人工铺设，在铺设过程中，作业人员不得穿硬底鞋及带钉的鞋。土工布铺设要平整，与坡面相贴，呈自然松弛状态，以适应变形。接头采用手提式缝纫机缝合3道，缝合宽度为10cm，以保证接缝施工质量要求；土工布铺设完成后，必须妥善保护，以防受损。为了减少土工布的暴晒，摊铺后7日内必须完成上部的筛余卵砾石层铺筑。

（1）上游土工布。

土工布与上游坡脚浆砌石的锚固方法：压在浆砌石底的土工布向上游伸出30cm，包在浆砌石上游面上，土工布与土槽之间的空处用M10砂浆填实；与107.4平台的锚固方法为：在107.4平台坡肩50cm处挖30cm×30cm的土槽，土工布压入土槽后用土压实，以防止土工布下滑。

（2）下游土工布。

下部压入排水沟浆砌石底部1m，上部范围为高出透水砖铅直方向0.75m并且用扒钉在顶部固定。

5. 反滤层铺设

天然砂砾料及筛余卵砾料铺筑沿坝轴方向每250m为一段，分段摊铺碾压。具体施工方法如下。

（1）天然砂砾料。

自卸车运送天然砂砾料至坝面后从平台及坝顶卸料，推土机机械摊铺，人工辅助平整，然后采用山推160推土机沿坡面上下行驶、碾压，碾压遍数为8遍；平台处天然砂砾料推土机机械摊铺、人工辅助平整后，碾压机械顺坝轴线方向碾压6遍。由于2+700至3+300坝段平台处天然砂砾料为70cm厚，所以应分两层摊铺、碾压。天然砂砾料设计压实标准为相对密度不低于0.75。

（2）筛余卵砾料。

自卸车运送筛余卵砾料至坝面后从平台及坝顶向坡面倒料，推土机机械摊铺，人工辅助平整，然后采用山推160推土机沿坡面上下行驶、碾压。上游筛余卵砾料应分层碾压，铺筑厚度不超过60cm，碾压遍数为8遍；下游坝脚排水体处护坡筛余料按设计分为两层，底层为50cm厚筛余料，上层为40cm厚大于20mm的筛余料，故应根据设计要求分别铺筑、碾压。筛余卵砾料设计压实标准为孔隙率不大于25%。

6.混凝土砌块砌筑

(1)施工技术要求。

①混凝土砌块自下而上砌筑,沿砌块的长度方向水平铺设,下沿第一行砌块与浆砌石护脚用现浇C25混凝土锚固,锚固混凝土与浆砌石护脚应结合良好。

②从左(或右)下角铺设其他混凝土砌块,应水平方向分层铺设,不得垂直护脚方向铺设。在铺设时,应固定两头,均衡上升,以防止产生累计误差,影响铺设质量。

③为增强混凝土砌块护坡的整体性,拟每间隔150块顺坝坡垂直坝轴方向设混凝土锚固梁一道。锚固梁采用现浇C25混凝土,梁宽40cm,梁高40cm,锚固梁两侧半块空缺部分用现浇混凝土充填和锚固梁同时浇筑。

④将连锁砌块铺设至上游107.4高程和坝顶部位时,应在平台边坡部位和坝顶部位设现浇混凝土锚固连接砌块,上述部位连锁砌块必须与现浇混凝土锚固。

⑤护坡砌筑至坝顶后,应在防浪墙底座施工完成后浇筑护坡砌块的顶部与防浪墙底座之间的锚固混凝土。

⑥如需进行连锁砌块面层色彩处理时,应清除连锁砌块表面浮灰及其他杂物,如需水洗时,可用水冲洗,待水干后即可进行色彩处理。

⑦根据图纸和设计要求,用砂或天然砂砾料(筛余2cm以上颗粒)填充砌块开孔和接缝。

⑧下游水工连锁砌块和不开孔砌块分界部位可采用切割或C25混凝土现浇连接。水工连锁砌块和坡脚浆砌石排水沟之间的连接采用C25混凝土现浇连接。

(2)砌块砌筑施工方法。

①首先确定数条砌体水平缝的高程,各坝段均以此为基准。然后由测量组把水平基线和垂直坝轴线方向分块线定好,并用水泥砂浆固定基线控制桩,以防止基线的变动造成误差。

②运输预制块,首先用运载车辆把预制块从生产区运到施工区,由人工抬运到护坡面上来。

③用瓦刀把预制块多余的灰渣清除干净,再用特制地抬预制块的工具(抬耙)把预制块放到指定位置,与前面已就位的预制块咬合相连锁,咬合式预制块的尺寸为46cm×34cm;在具体施工时,需要用几种专用工具:抬的工具,类似于钉耙,我们临时称为抬耙;瓦刀和80cm左右长的撬杠,用来调节预制块的间距和平整度;木槌(或木棒)用来撞击未放进的预制块;常用的铝合金靠尺和水平尺,用来校核预制块的平整度。施工工艺可用五个字来概括:抬、敲、放、调、平。抬指把预制块放到预定位置;敲指用瓦刀把灰渣敲打干净,以便预制块顺利组装;放指二人用专用抬的工具把预制块放到指定位置;调指用专用撬杠调节预制块的间距和高低;平指用水平尺、靠尺及木槌(木棒)来校核预制

块的平整度。

7. 锚固梁浇筑

在大坝上游坝脚处设小型搅拌机。按照设计要求混凝土锚固梁高40cm，故先由人工开挖至设计深度，人工用胶轮车转运混凝土入仓并振捣密实，人工抹面收光。

四、水库除险加固

土坝需要检查是否有上下游贯通的孔洞，防渗体是否有破坏、裂缝，是否有过大的变形，造成垮塌的迹象。混凝土坝需要检查混凝土的老化、钢筋的锈蚀程度等，是否存在大幅裂缝。还有进、出水口的闸门、渠道、管道是否需要更换和修复等。库区范围内是否有滑坡体、山坡蠕变等问题。

（一）病险水库的治理措施

第一，继续加强病险水库除险加固建设进度必须半月报制度，按照"分级管理，分级负责"的原则，各级政府都应该建立相应的专项治理资金。每月对地方的配套资金应该到位、投资的完成情况、完工情况、验收情况等进行排序，采取印发文件和网站公示等方式向全国通报。通过信息报送和公示，实时掌握各地进展情况，动态监控，及时研判，分析制约年底完成3年目标任务的不利因素，为下一步工作提供决策参考。同时，结合病险水库治理的进度，积极稳妥地搞好小型水库的产权制度改革。有除险加固任务的地方也要层层建立健全信息报送制度，指定熟悉业务、认真负责的人员具体负责，保证数据报送及时、准确。同时，对全省、全市所有的正在进行的项目进展情况进行排序，与项目的政府主管部门责任人和建设单位责任人名单一并公布，以便接受社会监督。病险水库加固规划时，应考虑增设防汛指挥调度网络及水文水情测报自动化系统、大坝监测自动化系统等先进的管理设施，而且要对不能满足需要的防汛道路及防汛物资仓库等管理设施一并予以改造。

第二，加强管理，确保工程的安全进行，督促各地进一步地加强对病险水库除险加固的组织实施和建设管理，强化施工过程的质量与安全监管，以确保工程质量和施工的安全，确保目标任务全面完成。一是要狠抓建设管理，认真地执行项目法人的责任制、招标投标制、建设监理制，加强对施工现场组织和建设管理、科学调配施工力量，努力调动参建各方积极性，切实地把项目组织好、实施好。二是狠抓工作重点，把任务重、投资多、工期长的大中型水库项目作为重点，把项目多的市县作为重点，有针对性地开展重点指导、重点帮扶。三是狠抓工程验收，按照项目验收计划，明确验收责任主体，科学组织，严格把关，及时验收，确保项目年底前全面完成竣工验收或投入使用验收。四是狠抓质量关与安全，强化施工过程中的质量与安全监管，建立完善的质量保证体系，真正地做到建设单位认真负责、监理单位有效控制、施工单位切实保证、政府监督务必到位,来确保工程质量和施工一切安全。

(二)水库除险加固的施工

加强对施工人员的文明施工宣传,加强教育,统一思想,使得广大干部职工认识到文明施工是企业形象、队伍素质的反映,是安全生产的必要保证,增强现场管理和全体员工文明施工的自觉性。在施工过程中协调好与当地居民、当地政府的关系,共建文明施工窗口。明确各级领导及有关职能部门和个人对文明施工的责任和义务,从思想上、管理上、行动上、计划上和技术上重视起来,切实提高现场文明施工的质量和水平。健全各项文明施工的管理制度,如岗位责任制、会议制度、经济责任制、专业管理制度、奖罚制度、检查制度和资料管理制度。对不服从统一指挥和管理的行为,要按条例严格执行处罚。在开工前,全体施工人员认真学习水库文明公约,遵守公约的各种规定。在现场施工当中,施工人员的生产管理符合施工技术规范和施工程序要求,不违章指挥,不蛮干。对施工现场不断进行整理、整顿、清扫、清洁,有效地实现文明施工。合理布置场地,各项临时施工设施必须符合标准要求,做到场地清洁、道路平顺、排水通畅、标志醒目、生产环境达到标准要求。按照工程的特点,加强现场施工的综合管理,减少现场施工对周围环境的一切干扰和影响。自觉接受社会监督。要求施工现场坚持做到工完料清,垃圾、杂物集中堆放整齐,并及时处理;坚持做到场地整洁、道路平顺、排水畅通、标志醒目,使生产环境标准化,严禁施工废水乱排放,施工废水严格按照有关要求经沉淀处理后用于洒水降尘。加强施工现场的管理,严格按照有关部门审定批准的平面布置图进行场地建设。临时建筑物、构成物要求稳固、整洁、安全,并且满足消防要求。施工场地采用全封闭的围挡,施工场地及道路按规定进行硬化,其厚度和强度要满足施工和行车的需要。按设计架设用电线路,严禁任意拉线接电,严禁使用所有的电炉及明火烧煮食物。施工场地和道路要平坦、通畅并设置相应的安全防护设施及安全标志。按要求进行工地主要出入口设置交通指令标志和警示灯,安排专人疏导交通,保证车辆和行人的安全。工程材料、制品构件分门别类、有条有理地堆放整齐;机具设备定机、定人保养,并保持运行正常,机容整洁。同时,在施工中严格按照审定的施工组织设计实施各道工序,做到工完料清,场地上无淤泥积水,施工道路平整畅通,以实现文明施工合理安排施工,尽可能使用低噪声设备严格控制噪声,对于特殊设备要采取降噪声措施,以尽可能减少噪声对周边环境的影响。现场施工人员要统一着装,一律佩戴胸卡和安全帽,遵守现场各项规章和制度,非施工人员严禁进入施工现场。加强土方施工管理。弃渣不得随意弃置,并运至规定的弃渣场。外运和内运土方时绝不准超高,并且采取遮盖维护措施,防止泥土沿途遗漏污染到马路。

第四节　堤防施工

一、水利工程堤防施工

（一）堤防工程的施工准备工作

1.施工注意事项

施工前应注意施工区内埋于地下的各种管线、建筑物废基、水井等各类应拆除的建筑物，并与有关单位一起研究处理措施和方案。

2.测量放线

测量放线非常重要，因为它贯穿于施工的全过程，从施工前的准备，施工中，到施工结束以后的竣工验收，都离不开测量工作。如何把测量放线最快做好，是对测量技术人员一项基本技能的考验和基本要求。当前堤防施工中一般采用全站仪进行施工控制测量，另外配置水准仪、经纬仪，进行施工放样测量。

（1）测量人员依据监理提供的基准点、基线、水准点及其他测量资料进行核对、复测，监理施工测量控制网，报请监理审核，批准后予以实施，以利于施工中随时校核。

（2）精度的保障。工程基线相对于相邻基本控制点，平面位置误差不超过（±）30～50mm，高程误差不超过±30mm。

（3）施工中对所有导线点、水准点进行定期复测，对测量资料进行及时、真实的填写，由专人保存，以便归档。

3.场地清理

场地清理包括植被清理和表土清理，包括永久和临时工程、存弃渣场等施工用地需要清理的全部区域的地表。

（1）植被清理：用推土机清除开挖区域内的全部树木、树根、杂草、垃圾及监理人指明的其他障碍物，运至监理工程师指定的位置。除监理人另有指示外，主体工程施工场地地表的植被清理，必须延伸至施工图所示最大开挖边线或建筑物基础边线（或填筑边角线）外侧至少5m距离。

（2）表土清理：用推土机清除开挖区域内的全部含细根、草本植物及覆盖草等植物的表层有机土壤，按照监理人指定的表土开挖深度进行开挖，并且将开挖的有机土壤运至指定地区存放待用。防止土壤被冲刷流失。

（二）堤防工程施工放样与堤基清理

在施工放样中，首先沿堤防纵向定中心线和内外边角，同时钉以木桩，要把误差控制在规定值内。当然根据不同堤形，可以在相隔一定距离内设立一个堤身横断面样架，以便能够为施工人员提供参照。堤身放样时，必须按照设计要求来预留堤基、堤身的沉降量。而在正式开工前，还需要进行堤基清理，清理的范围主要包括堤身、铺盖、压载的基面，其边界应在设计基面边线外30~50cm。如果堤基表层出现不合格土、杂物等，必须及时清除，针对堤基范围内的坑、槽、沟等部分，需要按照堤身填筑要求进行回填处理。同时需要耙松地表，这样才能保证堤身与基础结合。当然，假如堤线必须通过透水地基或软弱地基，就必须对堤基进行必要的处理，处理方法可以按照土坝地基处理的方法进行。

（三）堤防工程度汛与导流

堤防工程施工期跨汛期施工时，度汛、导流方案应根据设计要求和工程需要编制，并报有关单位批准。挡水堤身或围堰顶部高程，按照度汛洪水标准的静水位加波浪爬高与安全加高确定。当度汛洪水位的水面吹程小于500m、风速在5级（风速10m/s）以下时，堤顶高程可仅考虑安全加高。

（四）堤防工程堤身填筑要点

1.常用筑堤方法

（1）土料碾压筑堤。

土料碾压筑堤是应用最多的一种筑堤方法，也是极为有效的一种方法，其主要是通过把土料分层填筑碾压，用于填筑堤防的一种工程措施。

（2）土料吹填筑堤。

土料吹填筑堤主要是通过把浑水或人工拌制的泥浆，引到人工围堤内，通过降低流速，最终能够沉沙落淤，其主要是用于填筑堤防的一种工程措施。吹填的方法有许多种，包括提水吹填、自流吹填、吸泥船吹填、泥浆泵吹填等。

（3）抛石筑堤。

抛石筑堤通常是在软基、水中筑堤或地区石料丰富的情况下使用的一种工程措施，其主要是利用抛投块石填筑堤防。

（4）砌石筑堤。

砌石筑堤是采用块石砌筑堤防的一种工程措施。其主要特点是工程造价高，在重要堤防段或石料丰富地区使用较为广泛。

（5）混凝土筑堤。

混凝土筑堤主要用于重要堤防段，其工程造价高。

2.土料碾压筑堤

（1）铺料作业。

铺料作业是筑堤的重要组成部分，因此需要根据要求把土料铺至规定部位，禁止把砂（砾）料，或者其他透水料与黏性土料混杂。当然在上堤土料的过程中，需要把杂质清除干净，这主要是考虑到黏性土填筑层中包裹成团的砂（砾）料时，可能会造成堤身内积水囊，这将会大大影响到堤身安全；如果是土料或者砾质土，就需要选择进占法或后退法卸料，如果是砂砾料，则需要选择后退法卸料；当出现砂砾料或砾质土卸料发生颗粒分离的现象，就需要将其拌和均匀；需要按照碾压试验确定铺料厚度和土块直径的限制尺寸；如果铺料到堤边，那就需要在设计边线外侧各超填一定余量，人工铺料宜为100cm，机械铺料宜为30cm。

（2）填筑作业。

为了更好地提高堤身的抗滑稳定性，需要严格控制技术要求，在填筑作业中如果遇到地面起伏不平的情况，就需要根据水分分层，按照从低处开始逐层填筑的原则，禁止顺坡铺填；如果堤防横断面上的地面坡度陡于1∶5，就需要把地面坡度削至缓于1∶5。

如果是土堤填筑施工接头，很可能会出现质量隐患，要求分段作业面的最小长度要大于100m，如果人工施工时段长，可以根据相关标准适当减短；如果是相邻施工段的作业面宜均衡上升，在段与段之间出现高差时，需要以斜坡面相接；不管选择哪种包工方式，填筑作业面都应严格按照分层统一铺土、统一碾压的原则进行，同时需要配备专业人员，或者使用平土机具参与整平作业，避免出现乱铺乱倒、界沟的现象；为了使填土层间结合紧密，应尽可能地减少层间的渗漏，如果已铺土料表面在压实前已经被晒干，此时就需要洒水湿润。

（3）防渗工程施工。

黏土防渗对于堤防工程来说主要是用在黏土铺盖，而黏土心墙、斜墙防渗体方式在堤防工程中应用较少。黏土防渗体施工，应在清理的无水基底上进行，并与坡脚截水槽和堤身防渗体协同铺筑，尽量减少接缝；分层铺筑时，上下层接缝应错开，每层厚以15~20cm为宜，层面间应刨毛、洒水，保证压实的质量；分段、分片施工时，相邻工作面搭接碾压应符合压实作业规定。

（4）反滤、排水工程施工。

在进行铺反滤层施工之前，需要对基面进行清理，同时针对个别低洼部分，则需要通过采用与基面相同的土料，或者反滤层第一层滤料填平。在反滤层铺筑的施工中，需要遵循以下几个要求。

①铺筑前必须设好样桩，做好场地排水，准备充足的反滤料。

②按照设计要求的不同，来选择粒径组的反滤料层厚。

③必须从底部向上按设计结构层要求铺设，禁止逐层铺设，同时需要保证层次清楚，不能混杂，也不能从高处顷坡倾倒。

④分段铺筑时，应使接缝层次清楚，不能出现缺断、层间错位、混杂等现象。

二、堤防工程防渗施工技术

（一）堤防发生险情的种类

堤防发生险情包括开裂、滑坡和渗透破坏，其中，渗透破坏尤为突出。渗透破坏的类型主要有接触流土、接触冲刷、流土、管涌及集中渗透等。由渗透破坏造成的堤防险情主要有以下几种。

1. 堤身险情

该类险情的造成原因主要由堤身填筑密实度以及组成物质的不均匀所致，如堤身土壤组成是砂壤土、粉细沙土壤，或者堤身存在裂缝、孔洞等，跌窝、漏洞、脱坡、散浸是堤身险情的主要表现。

2. 堤基与堤身接触带险情

该类险情的造成原因是建筑堤防时，没有清基，导致堤基与堤身的接触带的物质复杂、混乱。

3. 堤基险情

该类险情是由于堤基构成物质中包含了砂壤土和砂层，而这些物质的透水性又极强。

（二）堤防防渗措施的选用

在选择堤防工程的防渗方案时，应当遵循以下原则：首先，对于堤身防渗，防渗体可选择劈裂灌浆、锥探灌浆、截渗墙等。在必要情况下，可帮堤以增加堤身厚度，或挖除、刨松堤身后，重新碾压并填筑堤身。其次，在进行堤防截渗墙施工时，为降低施工成本，要注意采用廉价、薄墙的材料。较为常用的造墙方法有高喷法、深沉法、开槽法，其中，深沉法的费用最低，对于小于20m的墙深最宜采用该方法。高喷法的费用要高些，但在地下障碍物较多、施工场地较狭窄的情况下，该方法的适应性较高。若地层中含有的砂卵砾石较多且颗粒较大时，应结合使用冲击钻和其他开槽法，该方法的造墙成本会相应地提高不少。对于该类地层上堤段险情的处理，还可使用盖重、反滤保护、排水减压等措施。

（三）堤防堤身防渗技术分析

1.黏土斜墙法

黏土斜墙法，是先开挖临水侧堤坡，将其挖成台阶状，再将防渗黏性土铺设在堤坡上方，铺设厚度不得小于2m，并在铺设中将黏性土分层压实。对堤身临水侧滩地足够宽且断面尺寸较小的情况，适宜使用该方法。

2.劈裂灌浆法

劈裂灌浆法，是指利用堤防应力的分布规律，通过灌浆压力在沿轴线方向将堤防劈裂，再灌注适量泥浆形成防渗帷幕，使堤身防渗能力加强。该方法的孔距通常设置为10m，但在弯曲堤段，要适当缩小孔距，对于沙性较重的堤防，不适宜采用劈裂灌浆法，这是因为沙性过重，会使堤身弹性不足。

3.表层排水法

表层排水法，是指在清除背水侧堤坡的石子、草根后，喷洒除草剂，然后铺设粗砂，铺设厚度在20cm左右，再一次铺设小石子、大石子，每层厚度都为20cm，最后铺设块石护坡，铺设厚度为30cm。

4.垂直铺塑法

垂直铺塑法，是指使用开槽机在堤顶沿着堤轴线开槽，开槽后，将复合土工膜铺设在槽中，然后使用黏土在其两侧进行回填。该方法对复合土工膜的强度和厚度要求较高。若将复合土工膜深入堤基的弱透水层中，还能起到堤基防渗作用。

（四）堤基的防渗技术分析

1.加盖重技术

加盖重技术，是指在背水侧地面增加盖重，以减小背水侧的出流水头，从而避免堤基渗流破坏表层土，使背水地面的抗浮稳定性增强，降低其出逸比降。针对下卧透水层较深、覆盖层较厚的堤基，或者透水地基，都适宜采用该方法进行处理。在增加盖重的过程中，要选择透水性较好的土料，至少要等于或大于原地面的透水性。而且不宜使用沙性太大的盖重土体，因为沙性太大易造成土体沙漠化，影响周围环境。若盖重太长，要考虑联合使用减压沟或减压井。如果背水侧为建筑密集区或是城区，则不适宜使用该方法。对于盖重高度、长度的确定，要以渗流计算结果为依据。

2.垂直防渗墙技术

垂直防渗墙技术，是指在堤基中使用专用机建造槽孔，使用泥浆加固墙壁，再将混合物填充至槽孔中，最终形成连续防渗体。它主要包括了全封闭式、半封闭式和悬挂式三种结构类型。全封闭式防渗墙，是指防渗墙穿过相对强透水层，且底部深入相对弱透水层中,在相对弱透水层下方没有相对强透水层。通常情况下,该防渗墙的底部会深入深厚黏土层或弱透水性的基岩中。若在较厚的相对强透水层中使用该方法,会增加施工难度和施工成本。该方式会截断地下水的渗透径流,故其防渗效果十分显著,但同时易发生地下水排泄、补给不畅的问题。所以会对生态环境造成一定的影响。

半封闭式防渗墙,是指防渗墙经过相对强透水层渗入弱透水层中,在相对弱透水层下方有相对强透水层。该方法的防渗稳定性效果较好。影响其防渗效果的因素较多,主要有相对强透水层和相对弱透水层各自的厚度、连续性及渗透系数等。该方法不会对生态环境造成影响。

三、堤防绿化的施工

(一)堤防绿化在功能上下功夫

1.防风消浪,减少地面径流

堤防防护林可以降低风速、削减波浪,从而减小水对大堤的冲刷。绿色植被能够有效地抵御雨滴击溅、降低径流冲刷、减缓河水冲淘,起到了护坡、固基、防浪等作用。

2.以树养堤、以树护堤,改善生态环境

合理的堤防绿化能有效地改善堤防工程区域性的生态景观,实现养堤、护堤、绿化、美化的多功能,实现堤防工程的经济、社会和生态3个效益相得益彰,为全面建设小康社会提供和谐的自然环境。

3.缓流促淤、护堤保土,保护堤防安全

树木的干、叶、枝有阻滞水流的作用,可干扰水流流向,使水流速度放缓,对地表的冲刷能力大大下降,从而使泥沉沙落。同时林带内树木根系纵横,使得泥土形成整体,大大提高土壤的抗冲刷能力,保护堤防安全。

4.净化环境,实现堤防生态效益

枝繁叶茂的林带,通过叶面的水分蒸腾,起到一定排水作用,可以降低地下水位,能在一定程度上防止由于地下水位升高而引起的土壤盐碱化现象。另外,防护林还能储存大量的水资源,维持环境的湿度,改善局部循环,形成良好的生态环境。

(二)堤防绿化在植树上保成活

理想的堤防绿化是从堤脚到堤肩的绿化,理想的堤防绿化是一条绿色的屏障,是一道天然的生态保障线,它可以成为一道亮丽的风景线,不但能保证植树面积,还能保证树木的存活率。

1.健全管理制度

领导班子要高度重视，成立专门负责绿化苗木种植管理领导小组，制定绿化苗木管理责任制、实施细则、奖惩办法等一系列规章制度。直接责任到人，真正实现分级管理、分级监督、分级落实，全面推动绿化苗木种植管理工作。为打造"绿色银行"起到了保驾护航和良好的监督落实作用。

2.把好选苗关

近年来，堤防上的"劣质树""老头树"，随处可见，成材缓慢，不仅无经济效益可言，还严重影响堤防环境的美化效果，制约经济的发展。要选择种植成材快、木质好，适合黄土地带生长的既有观赏价值又有经济效益的树种。

3.把好苗木种植关

堤防绿化的布局要严格按照规划，植树时把高低苗木分开，高低苗木要顺坡排开，既整齐美观，又能够使苗木采光充分，有利于生长。绿化苗木种植过程中，根据绿化计划和季节的要求，从苗木品种、质量、价格、供应能力等方面入手，严格按照计划选择苗木。要严格按照"三埋、两踩、一提苗"的原则种植，认真按照专业技术人员指导植树的方法、步骤、注意事项完成，既保证整齐美观，又能确保成活率。

（1）三埋。

三埋：植树填土分3层，即挖坑时要将挖出的表层土1/3、中层土1/3、底层土1/3分开堆放。在栽植前先将表层土填于坑底，然后将树苗放于坑内，使中层土还原，底层土是起封口的作用。

（2）两踩。

两踩：中层土填过后进行人工踩实，封堆后再进行一次人工踩实，可使根部周围土密实，保墙抗倒。

（3）一提苗。

一提苗：有根系的树苗，待中层土填入后，在踩实之前先将树苗轻微上提，使弯乱的树根舒展，便于扎根。

（三）堤防绿化在管理上下功夫

巍巍长堤，人、水、树相依，堤、树、河相伴。堤防变成绿色风景线。这需要堤防树木的"保护伞"的支撑。

1.加强法律法规宣传，加大对沿堤群众的护林教育

利用电视、广播、宣传车、散发传单、张贴标语等方式进行宣传，目的是使广大群众从思想上认识到堤防绿化对保护堤防安全的重要性和必要性，增强群众爱树、护树的自觉性，形成全员管理的社会氛围。对乱砍滥伐的违法乱纪行为进行严厉查处，提高干部群众

的守法意识，自觉做环境的绿化者。

2.加强树木管护，组织护林专业队

根据树木的生长规律，时刻关注树木的生长情况，做好保墒、施肥、修剪等工作，满足树木不同时期生长的需要。

3.防治并举，加大对林木病虫害防治的力度

在沿堤设立病虫害观测站，并坚持每天巡查，一旦发现病虫害，及时除治，及时总结树木的常见、突发病害，交流防治心得、经验，控制病虫害的泛滥。例如，杨树虽然生长快、材质好、经济价值高，但幼树抗病虫害能力差。易发病虫害：溃疡病、黑斑病、桑天牛、潜叶蛾等病害。针对溃疡病、黑斑病主要通过施肥、浇水增加营养水分，使其茁壮；针对桑天牛害虫，主要采用清除枸、桑树，断其食源，对病树虫眼插毒签、注射1605、氧化乐果50倍或100倍溶液等办法；针对潜叶蛾等害虫主要采用人工喷洒灭幼脲药液的办法。

（四）堤防防护林发展目标

1.抓树木综合利用，促使经济效益最大化

为使经济效益和社会效益双丰收，在路口、桥头等重要交通路段，种植一些既有经济价值，又有观赏价值的美化树种，来适应旅游景观的要求，创造美好环境，为打造水利旅游景观打下良好的基础。

2.乔灌结合种植，缩短成材周期

乔灌结合种植，树木成材快，经济效益明显。乔灌结合种植可以保护土壤表层的水土，有效防止水土流失，协调土壤水分。另外，灌木的叶子腐烂后，富含大量的腐殖质，既防止土壤板结，又改善土壤环境，促使植物快速生长，形成良性循环，缩短成材的周期。

3.坚持科技兴林，提升林业资源多重效益

在堤防绿化实践中，要勇于探索，大胆实践及科学造林。积极探索短周期速生丰产林的栽培技术和管理模式。加大林木病虫害防治力度。管理人员应经常参加业务培训，实行走出去，引进来的方式，不断提高堤防绿化水平。

4.创建绿色长廊，打造和谐的人居环境

为了满足人民日益提高的物质文化生活需要，在原来绿化、美化的基础上，建设各具特色的堤防公园，使它成为人们休闲娱乐的好去处，实现经济效益、社会效益的双丰收。

四、生态堤防建设

(一) 我国目前堤防建设的现状

在防洪工程建设中,堤防最主要的功能就是防汛,但生态功能往往被忽视,工程设计阶段多没有兼顾生态需求,从而未能合理引入生态工程技术,不能减轻水利工程对河流生态系统的负面影响,使得原来自然河流趋势人为渠道化和非连续化,破坏了自然生态。

(二) 生态堤防建设概述

1. 生态堤防的含义

生态堤防是指恢复后的自然河岸或具有自然河岸水土循环的人工堤防。主要通过扩大水面积和绿地、设置生物的生长区域、设置水边景观设施、采用天然材料的多孔性构造等措施来实现河道生态堤防建设。在实施过程中,要尊重河道实际情况,根据河岸原生态状况,因地制宜,在此基础上稍加"生态加固",不要做过多的人为建设。

2. 生态堤防建设的必要性

原来河道堤防建设,仅是加固堤岸、裁弯取直、修筑大坝等工程,满足了人们对于供水、防洪、航运的多种经济要求。但水利工程对于河流生态系统可能造成不同程度的负面影响:一是自然河流的人工渠道化,包括平面布置上的河流形态直线化、河道横断面几何规则化、河床材料的硬质化;二是自然河流的非连续化,包括筑坝导致顺水流方向的河流非连续化,筑堤引起了侧向的水流连通性的破坏。

3. 生态堤防的作用

生态堤防在生态的动态系统中具有多种功能,主要表现为:①成为通道,具有调节水量、滞洪补枯的作用。堤防是水陆生态系统内部及相互之间生态流动的通道,丰水期水向堤中渗透储存,减少洪灾;枯水期储水反渗入河或蒸发,起着滞洪补枯、调节气候的作用。传统上用混凝土或浆砌块石护岸,阻隔这个系统的通道,就会使水质下降。②过滤的作用,提高河流的自净能力。生态河堤采用种植水中植物,从水中吸取无机盐类营养物,利于水质净化;。③能形成水生态特有的景观。堤防有自己特有的生物和环境特征,是各种生态物种的栖息地。

4. 生态堤防建设效益

生态堤防建设改善了水环境的同时,也改善了城市生态、水资源及居住条件,并强化了文化、体育、休闲设施,使城市交通功能、城市防洪等再上新的台阶,对于优化城市环境,提升城市形象,改善投资环境,拉动经济增长,扩大对外开放,都将产生直接影响。

（三）堤防建设的生态问题

1.对天然河道裁弯取直

天然河流是蜿蜒弯曲、分叉不规则的，宽窄不一、深浅各异，在以往的堤防建设中，过多地强调"裁弯取直"，堤线布置平直单一，使河道的形态不断趋于直线化，导致整个河道断面变为规则的矩形或组合梯形断面，使河道断面失去了天然不规则化形态，从而改变了原有河道的水流流态，对水生生物产生不良影响。

2.追求保护面积的最大化

以往的堤防设计往往追求最大的保护面积，堤线紧靠岸坡坡顶布置，导致河槽变窄，河漫滩也不复存在，从而失去了原有天然河道的开放性，使生物的生长发育失去栖息环境。

3.现场施工无序

堤防施工对生态环境的破坏，施工后场地沟壑纵横、土壤裸露、杂乱无章，引起水土流失，破坏了原有的生态环境。

4.对岸坡的硬质化处理

对岸坡的处理，以往一般多采用"硬处理"，也就是采用大片的干砌石、浆砌石或混凝土护坡，忽视生态防护措施的研究和应用，对生态环境的影响非常严重。

（四）解决堤防生态问题的对策

1.堤线和堤型的选择

河流形态的多样化是生物物种多样化的前提之一，河流形态的规则化、均一化，会在不同程度上对生物多样性造成影响。堤线的布置要因地制宜，应尽可能保留江河湖泊的自然形态，保留或恢复其蜿蜒性或分散混乱状态，以保留或恢复湿地、河湾、急流和浅滩。

2.河流断面设计

自然河流的纵、横断面也显示出多样性的变化，浅滩与深潭相间。

3.岸坡的防护

岸堤是水陆过渡地带，是水生物繁衍和生息的场所，所以岸坡的防护将对生态环境产生直接影响。以往在岸坡防护方面多采用"硬处理措施"，即在坡中、坡顶进行削坡、修坡，在坡脚修筑齿墙并抛石防冲，在坡面采用干砌石、浆砌石或混凝土预制块砌护，而很少考虑"软处理措施"亦即生态防护措施的应用，导致河道渠化，岸坡植被遭到破坏，河道失去原来的天然形态，因此重视"软处理措施"或"软硬结合处理措施"的应用是十分有必要的。

（1）尽可能保持岸坡的原来形态，尽量不破坏岸坡的原生植被，局部不稳定的岸坡可局部采用工程措施加以处理，避免大面积削坡，导致全堤段岸坡断面统一化。

（2）尽可能少用单纯的干砌石、浆砌石或混凝土护坡，宜采用植物护坡，在坡面种植适宜的植物，达到防冲固坡的目的，或者采用生态护坡砖，为增强护坡砖的整体性，可采用互锁式护坡砖，中间预留适当大小的孔洞，以便种植固坡植物（如香根草、蟛蜞菊等），固坡植物生长后，将护坡砖覆盖，既能达到固坡防冲的目的，又能绿化岸坡，使岸坡保持原来的植被形态，为水生生物提供必要的生活环境。

（3）尽可能保护岸坡坡脚附近的深潭和浅滩，这是河床多样化的表现，为生物的生长提供栖息场所，增加生物和谐性，坡脚附近的深潭以往一般认为是影响岸坡稳定的主要因素之一，因此，常采用抛石回填，实际上可以采取多种联合措施，减少或避免单一使用抛石回填，从而保护深潭的存在，比如将此处的堤轴线内移，减少堤身荷载对岸坡稳定的影响，或者在坡脚采用阻滑桩处理等。

4.对已建堤防做必要的生态修复

由于认识和技术的局限性，以往修筑的一些堤防，尤其是城市堤防对生态环境产生的负面影响是持续的，可以采用必要的补救措施，尽可能地减少或消除对生态环境的影响，而植物措施是最为经济有效的，如对影响面较大的硬质护坡，可采用打孔种植固坡植物，覆盖硬质护坡，使岸坡恢复原有的绿色状态；结合堤防的扩建，对原有堤防进行必要的改造，使其恢复原有的生态功能。

第五节 水闸施工

一、水闸工程地基开挖施工技术

开挖分为水上开挖和水下开挖。其中涵闸水上部分开挖、旧堤拆除等为水上开挖，新建堤基础面清理、围堰形成前水闸处淤泥清理开挖为水下开挖。

（一）水上开挖施工

水上开挖采用常规的旱地施工方法。施工原则是"自上而下，分层开挖"。水上开挖包括旧堤拆除、水上边坡开挖及基坑开挖。

1.旧堤拆除

旧堤拆除在围堰保护下干地施工。为保证老堤基础的稳定性和周边环境的安全性，旧堤拆除不采用爆破方式。干、砌块石部分采用挖掘机直接挖除，开挖渣料可利用部分装运至外海进行抛石填筑或者用于石渣填筑，其余弃料装运至监理指定的弃渣场。

2.水上边坡开挖

开挖方式采取旱地施工，挖掘机挖除；水上开挖由高到低依次进行，均衡下降。待围堰形成和水上部分卸载开挖工作全部结束后，方可进行基坑抽水工作，以确保基坑的安全稳定。开挖料可利用部分用于堤身和内外平台填筑，其余弃料运至指定弃料场。

3.基坑开挖与支护

基坑开挖在围堰施工和边坡卸载完毕后进行，开挖前首先进行开挖控制线和控制高程点的测量放样等。开挖时要做好排水设施的施工，主要有：开挖边线附近设置临时截水沟，开挖区内设干码石排水沟，干码石采用挖掘机压入作为脚槽。另外，设混凝土护壁集水井，配水泵抽排，以降低基坑水位。

（二）水下开挖施工

水下开挖施工主要为水闸基坑水下流溯状淤泥开挖。

1.水下开挖施工方法

（1）施工准备。

水下开挖施工准备工作主要有：弃渣场的选择、机械设备的选型等。

（2）测量放样。

水下开挖的测量放样拟采用全站仪进行水上测量，主要测定开挖范围。浅滩可采用打设竹竿作为标记，水较深的地方用浮子作标记；为了避免开挖时毁坏测量标志，测量标志可设在开挖线外10m处。

（3）架设吹送管、绞吸船就位。

根据绞吸船的吹距（最大可达1000m）和弃渣场的位置，吹送管可架设在陆地上，也可架设在水上或淤泥上。

（4）绞吸吹送施工。

绞吸船停靠就位、吹送管架设牢固后，即可开始进行绞吸开挖。

2.涵闸基坑水下开挖

（1）涵闸水下基坑描述。

涵闸前后河道由于长期双向过流，其表层主要为流塑状淤泥，对后期的干地开挖有较大影响，因此须先采用水下开挖的方式清除表层淤泥。

（2）施工测量。

施工前，对涵闸现状地形实施详细地测量，绘制原始地形图，标注出各部位的开挖厚度。一般采用50m²为分隔片，并在现场布置相应的标识指导施工。

（3）施工方法。

在围堰施工前，绞吸船进入开挖区域，根据测量标识开始作业。

（三）基坑开挖边坡稳定分析与控制

1.边坡描述

根据本工程水文、地质条件，水闸基础基本由淤泥土构成，基坑边坡土体含水量大，基本为淤泥，基坑开挖及施工中，容易出现边坡失稳，造成整体边坡下滑的现象。因此，如何保证基坑边坡的稳定是开挖施工的重点。

2.应对措施

（1）采取合理的开挖方法。

根据工程特点，对于基坑先采用水下和岸边干地开挖，以减少基坑抽水后对边坡下部的压载，上部载荷过大使边坡土体失稳而出现垮塌及深层滑移。

（2）严格控制基坑抽排水速度。

基坑水下部分土体长期经海水浸泡，含水量大，地质条件差，基坑排水下降速度大于边坡土体固结速度，在没有水压力平衡下极易造成整体边坡失稳。

（3）对已开挖边坡的保护。

在基坑开挖完成后，沿坡脚形成排水沟组织排水，并设置小型集水井，及时排出基坑内的水。在雨季，对边坡覆盖条纹布加以保护，必要时设置抗滑松木桩。

（4）变形监测。

按规范要求，在边坡开挖中，在坡顶、坡脚设置观测点，对边坡进行变形观测，测量仪器采用全站仪和水准仪。观测期间，对每次的测量数据进行分析，若发现位移或沉降有异常变化，立即报告并停止施工，待分析处理后再恢复施工。

（四）开挖质量控制

（1）开挖前进行施工测量放样工作，以此控制开挖范围与深度，并做好过程中的检查。

（2）开挖过程中安排测量人员在现场观测，避免出现超、欠挖现象。

（3）开挖自上而下分层分段施工，随时做成一定的坡势，避免挖区积水。

（4）水下开挖时，随时进行水下测量，以保证基坑开挖深度。

（5）水闸基坑开挖完成后，沿坡脚打入木桩并堆沙包护面，维持出露边坡的稳定。

（6）开挖完成后对基底高程进行实测，并且上报监理工程师审批，以利于下一道工序迅速开展。

二、水闸排水与止水问题

（一）水闸设计中的排水问题

1.消力池底板排水孔

消力池底板承受水流的冲击力、水流脉动压力和底部扬压力等作用，应有足够的质量、强度和抗冲耐磨的能力。为了降低护坦底部的渗透压力，可在水平护坦的后半部分设置垂直排水孔，孔下铺反滤层。排水孔呈梅花形布置。有一些水闸消力池底板排水孔是从水平护坦的首部一直到尾部全部布设有排水孔。这种布置有待商榷。因为水流出闸后，经平稳整流后，经陡坡段流向消力池水平底板，在陡坡段末端和底板水平段相交处附近形成收缩水深，为急流，此处动能最大，即流速水头最大，其压强水头最小。如果在此处也设垂直排水孔，在高流速及低压强的作用下，垂直排水孔下的细粒结构，在底部大压力的作用下，有可能被从孔中吸出，久而久之底板将被掏空。故应在消力池底板的后半部分设置垂直排水孔，以使从底板渗下的水量从消力池的垂直排水孔排出，从而达到减小消力池底板渗透压力的作用。

2.闸基防渗面层排水

水闸在上下游水位差的作用下，上游水从河床入渗，绕经上游防渗铺盖、板桩及闸底板，经反滤层由排水孔至下游。不透水的铺盖、板桩及闸底板等与地基的接触面成为地下轮廓线。地下轮廓线的布置原则是高防低排，即在高水位一侧布置铺盖、板桩、浅齿墙等防渗设施，滞渗延长底板上游的渗径，使得作用在底板上的渗透压力减小。在低水位一侧设置面层排水、排渗管等设施排渗，使地基渗水尽快地排出。土基上的水闸多采用平铺式排水，即用透水性较强的粗砂、砾石或卵石平铺在闸底板、护坦等下面。渗流由此与下游连通，降低排水体起点前面闸底上的渗透压力，消除排水体起点后建筑物底面上的渗透压力。排水体一般无须专门设置，而是将滤层中粗粒粒径最大的一层厚度加大，构成排水体。然而，有一些在建水闸工程，其水闸底板后的水平整流段和陡坡段却没有设平铺式排水体，有的连反滤层都没有，仅在消力池底板处设了排水体。这种设计，将加大闸底板、陡坡段的渗透压力，对水闸安全稳定极为不利。一般水闸的防渗设计，都应在闸室后水平整流段处开始设排水体，闸基渗透压力在排水体开始处是零。

3.翼墙排水孔

水闸建成后，除闸基渗流外，渗水经上游绕过翼墙、岸墙和刺墙等流向下游，成为侧向渗流。该渗流有可能造成底板渗透压力的增大，并使渗流出口处发生危害性渗透变形，故应做好侧向防渗排水设施。为了排出渗水，单向水头的水闸可在下游翼墙和护坡设置排水孔，并在挡土墙一侧孔口处设置反滤层。然而，有些设计，却在进口翼墙处也设置了排水孔。此种设计，使翼墙失去了防渗、抗冲和增加渗径的作用，使上游水流不是从垂直流向插入河岸的墙后绕渗，而是直接从孔中渗入墙后，这将减少渗径，增加了渗流的作用，将会减小翼墙插入河岸的作用。

4.防冲槽

水流经过海漫后，能量虽然得到进一步消除，但海漫末端水流仍具有一定的冲刷能力，河床仍难免遭受冲刷。故需在海漫末端采取加固措施，即设置防冲槽。常见的防冲槽有抛石防冲槽和齿墙或板桩式防冲槽，在海漫末端处挖槽抛石预留足够的石块，当水流冲刷河床形成冲坑时，预留在槽内的石块沿冲刷的斜坡陡段滚下，铺盖在冲坑的上游斜坡上。防止冲刷坑向上游扩展，保护海漫安全。有些防冲槽采用的是干砌石设计，且设计得非常结实，此种设计不甚合理。因为防冲槽的作用，是有足够量的块石，以随时填补可能造成的冲坑的上游侧表面，护住海漫不被淘刷。因此，建议使用抛石防冲为好。

（二）水闸的止水伸缩缝渗漏问题

1.渗漏原因

在水闸工程中，止水伸缩缝发生渗漏的原因很多，有设计、施工及材料本身的原因等，但绝大多数是由施工引起的。止水伸缩缝施工有严格的施工措施、工艺和施工方法，施工过程中引起渗漏的原因一般有以下几条。

（1）止水片上的水泥渣、油渍等污物没有清除干净就浇筑混凝土，使得止水片与混凝土结合不好而渗漏。

（2）止水片有砂眼、钉孔或因接缝不可靠而渗漏。

（3）止水片处混凝土浇筑不密实造成渗漏。

（4）止水片下混凝土浇筑得较密实，但因混凝土的泌水收缩，形成微间隙而渗漏。

（5）相邻结构由于出现较大沉降差造成止水片撕裂或止水片错位松脱引起渗漏。

（6）垂直止水预留沥青孔沥青灌填不密实引起了渗漏或预制混凝土凹形槽外周与周围现浇混凝土结合不好产生侧向绕流渗水。

2.止水片伸缩缝渗漏的预防措施

（1）止水片上污渍杂物问题。在施工中，模板上脱模剂易使止水片沾上脱模剂污渍，所以模板上脱模剂这道工序要安排在模板安装之前并在仓面外完成。浇筑中不断会有杂物掉在止水片上，故在初次清除的基础上还要强调在混凝土淹埋止水片时再次清除这道工序。另外，浇筑底层混凝土时就会有混凝土散落在止水片上，在混凝土淹埋止水片时先期落上的混凝土因时间过长而初凝，这样混凝土会留下渗漏隐患应及时清除。

（2）止水片砂眼、钉孔和接缝问题。在止水片材料采购时，应严格把关。不但止水片材料的品种、规格和性能要满足规范和设计要求，对其外观也要仔细检查，不合格材料应及时更换。止水片安装时有的施工人员为了固定止水片采用铁钉把止水片钉在模板上，这样会在止水片上留下钉孔，这种方法应避免，而应采取模板嵌固的方法固定止水片。止水片接缝也是常出现渗漏的地方，金属片接缝一定要采用与母材相同的材料焊接牢固。为了保证焊缝质量和焊接牢固，可以使用焊接加双面焊接的方法，焊缝均采用平焊，并且搭接长度为220mm。重要部位止水片接头应热压黏接，接缝均要做压水检查验收合格后才能使用。

（3）止水片处混凝土浇筑不密实问题。止水处混凝土振捣要细致谨慎，选派的振捣工既要有较强的责任感又要有熟练的操作技能。振捣要掌握"火候"，既不能欠振，也不能烂振，振捣时振捣器一定不能触及止水片。混凝土要有良好的和易性，易于振捣密实。

（4）止水处混凝土的泌水收缩问题。选用合适的水泥和级配合理的骨料能有效减小混凝土的泌水收缩。矿渣水泥的保水性较差，泌水性较大，收缩性也大，因此止水处混凝土最好不要用矿渣水泥而宜用普通硅酸盐水泥配制。另外，混凝土坍落度不能太大，流动性大的混凝土收缩性也大，一般选5~7cm坍落度为佳，泵送混凝土由于坍落度大不宜采用。

（5）沉降差对止水结构的影响问题。沉降差很难避免，有设计方面的原因，也有施工方面的原因。结构荷载不同，沉降量一般也不同，大的沉降差一般出现在荷载悬殊的结构之间。在水闸建筑中，防渗铺盖与闸首、翼墙间荷载较悬殊，会有较大的沉降差。小的沉降差一般不会对止水结构产生危害，因为止水结构本身有一定的变形适应能力。施工方面可采取预沉和设置二次浇筑带的施工措施和方法来减小沉降差，施工计划安排时先安排荷载大的闸首、翼墙施工，让它们先沉降，待施工到相当荷载阶段，沉降较稳定后再施工相邻的防渗铺盖，或在沉降悬殊的结构间预留二次浇筑带，等到梁结构沉降较稳定后再浇筑二次混凝土浇筑带。

（6）垂直止水缝沥青灌注密实问题及混凝土预制凹槽与现浇混凝土结合问题通常预留沥青孔一侧采用每节1m长左右的预制混凝土凹形槽，逐节安装于已浇筑止水片的混凝土墙面上，槽缝用砂浆密封固定，热沥青分节从顶端灌注。需要注意的是，在安装预制槽时要格外小心，沥青孔中不能掉进杂物和垃圾。因为沥青孔断面较小，一旦掉进去很难清除干净，必将留下渗漏隐患，所以安装好的预制槽顶端要及时封盖，避免掉进杂物甚至垃圾。

三、水闸施工导流规定

（一）导流施工

1.导流方案

在水闸施工导流方案的选择上，多数是采用束窄滩地修建围堰的导流方案。水闸施工受地形条件的限制比较大，这就使得围堰的布置只能紧靠主河道的岸边，但是在施工中，岸坡的地质条件非常差，极易造成岸坡的坍塌，因此在施工中必须通过技术措施来解决此类问题。在围堰的选择上，要坚持选择结构简单且抗冲刷能力大的浆砌石围堰，基础还要用松木桩进行加固，堰的外侧还需通过红黏土夯措施进行有效的加固。

2.截流方法

在水利水电工程施工中，我国在堵坝技术上积累了很多成熟的经验。在截流方法上要积极总结以往的经验，在具体截流之前要进行周密的设计，可以通过模型试验和现场试验来进行论证，可以采用平堵与立堵相结合的办法进行合龙。土质河床上的截流工程，戗堤常因压缩或冲蚀而形成较大的沉降或滑移，所以导致计算用料与实际用料会存在较大的出入，所以在施工中要增加一定的备料量，以保证工程的顺利施工。特别要注意，土质河床尤其是在松软的土层上筑戗堤截流要做好护底工程，这一工程是水闸工程质量实现的关键。根据以往的实践经验，应该保证护底工程范围的宽广性，对护底工程要排列严密，在护堤工程进行前，要找出抛投料物在不同流速及水深情况下的移动距离规律，这样才能保证截流工程中抛投料物的准确到位。对那些准备抛投的料物，要保证其在浮重状态和动静水作用下的稳定性能。

（二）水闸施工导流规定

（1）施工导流、截流及度汛应制定专项施工计划，重要的或技术难度较大的须报上级审批。

（2）导流建筑物的等级划分及设计标准应按《水利水电工程等级划分及洪水标准》（SL 252—2017）（平原、滨海部分）有关规定执行。

（3）当按规定标准导流有困难时，经充分论证并报主管部门批准，可适当降低标准；但汛期前，工程应达到安全度汛的要求，在感潮河口和滨海地区建闸时，其导流挡潮标准不应降低。

（4）在引水河上的导流工程应满足下游用水的最低水位和最小流量的要求。

（5）在原河床上用分期围堰导流时，不宜过分束窄河面宽度，通航河道尚需满足航运的流速要求。

（6）截流方法、龙口位置及宽度应根据水位、流量、河床冲刷性能及施工条件等因素确定。

（7）截流时间应根据施工进度，尽可能选择在枯水、低潮和非冰凌期。

（8）对土质河床的截流段，应在足够范围内抛筑排列严密的防冲护底工程，并随龙口缩小及流速增大及时投料加固。

（9）在合龙过程中，应随时测定龙口的水力特征值，适时改换投料种类、抛投强度和改进抛投技术。截流后，应即刻加筑前后戗，然后才可以有计划地降低堰内水位，并完善导渗、防浪等措施。

（10）在导流期内，必须对导流工程定期进行观测、检查，并及时维护。

（11）拆除围堰前，应根据上下游水位、土质等情况确定充水、闸门开度等放水程序。

（12）围堰拆除应符合设计要求，筑堰的块石及杂物等应拆除干净。

四、水闸混凝土施工

（一）施工准备工作

大体积混凝土的施工技术要求比较高，特别是在施工中要防止混凝土因水泥水化热引起的温度差产生温度应力裂缝。因此，需要从材料选择、技术措施等有关环节做好充分的准备工作，才能保证闸室底板大体积混凝土的施工质量。

1.材料选择

（1）水泥。

考虑本工程闸室混凝土的抗渗要求及泵送混凝土的泌水小，保水性能好的要求，确定采用P.O42.5级普通硅酸盐水泥，并通过掺加合适的外加剂可以改善混凝土的性能，提高混凝土的抗裂和抗渗能力。

（2）粗骨料。

采用碎石，粒径5～25mm，含泥量不大于1%。选用粒径较大、级配良好的石子配制混凝土，和易性较好，抗压强度较高，同时可以减少用水量和水泥用量，从而使水泥水化热减少，降低混凝土温升。

（3）细骨料。

采用机制混合中砂，平均粒径大于0.5mm，含泥量不大于5%。选用平均粒径较大的中、粗砂拌制的混凝土比采用细砂拌制的混凝土可减少用水量10%左右，同时相应减少水泥用量，使水泥水化热减少，降低混凝土温升，并可减少混凝土收缩。

(4)矿粉。

采用金龙S95级矿粉,增加混凝土的和易性,同时相应地减少水泥用量,使水泥水化热减降低,限制混凝土温升。

(5)粉煤灰。

由于混凝土的浇筑方式为泵送,为了改善混凝土的和易性,便于泵送,考虑掺加适量的粉煤灰。粉煤灰对降低水化热、改善混凝土和易性有利,但掺加了粉煤灰的混凝土早期极限抗拉值均有所下降,对混凝土抗渗抗裂不利,因此要求粉煤灰的掺量控制在15%以内。

(6)外加剂。

设计无具体要求,通过分析比较及过去在其他工程上的使用经验,混凝土确定采用微膨胀剂,每立方米混凝土掺入23kg膨胀剂,对混凝土收缩有补偿功能,可提高混凝土的抗裂性。同时考虑到泵送需要,采用高效泵送剂,其减水率大于18%,可有效降低水化热峰值。

2.混凝土配合比

混凝土要求混凝土搅拌站根据设计混凝土的技术指标值、当地材料资源情况及现场浇筑要求,提前做好混凝土试配。

3.现场准备工作

(1)基础底板钢筋及闸墩插筋预先安装施工到位,并进行隐蔽工程验收。

(2)基础底板上的预留闸门门槽底槛采用木模,并安装好门槽插筋。

(3)将基础底板上表面标高抄测在闸墩钢筋上,并作明显标记,供浇筑混凝土时找平用。

(4)浇筑混凝土时,预埋的测温管及覆盖保温所需的塑料薄膜、土工布等应提前准备好。

(5)管理人员、现场人员、后勤人员及保卫人员等做好排班,确保混凝土连续浇灌过程中,坚守岗位,各负其责。

(二)混凝土浇筑

1.浇筑方法

底板浇筑采用泵送混凝土浇筑方法。浇筑顺序沿长边方向,采用台阶分层浇筑的方式由右岸向左岸方向推进,每层厚0.4m,台阶宽度4.0m。每层每段混凝土浇筑量为$20.5 \times 0.4 \times 4.0 \times 3 = 98.4$(m³),现场混凝土供应能力为75m³/h,循环浇筑间隔时间约1.31h,浇筑日期为9月10日,未形成冷缝。

2.混凝土振捣

混凝土浇筑时，在每台泵车的出灰口处配置3台振捣器，因为混凝土的坍落度比较大，在1.2m厚的底板内可斜向流淌2m左右，1台振捣器主要负责下部斜坡流淌处振捣密实，另外1~2台振捣器主要负责顶部混凝土振捣，为防止混凝土集中堆积，先振捣出料口处混凝土，形成自然流淌坡度，然后全面振捣。振捣时严格控制振动器移动的距离、插入深度及振捣时间，避免各浇筑带交接处的漏振。

3.混凝土中泌水的处理

混凝土浇筑过程中，上部的泌水和浆水顺着混凝土坡脚流淌，最后集中在基底面，用软管污水泵及时排除，表面混凝土找平后采用真空吸水机工艺脱去混凝土成型后多余的泌水，从而降低混凝土的原始水灰比，提高混凝土强度、抗裂性、耐磨性。

4.混凝土表面的处理

由于采用泵送商品混凝土坍落度比较大，混凝土表面的水泥砂浆较厚，易产生细小裂缝。为了防止出现这种裂缝，在混凝土表面进行真空吸水后、初凝前，用圆盘式磨浆机磨平、压实，并用铝合金长尺刮平；在混凝土预沉后、混凝土终凝前采取二次抹面压实措施。用叶片式磨光机磨光，人工辅助压光，这样既可以很好地避免干缩裂缝，又能使混凝土表面平整光滑，表面强度提高。

5.混凝土养护

为防止浇筑好的混凝土内外温差过大，造成温度应力大于同期混凝土抗拉强度而产生裂缝，养护工作极其重要。混凝土浇筑完成及二次抹面压实后立即进行覆盖保温，先在混凝土表面覆盖一层塑料薄膜，再加盖一层土工布。新浇筑的混凝土水化速度比较小，盖上塑料薄膜和土工布后可保温保湿，防止混凝土表面因脱水而产生干缩裂缝。根据外界气温条件和混凝土内部温升测量结果，采取相应的保温覆盖和减少水分蒸发等相应的养护措施，并适当延长拆模时间，控制闸室底板内外温差不可以超过25℃。保温养护时间不宜超过14d。

6.混凝土测温

闸室底板混凝土浇筑时设专人配合预埋测温管。测温管采用48×3.0钢管，预埋时测温管与钢筋绑扎牢固，以免位移或损坏。钢管内注满水，在钢管高、中、低三部位插入3根普通温度计，人工定期测出混凝土温度。混凝土测温时间，从混凝土浇筑完成后6h开始，安排专人每隔2h测1次，发现中心温度与表面温度超过允许温差时，及时报告技术部门和项目技术负责人，现场立即采取加强保温养护措施，从而减小温差，避免因温差过大产生的温度应力造成混凝土出现裂缝。随着混凝土浇筑后时间延长，测温间隔也可延长，测温结束时间，以混凝土温度下降，内外温差在表面养护结束不应超过15℃时为宜。

（三）管理措施

（1）精心组织、精心施工，认真做好班前技术交底工作，确保作业人员明确工程的质量要求、工艺程序和施工方法，是保证工程质量的关键。

（2）借鉴同类工程经验，并根据当地材料资源条件，在预先进行混凝土试配的基础上，优化配合比设计，确保混凝土的各项技术指标符合设计和规范规定的要求。

（3）严格检查验收进场商品混凝土的质量，不合格商品混凝土料，坚决退场；严禁混凝土搅拌车在施工现场临时加水。

（4）加强过程控制，合理分段和分层，确保浇筑混凝土的各层间不出现冷缝；混凝土振捣密实，无漏振，不过振；采用"二次振捣法""二次抹光法"，以增加混凝土的密实性和减少混凝土表面裂缝的产生。

（5）混凝土浇筑完成后，加强养护管理，结合现场的测温结果，调整养护方法以确保混凝土的养护质量。

第三章 水利工程导截流施工

第一节 导流施工

一、导流挡水建筑物

为了保证建筑物能在干地施工，用来围护施工基坑，把施工期间的径流挡在基坑外的临时性建筑物，通常称为围堰。在导流任务完成以后，如果围堰对永久建筑物的运行有妨碍或没有考虑作为永久建筑物的组成部分时，应予以拆除。

（一）围堰的分类

（1）按其所使用的材料，最常见的围堰有：土石围堰、钢板桩格型围堰、混凝土围堰、草土围堰等。

（2）按围堰与水流方向的相对位置，可以分为大致与水流方向垂直的横向围堰和大致与水流方向平行的纵向围堰。

（3）按围堰与坝轴线的相对位置，可以分为上游围堰和下游围堰。

（4）按导流期间基坑淹没条件，可以分为过水围堰和不过水围堰。过水围堰除需要满足一般围堰的基本要求外，还要满足堰顶过水的专门要求。

（5）按施工分期，可以分为一期围堰和二期围堰等。

为了能充分反映某一围堰的基本特点，实践中常以组合方式对围堰命名，如一期下游横向土石围堰、二期混凝土纵向围堰等。

（二）围堰的基本形式及构造

1. 不过水土石围堰

不过水土石围堰是水利水电工程中应用最广泛的一种围堰形式，其断面与土石坝相仿。通常用土和石渣（或砾石）填筑而成。它能充分利用当地材料或废弃的土石方，构造简单，施工方便，对地形地质条件要求低，可以在动水中、深水中、岩基上或有覆盖层的河床上修建。

但其工程量大，堰身沉陷变形也较大，若当地有足够数量的渗透系数小于10~4cm/s的防渗料（如沙壤土）时，不过水土石围堰可以采用斜墙式和斜墙带水平铺盖式。其中，斜墙式适用于基岩河床，覆盖层厚度不大的场合。若当地没有足够数量的防渗料，或者覆盖层较厚时，不过水土石围堰可以采用垂直防渗墙式和帷幕灌浆式，用混凝土防渗墙、自凝灰浆墙、高压喷射灌浆墙或帷幕灌浆来解决地基防渗问题。

2.过水土石围堰

土石围堰是散粒体结构，在一般条件下是不允许过水的。近年来，过水土石围堰发展很快，成功地解决了一些导流难题。土石围堰堰顶过水的关键，在于对堰面及堰脚附近地基能否采取简易可靠的加固保护措施。目前，采用的措施有三类：混凝土板护面、大块石护面和加筋钢丝网护面，较普遍采用的是混凝土板护面。

（1）混凝土护面板过水土石围堰

混凝土护面板多用于一般的土石围堰。因采用的消能方式不同，这种围堰又可进一步分为以下三类。

①混凝土溢流面板与堰后混凝土挡墙相接的陡槽式

这种形式的溢流面结构可靠，整体性好，能宣泄较大的单宽流量。尤其在堰后水深较小，不可能形成面流式水跃衔接时，可考虑采用。在这种形式中，混凝土挡墙（也称镇墩）可做成挑流鼻坎。这种溢流面形式在过水土坝中也被广泛采用。上犹江工程的过水围堰，高14m以上，包括覆盖层在内则超过20m，堰顶层通过流量为1820m²/s的洪水，单宽流量约40m²/s。对过水围堰来说，这种形式的主要缺点是施工进度干扰大，特别是在覆盖层较厚的河床上。为了将混凝土挡墙修在岩基上，首先需利用围堰临时断面挡水，然后进行基坑排水，开挖覆盖层，再浇筑挡墙。当挡墙达到要求强度后，才允许回填堰身块石，最后进行溢流面板的施工。这种施工方法，很难满足工程对导流进度的要求。

②堰后用护底的顺坡式

这种形式的特点是堰后不作挡墙，采用大型竹笼、铅丝笼、梢捆或柴排护底。这种形式简化了施工，可以争取工期。溢流面结构不必等基坑抽完水，即可基本完成。当覆盖层很厚时，这种形式更有利。如果堰后水深较大，有可能形成面流式水跃衔接，则对防冲护底有利。柘溪工程采用过这种形式的过水围堰。柘溪围堰的下游坡面，有约5m高的范围处于水跃区，原设计用混凝土溢流面板，施工中临时改为钢筋骨架铅丝笼护面，经过5次溢流，部分铅丝笼内块石全被冲走，钢筋和铅丝已扭在一起，坡面遭到局部破坏。在两岸接头的溢流面上，因水流集中，冲刷更为严重，个别冲深处2.0~2.5m。实践证明，在水跃区若流速大于6m/s时，坡面结构仍以混凝土溢流面板为宜。

③坡面挑流平台式

这种形式借助平台挑流形成面流式水跃衔接，使平台以下护面结构大为简化。由于坡面平台可高出合龙后的基坑水位，所以无须等待基坑排水，溢流面结构即可形成。我国七里泷、大化和莫桑比克的卡博拉巴萨工程就曾采用这种过水围堰形式。由于面流式衔接条件受堰后水深影响较大，因此在堰后水深较大，且水位上升较快时，采用这种围堰形式较为适宜。卡博拉巴萨下游过水围堰的混凝土护面板为7m×7m×2.5m，施工期曾通过流量为70000m³/s的洪水，单宽流量约74m²/s，过水时堰体稳定性良好。

(2) 大块石护面过水土石围堰

大块石护面过水土石围堰是一种比较古老的堰型，我国在小型工程中采用较为普遍。作为大型水利工程的过水围堰，国内尚很少采用。近年来，国外有些堆石围堰施工期过水，是因为堆石围堰高度太大，需分两年施工，未完建的堆石围堰汛期不得不过水，曾采用大块石护面方法。

(3) 加筋钢丝网护面过水土石围堰

堆石坝可采用钢筋网和锚筋加固溢流面的方法，国外已有不少加筋过水堆石坝的实例。大部分是为了施工期度汛过水，其作用与过水围堰相同。因此，加筋过水堆石坝解决了堆石体的溢流过水问题，从而为土石围堰过水问题开辟了新的途径。加筋过水土石围堰，是在溢流面上铺设钢筋网，防止溢流面的块石被水冲走。为了防止溢流面连同堰顶一起滑动，在下游部位的堰体内埋设水平向主锚筋，将钢筋网拉住。

溢流面采用钢筋网护面可以使护面块石尺寸减小，下游坡角加大，其造价低于混凝土板护面过水土石围堰。应当注意的是，加筋过水土石围堰的钢筋网应保证质量，不然过水时随水挟带的石块会切断钢筋网，使土石料被水流淘刷成坑，造成塌陷，导致溃口等严重事故；过水时堰身与两岸接头处的水流比较集中，钢筋网与两岸的连接应保证牢固，一般需回填混凝土至堰脚处，以利钢筋网的连接生根；过水以后要及时进行检修和加固。

3.混凝土围堰

混凝土围堰的抗冲与抗渗能力强，挡水水头高，断面尺寸较小，易于与永久混凝土建筑物相连接，方便过水则可以大大减少围堰工程量。在国外，采用拱形混凝土围堰的工程较多。国内贵州省的乌江渡、湖南省的凤滩等水利水电工程也采用过拱形混凝土围堰作为横向围堰。但作为纵向围堰多数还是以重力式围堰为主，如我国的三门峡、丹江口、三峡工程的混凝土纵向围堰。

(1) 拱形混凝土围堰

拱形混凝土围堰由于利用了混凝土抗压强度高的特点，与重力式相比，断面较小，可节省混凝土工程量。适用于两岸陡峻、岩石坚实可起到拱形支承作用的山区河流，常配合隧洞及允许基坑淹没的导流方案。通常围堰的拱座是在枯水期的水面以上施工的。对围堰的地基处理，当河床的覆盖层较薄时，需进行水下清基；若覆盖层较厚，则可灌注水泥浆防渗加固。堰身下部的混凝土浇筑则要进行水下施工，在拱基两侧要回填部分砂料以便灌浆，形成阻水帷幕，因此难度较高。

（2）重力式混凝土围堰

采用分段围堰法导流时，重力式混凝土围堰往往可兼作第一期和第二期纵向围堰，两侧均能挡水，还能作为永久建筑物的一部分，如隔墙、导墙等。纵向围堰需抗御较高速水流的冲刷，所以一般均修建在岩基上。为保证混凝土的施工质量，一般可将围堰布置在枯水期出露的岩滩上。重力式混凝土围堰现在有普遍采用碾压混凝土浇筑的趋势，如三峡工程三期游横向围堰及纵向围堰均采用碾压混凝土。重力式围堰可做成普通的实心式，与非溢流重力坝类似。也可做成空心式，如三门峡工程的纵向围堰。

4.钢板桩格型围堰

钢板桩格型围堰是由一系列彼此相接的格体构成。按照格体的断面形状，可分为圆筒形、格体、扇形格体和花瓣形格体。这些形式适用于不同的挡水高度，应用较多的是圆筒形格体。钢板桩格型围堰是由许多钢板桩通过锁口互相连接而成为能挡水的格形整体。格体内填充透水性强的填料，如砂、砂卵石或石渣等。在向格体内进行填料时，必须保持各格体内的填料表面大致均衡上升，因高差太大会使格体变形。钢板桩格型围堰坚固、抗冲、抗渗、围堰断面小，便于机械化施工；钢板桩的回收率高，可达70%以上；尤其适用于束窄度大的河床段作为纵向围堰，但由于需要大量的钢材，且施工技术要求高，我国目前仅应用于大型工程中。

5.草土围堰

草土围堰是一种草土混合结构，多用草捆压土法修筑，是我国人民长期与洪水做斗争的智慧结晶，至今仍用于黄河流域的水利工程中。例如，黄河的青铜峡、盐锅峡、八盘峡水电站和汉江的石泉水电站都成功地应用过草土围堰。草土围堰断面一般为梯形，堰顶宽度一般为水深的2~2.5倍，如为岩基，可减小至水深的1.5倍。

草土围堰施工简单，施工速度快，可就地取材，成本低，还具有一定的抗冲、防渗能力，能适应沉陷变形，可用于软弱地基；但草土围堰不宜承受大水头，施工水深及流速也受到限制，草料还易腐烂，一般水深不宜超过6m，流速不得超过3.5m/s。草土围堰使用期约为两年。八盘峡工程修建的草土围堰高度达17m，施工水深达11m，最大流速1.7m/s，堰高及水深突破了上述范围。草土围堰适用于岩基或砂砾石地基。如果河床大孤石过多，草土体易被架空，形成漏水通道，使用草土围堰时应有相应的防渗措施。细砂或淤泥地基易被冲刷，稳定性差，不适宜采用。

（三）围堰的平面布置

围堰的平面布置是一个很重要的问题。如果平面布置不当，围护基坑的范围过大，不仅围堰工程量大，而且会增加排水设备容量和排水费用；范围过小，会妨碍主体工程施工，影响工期；如果分期导流的围堰外形轮廓不当，还会造成导流不畅，冲刷围堰及其地基，影响主体工程安全施工。围堰的平面布置，主要包括围堰内基坑范围确定和分期导流纵向围堰布置两个方面。

1. 围堰内基坑范围确定

围堰内基坑范围大小，主要取决于主体工程的轮廓及其施工方法。当采用一次性拦断河流的不分期导流时，基坑是由上下游围堰和河床两岸围成的。当采用分期导流时，基坑是由纵向围堰与上、下游横向围堰围成。在上述两种情况下，上、下游横向围堰的布置，都取决于主体工程的轮廓。通常围堰下坡趾距离主体工程轮廓的距离，应介于20~30m，以便布置排水设施、交通运输道路、堆放材料和模板等。至于基坑开挖边坡的大小，则与地质条件有关。

当纵向围堰不作为永久建筑物的一部分时，围堰下坡趾距离主体工程轮廓的距离，一般不小于2.0m，以便布置排水导流系统和堆放模板。如果无此要求，就只需留0.4~0.6m。实际工程中基坑形状和大小往往是大不相同的。有时可以利用地形以减少围堰的高度和长度；有时为照顾个别建筑物施工的需要，将围堰轴线布置成折线形；有时为了避开岸边较大的溪沟，也采用折线布置。为了保证基坑开挖和主体建筑物的正常施工，布置基坑范围一定要有富余。

2. 分期导流纵向围堰布置

在分期导流方式中，纵向围堰布置与施工是关键问题。选择纵向围堰位置，实际上就是要确定适宜的河床束窄度。适宜的纵向围堰位置，与以下主要因素有关。

（1）地形地质条件

河心洲、浅滩、小岛、基岩露头等，都是可供布置纵向围堰的有利条件，这些部位便于施工，工程量小，并有利于防冲保护。例如，三门峡工程曾巧妙地利用了河内的几个礁岛布置纵、横向围堰。葛洲坝工程施工初期，也曾利用江心洲（葛洲坝）作为天然的纵向围堰。三峡工程则利用江心洲（三斗坪）作为纵向围堰的一部分。

（2）枢纽工程布置

尽可能利用厂、坝、闸等建筑物之间的永久导墙作为纵向围堰的一部分。例如，葛洲坝工程就是利用厂闸兼导墙，三峡、三门峡、丹江口则利用厂、坝兼导墙，作为二期纵向围堰的一部分。

（3）河床允许束窄度

允许束窄度主要与河床地质条件和通航要求有关。对于非通航河道，如河床易冲刷，一般均允许河床产生一定程度的变形，只要能保证河岸、围堰堰体和基础免受淘刷即可。束窄流速通常可允许达到3m/s。岩石河床允许束窄度主要视岩石的抗冲流速而定。对于一般性河流和通航小型船舶，当缺乏具体研究资料时，可参考以下数据：当流速小于2.0m/s时，机动木船可以自航；当流速介于3.0~3.5m/s，且局部水面集中落差不大于0.5m时，拖轮可自航；木材流放最大流速可考虑为3.5~4.0m/s。

（4）导流过水要求

进行一期导流布置时，不但要考虑束窄河道的过水条件，而且要考虑二期截流与导流的要求。主要应考虑的问题是：一期基坑中要能布置出宣泄二期导流流量的泄水建筑物；由一期转入二期施工时的截流落差不能太大。

（5）施工布局的合理性

各期基坑中的施工强度应尽量均衡。一期工程施工强度可以比二期低些，但不宜相差太悬殊。如有可能，分期分段数应尽量少一些。导流布置应满足总工期的要求。

以上五个方面，仅仅是选择纵向围堰位置时应考虑的主要问题。如果天然河槽呈对称形状，没有明显有利的地形地质条件可供利用时，可以通过经济比较方法选定纵向围堰的适宜位置，使一、二期总的导流费用最小。

分期导流时，上、下游围堰一般不与河床中心线垂直，围堰的平面布置常呈梯形，既可使水流顺畅，也便于运输道路的布置和衔接。当采用一次拦断的不分期导流时，上、下游围堰一般不存在突出的绕流问题，围堰与主河道垂直可减少工程量。纵向围堰的平面布置形状，对于导流能力有较大影响。但是，围堰的防冲安全，通常比前者更重要。实践中常采用流线型和挑流式布置。

（四）围堰防冲措施

一次拦断（无纵向围堰）的不分段围堰法的上、下游横向围堰，应与泄水建筑物进出口保持足够的距离。分段围堰法导流，围堰附近的流速流态与围堰的平面布置密切相关。当河床是由可冲性覆盖层或软弱破碎岩石所组成，必须对围堰坡脚及其附近河床进行防护。工程实践中采用的护脚措施主要有抛石护脚、柴排护脚及钢筋混凝土柔性排护脚等。

1.抛石护脚

抛石护脚施工简便，保护效果好。但当使用期较长时，抛石会随着堰脚及其基础的冲刷而下沉，每年必须补充抛石，因此所需养护费用较大。围堰护脚的范围及抛石尺寸的计算方法至今还不成熟，主要应通过水工模型试验确定。

抛石护脚的范围取决于可能产生的冲刷坑大小。一般情况下，横向围堰护脚长度大约为纵向围堰防冲护底长度的一半即可。纵向围堰外侧防冲护脚扩大为防冲护底的长度，根据新安江、富春江等工程的经验，可取局部冲刷计算深度的2~3倍。这些都属于初步估算，对于较重要的工程，仍应通过模型试验校核（投标招标时别漏列模型试验费）。

2.柴排护脚

柴排护脚的整体性、柔韧性、抗冲性都较好。如丹江口工程一期土石纵向围堰的基脚防冲采用柴排保护，经受了近5m/s流速的考验，效果较好。但是，柴排需要大量柴筋，沉排时、拆除时困难。沉排时要求流速不超过1m/s，并需要由人工配合专用船施工，多用于中小型工程。

3.钢筋混凝土柔性排护脚

由于单块混凝土板易失稳而使整个护脚遭受破坏，故可将混凝土板块用钢筋串接成柔性排，兼有前两种的优点。当堰脚范围外侧的地基覆盖层被冲刷后，混凝土板块组成的柔性排可逐步随覆盖层冲刷而下沉，防止堰基进一步淘刷。葛洲坝工程一期土石纵向围堰曾采用过这种钢筋混凝土柔性排。

二、导流方案的选择

水利水电枢纽工程施工，从开工到完建往往不是采用单一的导流方法，而是几种导流方式组合起来配合运用，以取得最佳的技术经济目的。这种不同导流时段、不同导流方式的组合，通常称为导流方案。

导流方案的选择受多种因素的影响。一个合理的导流方案，必须在周密研究各种影响因素的基础上，拟订几个可能的方案，进行技术经济比较，从中选择技术经济指标优越的方案。

（一）选择导流方案时应考虑的主要因素

1.水利枢纽类型及布置

分期导流适用于混凝土坝枢纽。因土坝不宜分段修建，且坝体一般不允许过水，故土坝枢纽几乎不用分期导流，而多采用一次拦断法。高水头水利枢纽的后期导流常需多种导流方式的组合，导流程序比较复杂。例如，峡谷处的混凝土坝，前期导流可用隧洞，但后期（完建期）导流往往利用布置在坝体不同高程上的泄水孔。高水头土石坝的前后期导流，一般是在两岸不同高程上布置多层导流隧洞。如果枢纽中有永久性泄水建筑物，如隧洞、涵管、底孔、引水渠、泄水闸等，应尽量加以利用。

2.河流水文特性和地形地质条件

河流的水文特性，在很大程度上影响导流方式的选择。每种导流方式均有适用的流量范围。除流量因素外，流量过程线的特征、冰情和泥沙也影响着导流方式的选择。例如，洪峰历时短而峰形尖瘦的河流，有可能采用汛期淹没基坑的方式；含沙量很大的河流，一般不允许淹没基坑。束窄河床和明渠有利于排冰；隧洞、涵管和底孔不利于排冰，如用于排冰，则在流冰期应为明流，而且应有足够的净空，孔口尺寸也不能过小。宽阔的平原河道，宜采用分期导流或明渠导流。河谷狭窄的山区河道，常用隧洞导流。

3.尽可能满足施工期国民经济各部门的综合要求

分期导流和明渠导流较易满足通航、过木、排冰、过鱼、供水等要求。采用分期导流方式时，为了满足通航要求，有些河流不能只分两期束窄，而要分成三期或四期，甚至有分成八期的。我国某些峡谷地区的工程，原设计为隧洞导流，但为了满足过木要求，用明渠导流取代了隧洞导流。这样一来，不仅遇到了高边坡深挖方问题，而且导流程序复杂，工期也大大延长了。由此可见，在选择导流方式时，要解决好河流综合利用要求问题，并不是一件容易的事。

4.尽量结合利用永久建筑物，减少工程量和投资

导流方式的决定主要依赖于定性分析。在这种分析中，经验常起主导作用。成功的实例固然不少，但选择不当的也不在少数。影响导流方式选择的因素很多，但坝型、水文及地形条件是主要因素。河谷形状系数在一定程度上综合反映了地形、地质等因素。若该系数小，表明河谷为窄深型，岸坡陡峻，一般来说，岩石是坚硬的。水文条件也在一定程度上与河谷形状系数有关。

（二）施工导流方案比较与选择的步骤

1.初拟基本可行方案

进行施工导流方案的比较与选择之前，应先拟订几种基本可行的导流方案。拟订方案时，首先考虑可能采用的导流方式是分期导流，还是一次拦断。分期导流应研究分多少期，分多少段，先围哪一岸；还要研究后期导流完建方式，是采用底孔、梳齿、缺口或未完建厂房。一次拦断方式需要考虑是采用隧洞、明渠、涵管还是渡槽，隧洞或明渠布置在哪一岸。另外，无论是分期，还是一次拦断，基坑是否允许被淹没，是否要采用过水围堰等。在全面分析的基础上，排除明显不合理的方案，保留几种可行方案或可能的组合方案。当导流方式或大方案基本确定后，还要将基本方案进一步细化。例如，某工程只可能采用一次拦断的隧洞导流方式，但究竟是采用高围堰、小隧洞，还是低围堰、大隧洞；是采用一条大直径隧洞，还是采用几条较小直径的隧洞；当有两条以上隧洞时，是采用多线一岸集中布置，还是采用两岸分开布置；在高程上是采用多层布置，还是同层布置等。总之，方案可以很多，拟订方案时，思路要放开，但必须仔细分析工程的具体条件，因地制宜，不能凭空构想。只有这样，才能初步拟订基本可行的方案，以供进一步比较选择。

2.方案技术经济指标的分析计算

在进行方案比较时，应着重从以下方面进行论证：导流工程费用及其经济性；施工强度的合理性；劳动力、设备、施工负荷的均衡性；施工工期，特别是截流、安装、蓄水、发电或其他受益时间的保证性；施工过程中河道综合利用的可行性；施工导流方案实施的可靠性等。为此，在方案比较时，还应进行以下工作。

（1）水力计算

通过水力计算确定导流建筑物尺寸，大、中型工程尚需进行导流模型试验。对主要比较方案，通过试验对其流态、流速、水位、压力和泄水能力等进行比较，并对可能出现的水流脉动、气蚀、冲刷等问题，重点进行论证。

（2）工程量计算与费用计算

对拟订的比较方案，根据水力计算所确定的导流挡水建筑物和泄水建筑物尺寸，按相同精度计算主要的工程量。例如，土方、石方的挖填方量，砌石方量，混凝土工程量，金属结构安装工程量等。在方案比较阶段，费用计算方法可适当简化，如可采用折算混凝土工程量方法。这样求出的费用等经济指标虽然难以保证完全准确，但只要能保证各方案在同一基础上比较即可。

（3）拟订施工进度计划

不同的导流方案，施工进度安排是不一样的。首先，应分析研究施工进度的各控制时点，如开工、截流、拦洪、封孔、第一台机组发电时间或其他工程受益时间等，抓住这些控制时点，就可以安排出施工控制性进度计划；其次，根据控制性进度计划和各单项工程进度计划，编制或调整枢纽工程总进度计划，据此论证各方案所确定的工程受益时间和完建时间。

（4）施工强度指标计算与分析

根据施工进度计划，可绘制出各种施工强度曲线。首先，应分析各施工阶段的有效工日。计算有效工日时，主要是扣除法定节假日和其他停工日。停工日因工种而异。例如，土坝施工过程中，降雨强度超过一定值则需停工；冬季气温过低，也可能需要停工；混凝土坝浇筑过程中，因气温过高、气温过低或降雨强度过大，也可能需要停工。当采用过水围堰淹没基坑导流方案时，还要扣除基坑过水所影响的工作日。

（5）河道综合利用的可能性与效果分析

对于不同的导流方式，河道综合利用的可能性与效果相差很大。除定性分析外，应尽可能作出定量分析。在进行技术经济指标分析与计算时，一定要按科学规律办事，切忌主观夸大某一方案的优缺点。

3.方案比较与选择

根据上述技术经济指标，综合考虑各种因素，权衡利弊、分清主次。既做定性分析，也做定量比较，最后选择出技术上可靠、经济上合理的实施方案。在比较选择过程中，切忌主观臆断，轻率地确定方案。实践证明，凡是不经充分比较、不从客观实际出发选择的方案，实施中没有不曲折的。

在导流方案比较中，应以规定的完工期限作为统一基准，在此基础上，再进行技术和经济比较；既要重视经济上的合理性，也要重视技术上的可行性和进度的可靠性。否则，也就没有经济上的合理性可言。总之，应以整体经济效益最优为原则。

在选择导流方案时，除了综合考虑以上各方面因素外，还应使主体工程尽可能及早发挥效益，简化导流程序，降低导流费用，使导流建筑物既简单易行，又适用可靠。导流方案的比较选择，应在同精度、同深度的几种可行性方案中进行，首先研究分析采用何种导流方法，然后再研究分析采用什么类型，在此全面分析的基础上，排除明显不合理的方案，保留可行的方案或可能的组合方案。

第二节　截流工程施工

河道截流是大中型水利水电工程施工中的关键环节之一，不仅直接影响工期和造价，而且影响整个工程的全局。

一般截流过程包括戗堤进占、龙口裹头及护底、合龙、闭气等工作。先在河床的一侧或两侧向河床中填筑截流戗堤，这种向水中筑堤的工作叫进占；戗堤进占到一定程度，河床束窄，形成流速较大的泄水缺口（龙头）。龙头一般选在河流水深较浅，覆盖层较薄或基岩部位，以降低截流难度。常采用工程防护措施如抛投大的石块、铅丝笼等（裹头与护底），以保证龙口两侧堤端和底部的抗冲稳定；一切准备就绪后，应抓住有利时机在较短的时间内进行龙口的封堵，即合龙；如果龙口段及戗堤本身仍然漏水，必须在戗堤全线设置防渗措施，这一工作叫闭气。截流后，戗堤往往需进一步加高培厚，达到设计高程修筑成设计的围堰。

截流工程在技术上和施工组织上都具有相当的艰巨性和复杂性，必须充分掌握河流的水文、地形、地质等条件，掌握截流过程中水流的变化规律及其影响。通过精心组织施工，在较短的时间内用较大的施工强度完成截流工作。

一、截流的基本方法

截流的基本方法有平堵法、立堵法和混合堵法三种。实际工程中，应结合水文、地形、地质、施工条件及材料供应等因素进行综合考虑，选择适当的截流方法。

（一）平堵法

平堵法是先在龙口建造浮桥或栈桥，由自卸汽车或其他运输工具运来块料，沿龙口前沿投抛，先下小料；随着流速增加，逐渐投抛大块料，使堆筑戗堤均匀地在水下上升，直至高出水面。一般来说，平堵法比立堵法的单宽流量要小，最大流速也小，水流条件较好，因此可以减小对龙口基床的冲刷，所以特别适用于易冲刷的地基上截流。由于平堵架设浮桥及栈桥对机械化施工有利，因而投抛强度大，容易截流施工；但在深水高速的情况下架设浮桥、建造栈桥是比较困难的，因此这也限制了它的广泛采用。

（二）立堵法

自卸汽车或其他运输工具运来块料，以端进法投抛（从龙口两端或一端下料）进占戗堤，直至截断河床。一般说来，立堵在截流过程中所发生的最大流速、单宽流量都较大，加之所生成的楔形水流和下游形成的立轴漩涡，对龙口及龙口下游河床将产生严重冲刷，因此不适用于在地质差的河道上截流，否则就需要对河床做妥善防护。由于端进法施工的工作前线短，限制了投抛强度。有时为了施工交通要求特意加大戗堤顶宽，这又大大增加了投抛材料的消耗。但是立堵法截流，无须架设浮桥或栈桥，简化了截流准备工作，因而赢得了时间，节约了投资，所以我国黄河上许多水利工程（岩质河床）采用这个方法截流。

（三）混合堵法

这是采用立堵与平堵相结合的方法。有先平堵后立堵和先立堵后平堵两种方法。用得比较多的是首先从龙口两端下料保护戗堤头部，同时进行护底工程并抬高龙口底槛高程到一定高度，最后用立堵截断河流。平抛可以采用船抛，然后用汽车立堵截流。新洋港（土质河床）就是采用这种方法截流的。

二、截流日期和截流设计流量

（一）截流日期

截流时间应根据枢纽工程施工控制性进度计划或总进度计划决定，至于时段选择，一般应考虑以下原则，经过全面分析比较而定。

1.尽可能在较小流量时截流，但必须全面考虑河道水文特性和截流应完成的各项控制工程量，合理使用枯水期。

2.对于具有通航、灌溉、供水、过木等特殊要求的河道，应全面兼顾这些要求，尽量使截流对河道的综合利用的影响最小。

3.一般不在流冰期截流，避免截流和闭气工作复杂化，如遇特殊情况必须在流冰期截流时应有充分论证，并有周密的安全措施。

4.截流应选在枯水期进行，因为此时流量小，不仅断流容易，耗材少，而且有利于围堰的加高培厚。至于截流选在枯水期的什么时段，首先要保证截流以后全年挡水围堰能在汛前修建到拦洪水位以上，若是用作一个枯水期的围堰，应保证基坑内的主体工程在汛期到来以前，修建到拦洪水位以上（土坝）或正常水位以上（混凝土坝等可以过水的建筑物）。因此，应尽量安排在枯水期的前期，使截流以后有足够时间来完成基坑内的工作。对于北方河道，截流还应避开冰凌时期，因冰凌会阻塞龙口，影响截流进行；而且截流后，上游大量冰块堆积也将严重影响闭气工作。一般来说，南方河流最好不迟于12月底，北方河流最好不迟于1月底；截流前必须充分及时地做好准备工作，如泄水建筑物建成可以过水，准备好截流材料及其他截流设施等；不能贸然行事，使截流工作陷入被动。

（二）截流设计流量

一般设计流量按频率法确定，根据已选定截流时段，采用该时段内一定频率的流量作为设计流量。

除频率法外，也有不少工程采用实测资料分析法，当水文资料系列较长，河道水文特性稳定时，这种方法较为适用。至于预报法，因当前的可靠预报期较短，一般不能在初设中应用，但在截流前夕有可能根据预报流量适当修改设计。

在大型工程截流设计中，通常多以选取一个流量为主，再考虑较大、较小流量出现的可能性，用几个流量进行截流计算和模型试验研究。对于有深槽和浅滩的河道，如分流建筑物布置在浅滩上，对截流不利的条件，要特别进行研究。截流流量是截流设计的依据，选择不当，或使截流规模（龙口尺寸、投抛料尺寸或数量，等等）过大，造成浪费；或规模过小，造成被动，甚至功亏一篑，最后拖延工期，影响整个施工布局。所以在选择截流流量时，应慎重。

截流设计流量的选择应根据截流计算任务而定。对于确定龙口尺寸，以及截流闭气后围堰应该立即修建到挡水高程，一般采用该月5%频率最大瞬时流量为设计流量。对于决定截流材料尺寸、确定截流各项水力参数的设计流量，由于合龙的时间较短，截流时间又可在规定的时限内，根据流量变化情况，进行适当调整，所以不必采用过高的标准，一般采用5%~10%频率的月或旬平均流量。这种方法对于大江大河（如长江、黄河）是正确的。因为这些河道流域面积大，因降雨引起的流量变化不大。而中小河道，枯水期的降雨有时也会引起涨水，流量加大，但洪峰历时短，我们可以避开这个时段。因此，采用月或旬平均流量（包含涨水的情况）作为设计流量就偏大了，在此情况下可以采用下述方法确定设计流量。先选定几个流量值，然后在历年实测水文资料中（10~20年），统计出在截流期小于此流量的持续天数以及等于或大于截流工期的出现次数；当选用大流量，统计出的出现次数就多，截流可靠性大；反之，出现次数少，截流可靠性差。所以可以根据资料的可靠程度、截流的安全要求及经济上的合理性，从中选出一个流量作为截流设计流量。

截流时间不同，截流设计流量也不同。如果截流时间选在落水期（汛后），流量可以选得小一些；如果截流时间选在涨水期（汛前），流量要选得大一些。总之，截流流量应根据截流的具体情况，充分分析该河道的水文特性进行选择。

（三）截流材料

截流材料的选择主要取决于截流时可能发生的流速及工地开挖、起重、运输设备的能力，一般应尽可能就地取材。在黄河，长期以来用梢料、麻袋、草包、石料、土料等作为堤防溃口的截流堵口材料。在南方，如四川都江堰，则常用卵石竹笼、砾石和枵槎等作为截流堵河分流的主要材料。国内外大江大河截流的实践证明，块石是截流的最基本材料。此外，当截流水力条件差时还须使用人工块体，如混凝土六面体、四面体、四脚体及钢筋混凝土构架等。

为确保截流既安全顺利，又经济合理，正确计算截流材料的备料量是十分必要的。备料量通常按设计的戗堤体积再增加一定裕度，主要是考虑到堆存、运输中的损失，水流冲失，戗堤沉陷，以及可能发生比设计更坏的水力条件而预留的备用量等。但是据不完全统计，国内外许多工程的截流材料备料量均超过实用量，少者多余50%，多则达400%，尤其是人工块体大量多余。

造成截流材料备料量过大的主要原因：截流模型试验的推荐值本身就包含了一定安全裕度，截流设计提出的备料量又增加了一定富裕，而施工单位在备料时往往在此基础上又留有余地；水下地形不太准确，在计算戗堤体积时，常从安全角度考虑取偏大值；设计截流流量通常大于实际出现的流量等。如此层层加码，处处考虑安全富裕，所以即使像青铜峡工程的截流流量，实际大于设计，仍然出现备料量比实际用量多78.6%的情况。因此，如何正确估计截流材料的备用量，是一个很重要的课题。当然，备料恰如其分不大可能，需留有余地。但对剩余材料，应预作筹划，安排好用处。特别像四面体等人工材料，大量弃置，既浪费，又影响环境，可考虑用于护岸或其他河道整治工程。

三、减少截流难度的技术措施

减少截流难度的主要技术措施包括加大分流量，改善分流条件；改善龙口水力条件；增大抛投料的稳定性，减少块料流失；加大藏流施工强度，加快施工速度等。

（一）加大分流量，改善分流条件

分流条件好坏直接影响到截流过程中龙口的流量、落差和流速，分流条件好，截流就容易，反之就困难。改善分流条件的措施简要介绍如下。

（1）合理确定导流建筑物尺寸、断面形式和底高程。也就是说，导流建筑物不只是要求满足导流要求，而且应该满足截流要求。

（2）重视泄水建筑物上下游引渠开挖和上下游围堰拆除的质量，是提高分流条件的关键环节。否则，泄水建筑物虽然尺寸很大，但分流却受上下游引渠或上下游围堰残留部分控制，泄水能力很小，势必增加截流工作的困难。

（3）在永久泄水建筑物尺寸不足的情况下，可以专门修建截流分水闸或其他形式泄水道帮助分流，待截流完成以后，借助闸门封堵泄水闸，最后完成截流任务。

（4）增大截流建筑物的泄水能力。当采用木笼、钢板桩格体围堰时，也可以间隔一定距离安放木笼或钢板桩格体，在其中间孔口宣泄河水，然后以闸板截断中间孔口，完成截流任务。另外，也可以在戗堤进占中埋设泄水管以帮助泄水，或者采用投抛构架块体增大戗堤的渗流量等办法减少龙口溢流量和溢流落差，从而减轻截流的困难程度。

（二）改善龙口水力条件

龙口水力条件是影响截流的重要因素，改善龙口水力条件的措施有双戗堤截流、三戗截流、宽戗截流等。

1. 双戗堤截流

双戗堤截流以采取上下戗都立堵的方式较为普遍，落差均摊，容易控制，施工方便，也比较经济。常见的进占方式有上下戗轮换进占、双戗固定进占和以上两种方式混合进占。也有以上戗进占为主，由下戗配合进占一定距离，局部有壅高上戗下游水位，以减少上戗进占的龙口落差和流速。

2. 三戗截流

三戗截流利用第三戗堤分担落差的方法，可以在更大的落差下用来完成截流任务。

3. 宽戗截流

增大戗堤宽度，工程量也大为增加，和上述扩展断面一样可以分散水流落差，从而改善龙口水流条件。但是进占前线宽，要求投抛强度大，所以只有当戗堤可以作为坝体（土石坝）的一部分时，才宜采用，否则用料太多，过于浪费。除了用双戗、三戗、宽戗来改善龙口的水流条件，在立堵进占中还应注意采用不同的进占方式来改善进占抛石面上的流态。我国立堵实践中多采用上挑角的进占方式。这种进占方式水流为大块料所形成的上挑角挑离进占面，使得有可能用较小块料在进占面投抛进占。

（三）增大投抛料的稳定性，减少块料流失

增大投抛料稳定性的主要措施有采用葡萄串石、大型构架和异型人工投抛体；或投抛钢构架和比重大的矿石或以矿石为骨料做成的混凝土块体等来提高投抛体本身的稳定性；也有在龙口下游平行于戗堤轴线设置一排拦石坎来保证投抛料的稳定，防止块料的流失。拦石坎可以是特大的块石、人工块体，或是伸到基础中的拦石桩。

（四）加大截流施工强度，加快施工速度

施工速度加快，一方面可以增大上游河床的拦蓄，从而减少龙口的流量和落差，起到降低截流难度的作用；另一方面可以减少投抛料的流失，这就有可能采用较小块料来完成截流任务。定向爆破截流和炸倒预制体截流就包含这一优点。

第三节 基坑排水及其他

一、基坑排水

基坑排水工作在施工组织中是一项很重要的工作，但是，它往往容易被人忽视。不少工程在组织基坑排水工作时，由于对围堰和基础的防渗处理考虑不周，不仅使排水费用显著增加，而且造成基坑淹没，延误工期。

排水目的：在围堰合龙闭气以后，排除基坑内的存水和不断流入基坑的各种渗水，以便使基坑保持干燥状态，为基坑开挖、地基处理、主体工程正常施工创造有利条件。

排水分类及水的来源，按排水的时间和性质不同，一般分两种排水。初期排水，指围堰合龙闭气后接着进行的排水。水的来源：修建围堰时基坑内的积水、渗水、雨天的降水。经常排水，指在基坑开挖和主体工程施工中经常进行的排水。水的来源，基坑内的渗水、雨天的降水、主体工程施工的废水等。

排水的基本方法：基坑排水的方法有两种。明式排水法、暗式排水法（人工降低地下水位法）。明式排水法又称集水井排水法或明沟排水法，是采用截、疏、抽的方法进行基坑等施工的排水，即在坑内沿坑底周围或中央开挖排水沟，再在沟底设置集水井，使基坑内的水经排水沟流向集水井内，然后再用水泵抽出坑外。如果坑较深，可采用分层明沟排水法，一层一层地加深排水沟和集水井，逐步达到设计要求的基坑断面和坑底高程。人工

降低地下水位，就是在基坑开挖前，预先在基坑四周埋设一定数量的滤水管（井），利用抽水设备，在基坑开挖前和开挖过程中不断地抽出地下水，使地下水位降低到坑底以下，直至基础工程施工完毕。人工降低地下水位不仅是一种施工措施，也是一种加固地基的方法（土中的水被抽出，土体变得密实，提高了基础承载力）。

（一）初期排水

1.排水量的估算

选择排水设备，主要根据需要排水的能力，而排水能力的大小又要考虑排水时间的长短和施工条件等因素。

2.排水时间选择

排水时间的选择受水面下降速度的限制，而水面下降允许速度要考虑围堰的形式、基坑土壤的特性、基坑内的水深等情况。水面下降慢，影响基坑开挖的开工时间；水面下降快，围堰或者基坑边坡中的水压力变化大，容易引起塌坡。因此，水面下降速度一般限制在0.5~1.0m/d的范围内。当基坑内的水深已知，水面下降速度选择好的情况下，初期排水所需要的时间也就确定了。

3.排水设备和排水方式

根据初期排水要求的能力，可以确定所需要的排水设备的容量。排水设备一般用普通的离心水泵或者潜水泵。为了便于组合，方便运转，一般选择容量不同的水泵。排水泵站一般分固定式和浮动式两种，浮动式泵站可以随着水位的变化而改变高程，比较灵活；若采用固定式，当基坑内的水深比较大的时候，可以采取将水泵逐级下放到基坑内不同高程的各个平台上进行抽水。

（二）经常性排水

基坑内积水排干后，紧接着进行经常性排水。在排水设计中，除了正确估算排水量和选择排水设备，必须进行周密的排水系统布置。经常性排水的方法有明式排水和人工降低地下水位两种，即明式排水施工法和暗式排水施工方法。

1.明式排水施工法

明式排水法是浅层排水最为常见的一种方法，主要考虑排水系统布置和渗透流量估计两个方面的内容。

（1）基坑开挖排水系统

基坑开挖排水系统的布置原则是，不能妨碍开挖和运输。一般布置方法：为了两侧出土方便，在基坑的中线部位布置排水干沟，而且要随着基坑开挖进度，逐渐加深排水沟。干沟深度一般保持在1~1.5m，支沟0.3~0.5m，集水井的底部要低于干沟的沟底。

（2）建筑物施工排水系统

该排水系统一般布置在基坑的四周，排水沟布置在建筑物轮廓线的外侧，为了不影响基坑边坡稳定，排水沟离基坑边坡坡脚0.3~0.5m。

（3）排水沟布置

排水沟和集水井的断面包括尺寸的大小、水沟边坡的陡缓、水沟底坡的大小等，主要根据排水量的大小来决定。

（4）集水井布置

一般布置在建筑物轮廓线以外比较低的地方，集水井、干沟与建筑物之间也应保持适当距离，原则是，不能影响建筑物施工和施工过程中材料的堆放、运输等。集水井可为长方形，边长1.5~2.0m，井底高程应低于排水沟底1.0~2.0m。在土中挖井，其底面应铺填反滤料；在密实土中，井壁用框架支撑；在松软土中，利用板桩加固，如板桩接缝漏水，尚需在井壁外设置反滤层。

集水井不仅可以用来集聚排水沟的水量，而且起澄清水的作用，以延长水泵的使用年限。为了保护水泵，集水井宜稍偏大偏深一些。通常应考虑两种不同的情况：一种是基坑开挖过程中的排水系统布置；另一种是基坑开挖完成后修建建筑物时的排水系统布置。在进行布置时，最好能同时兼顾这两种情况，并且使排水系统尽可能不影响施工。

基坑开挖过程中排水系统布置，应以不妨碍开挖和运输工作为原则。一般将排水干沟布置在基坑中部，以利两侧出土。随着基坑开挖工作的进展，逐渐加深排水干沟和支沟，通常保持干沟深度为1~1.5m，支沟深度为0.3~0.5m。集水井多布置在建筑物轮廓线外侧，井底应低于干沟沟底。但是，由于基坑坑底高程不一，有的工程就采用层层设截流沟、分级抽水的办法。为了防止在砂土或壤土地基中的深挖方边坡坍塌，也采用分层拦截渗水的办法。实践证明，渗透系数为20~30m/d的细砂层，挖排水沟降低浸润线，并用砾石草包压坡，可使砂坡稳定在1：2.5左右。

建筑物施工时的排水系统，通常都布置在基坑四周。排水沟应布置在建筑物轮廓线外侧，距离基坑边坡坡脚介于0.3~0.5m，排水沟的断面尺寸和底坡大小，取决于排水量的大小。一般排水沟宽不小于0.3m，沟深大于1.0m，底坡不小于0.002m。在密实土层中，排水沟可以不用支撑；但在松土层中，需用木板或麻袋装石来加固。水经排水沟流入集水井后，利用在井边设置的水泵站，将水从集水井中抽出。集水井布置在建筑物轮廓线外较低的地方，它与建筑物缘像的距离必须大于井的深度。井的容积至少要能保证水泵停止抽水10~15min时，井水不致漫溢。为防止降雨时地面径流进入基坑而增加抽水量，通常在基坑外缘边坡上挖截水沟，以拦截地面水。截水沟的断面及底坡应根据流量和土质而定，一般沟宽和沟深不小于0.5m，底坡不小于0.002m。基坑外地面排水系统最好与道路排水系统相结合，以便自流排水。为了降低排水费用，当基坑渗水水质符合饮用水或其他施工用水要求时，可将基坑排水与生活、施工供水相结合。丹江口工程的基坑排水就直接引入供水池，供水池上设有溢流闸门，多余的水则溢入江中。

明式排水适用于岩基开挖，对砂砾石或粗砂覆盖层，当渗透系数大于2×10^{-2}cm/s，且围堰内外水位差不大的情况下，也可用明式排水法，实际工程中也有超出上述界限的。例如丹江口的细砂地基，渗透系数约为2×10^{-2}cm/s，采用适当措施后，明式排水也可取得成功。不过，一般认为，当渗透系数小于10^{-1}cm/s时，以采用人工降低水位法为宜。渗透流量估算可以为选择排水设备的能力提供依据，估算内容包括围堰的渗透流量、基坑的渗透流量。

2.暗式排水施工法

在基坑开挖之前，于基坑周围钻设滤水管或滤水井。在基坑开挖和建筑物施工过程中，从井管中不断抽水，以使基坑内的土壤始终保持干燥状态的做法叫暗式排水法，属于人工降低地下水位法。

在细砂、粉砂、亚砂土地基上开挖基坑，若地下水位比较高时，随着基坑底面的下降，渗透水位差会越来越大，渗透压力也必然越来越大，因此容易产生流沙现象。一边开挖基坑，一边冒出流沙，开挖非常困难，严重时，会出现滑坡，甚至危及邻近结构物的安全和施工的安全。因此，人工降低地下水位是必要的。常用的暗式排水法分管井法和井点法两种。

（1）管井法降低地下水位

在基坑的周围钻造一些管井，管井的内径一般为20~40cm，地下水在重力作用下，流入井中，然后，用水泵进行抽排。抽水泵有普通离心泵、潜水泵、深井泵等，可根据水泵的不同性能和井管的具体情况选择。

管井布置：管井一般布置在基坑的外围或者基坑边坡的中部。管井的间距应视土层渗透系数的大小确定，渗透系数小的，间距小一些；渗透系数大的，间距大一些，一般为15~25m。

管井组成：管井施工方法就是农村打机井的方法。管井包括井管、外围滤料、封底填料三部分。井管无疑是最重要的组成部分，它对井的出水量和可靠性影响很大，要求它过水能力大，进入泥沙少，应有足够的强度和耐久性。因此，一般用无砂混凝土预制管，也有的用钢制管。

管井施工：管井施工多用钻井法和射水法。钻井法先下套管，再下井管，然后一边填滤料，一边拔出套管。射水法是用专门的水枪冲孔，井管随着冲孔下沉。这种方法主要应注意根据不同的土壤性质选择不同的射水压力。

钢井管的下部有滤水管节（滤头），地下水从这里进入井内，它的构造对井的出水量及可靠性有很大影响。离心泵的吸水高度一般不超过5~8m，当基坑中的水位下降超过此值及降低地下水位的深度较大时，可以分层布置管井，分层进行排水。或当地下水位下降到一定深度后，把水泵放入井中。把普通离心泵放入井中时，井管的直径要很大，而且当抽水停歇时，如不及时拆卸便有被淹没的危险。在降低深层地下水位时，广泛采用深井泵。深井泵的多级离心泵没入井内，马达装在井上，通过长轴转动或者用机壳密封与水泵一起没入井内。深井泵直径很细，所用的井管直径为200~450mm。每个深井泵都是独立进行工作，不必相互连接总吸水管，井的间距也可以很大。深井泵的井管下沉工作较为困难，泵的安装也较复杂，因此深井泵一般用于要求降深大于20m的工程。

（2）井点法降低地下水位

井点排水法按其类型可分为轻型井点、喷射井点和电渗井点三种类型，最常见的井点是轻型井点。

轻型井点是由点管、滤管、集水管、抽水机组和集水箱等设备所组成的一个排水系统。轻型井点根据抽水机组类型不同，分为真空泵轻型井点、射流泵轻型井点和隔膜泵轻型井点三种。

真空泵轻型井点的抽水机机组工作时真空度高（67~80kPa），带井点数多（60~70根），降水深度较大（5.5~6.0m），但设备较复杂，维修管理困难，一般用于重要的较大规模的工程降水。射流泵轻型井点抽水机组设备构造简单，易于加工制造，效率较高，降水深度较大（可达9m），耗能少费用低，是一种具有发展前途的降水设备。隔膜泵轻型井点又可分为真空型、压力型和真空压力型三种。真空型和压力型隔膜泵轻型井点抽水设备由真空泵、隔膜泵、水汽分离器等组成；真空压力型隔膜泵兼有真空泵、隔膜泵、水气分离器的特性，设备较简单，易于操作维修，耗能少，真空度较低（56~64kPa），所带井点较少（20~30根），降水深度为4.7~5.1m，适用于降水深度不大的一般工程。

轻型井点的井点管一般为$\phi 38$~$\phi 50$mm的无缝钢管，间距为0.6~1.0m，最大可达3m。井点系统的井点管就是水泵的吸收管，地下水从井点管下端的过滤水管借真空及水泵的抽吸作用流入管内，沿井点管上升汇入集水总管。

在安装井点管时，在距井口1m的范围内，须填黏土密封，井点管与总管连接应该注意密封，以防漏气。排水结束后，可用杠杆或倒连接将井点管拔出。喷射井点与深井泵比较，构造简单，安装方便，工作可靠。水中含沙较多时，对机件的影响也不大。但喷射井点设备的机械效率不高，只有20%~30%，所以一次降深值不宜超过20m，否则是不经济的，最适宜的范围是8~18m。

二、其他关键工作

与导流施工有关，又影响整个工程施工的其他关键工作，还有坝体拦洪度汛、封堵蓄水、施工期通航、过工、排冰与下游供水、围堰的拆除等。

（一）坝体拦洪度汛

水利水电枢纽施工中的施工导流，往往需要由坝体挡水或拦洪。坝体能否可靠拦洪与安全度汛，将影响工程的进度与成败。

1. 坝体拦洪标准

施工期坝体拦洪度汛包括两种情况。一种是坝体高程修筑到无须围堰保护或围堰已失效时的临时挡水度汛；另一种是导流泄水建筑物封堵后，永久泄洪建筑物已初具规模，但尚未具备设计的最大泄洪能力，坝体尚未完建的度汛。这一施工阶段，通常称为水库蓄水阶段或大坝施工期运用阶段。此时，坝体拦洪度汛的洪水重现期标准取决于坝型及坝前拦洪库容。

2. 拦洪度汛措施

如果施工进度表明，汛期到来之前若坝体不可能修筑到拦洪高程时，必须考虑其他拦洪度汛措施。尤其当主体建筑物为土石坝且坝体填筑又相当高时，更应给予足够的重视，因为一旦坝身过水，就会造成严重的溃坝后果。拦洪度汛措施因坝型不同而不同。

（1）混凝土坝的拦洪度汛

混凝土坝体是允许漫洪的，若坝身在汛期前不可能浇筑到拦洪高程，为了避免坝身过水时造成停工，可以在坝面上预留缺口以度汛，待洪水过后再封填缺口，全面上升坝体。另外，如果根据混凝土浇筑进度安排，虽然在汛前坝身可以浇筑到拦洪高程，但一些纵向施工缝尚未灌浆封闭时，可考虑用临时断面挡水，但必须提出充分论证，采取相应措施，以消除应力恶化的影响。

（2）土石坝拦洪度汛措施

土石坝一般是不允许过水的。若坝身在汛期前不可能填筑到拦洪高程时，一般可以考虑采用降低溢洪道高程，设置临时溢洪道并用临时断挡水，或经过论证采用临时坝体保护过水等措施。

采用临时断面挡水时，应注意以下几点：临时挡水断面顶部应有足够的宽度，以便在紧急情况下仍有余地抢筑子堰，确保度汛安全；临时挡水断面的边坡应保证稳定，其安全系数一般应不低于正常设计标准。为防止施工期间由于暴雨冲刷和其他原因而坍坡，必要时应采取简单的防护措施和排水措施；心墙坝的防渗体一般不允许单独作为临时挡水断面；上游垫层和块石护坡应按设计要求筑到拦洪高程，否则应考虑临时的防护措施。为满足下游坝体部位临时挡水断面的安全要求，在基础清理完毕后，应按全断面填筑几米后再收坡，必要时应结合设计的反滤排水设施统一安排考虑。

采用临时坝面过水时，应注意以下几点：为保证过水坝面下游边坡的抗冲稳定，应加强保护或做成专门的溢流堰。如利用反滤体加固后作为过水坝面溢流堰体等，并应注意堰体下游的防冲保护；靠近岸边溢流体的堰顶高程应适当抬高，以减小坝面单宽流量，减轻水流对岸坡的冲刷；过水坝面的顶高程一般应低于溢流堰体顶高程0.5～2.0m或做成反坡式，以避免过水坝面的冲淤；根据坝面过流条件，合理选择坝面保护形式，防止淤积物渗入坝体，特别要注意防渗体、反滤层等的保护，必要时上游设置拦污设施，防止漂木、杂物淤积坝面，撞击下游边坡。

（二）封堵蓄水

在施工后期，要根据发电、灌溉及航运等国民经济各部门所提出的综合要求，确定竣工、运用安排，有计划地进行导流临时泄水建筑物的封堵和水库的蓄水工作。

1.蓄水计划

蓄水计划是施工后期进行施工导流、安排施工进度的主要依据。水库蓄水要解决的主要问题有：确定蓄水历时计划，并据以确定水库开始蓄水的日期。水库蓄水可按保证率为5%～85%的月平均流量过程线来制定；复核库水位上升过程中大坝施工的安全性，并据以拟订大坝浇筑的控制性进度计划和坝体纵缝灌浆的进程。

2.导流泄水建筑物的封堵

（1）封孔日期及设计流量

封孔日期与初期蓄水计划有关。导流孔洞的封堵，一般在枯水期进行。下闸封堵导流临时泄水建筑物的设计流量，应根据河流水文特征及封堵条件，采用封堵时段5～10年重现期的月或旬平均流量，或按实测水文统计资料分析确定。封堵工程施工阶段的导流设计标准，则应根据工程重要性、失事后果等因素在该时段5～20年重现期范围内选定。

（2）封堵方式及措施

导流孔洞最常用的封堵方式是首先下闸封孔，然后浇筑混凝土塞封堵。

①下闸封孔

常见的封孔闸门有钢闸门、钢筋混凝土叠梁闸门、钢筋混凝土整体闸门等。对于此类闸门，国外多用同步电动卷扬机沉放。我国新安江和柘溪工程的导流底孔封堵，成功地应用了多台5～10t手摇绞车，顺利沉放了重达321t和540t的钢筋混凝土整体闸门。这种封孔方式断流快，水封好，方便可靠，特别是库水位上升较快时，广泛用于最后封孔。为了减轻封孔闸门质量，也有采用空心闸门或分节式闸门的。一般来说，这种闸门不宜用作最后封孔。对于无须过木、排冰的导流孔洞，可在洞进口处设中墩，以便减少封孔闸门质量，国内外许多工程就是这样做的。

②浇筑混凝土塞

导流底孔一般为坝体的一部分，因此封堵时需全孔堵死；而导流隧洞或涵管并不需要全孔堵死，只浇筑一定长度的混凝土塞，就足以起永久挡水作用。常用的混凝土塞为楔形，也有采用拱形和球壳形的。为了保证混凝土塞与洞壁之间有足够的抗剪力，通常均采用键槽结合。当混凝土塞体积较大时，为防止因温度变化而引起开裂，应分段浇筑。必要时还需埋设冷却水管降温，待混凝土塞达到稳定温度时，再进行接缝灌浆。

3. 初期蓄水

大型水利水电枢纽的工程量大，工期长，为了满足国民经济发展需要，往往边施工边蓄水，以便使枢纽提前发挥效益。国内已建的许多大型工程，如新安江、柘溪、乌江渡、丹江口和葛洲坝等均在施工期间开始蓄水。

水库施工期蓄水又称初期蓄水，通常是指临时导流建筑物封堵后至水库开始发挥效益为止的时期。水库开始发挥效益，一般是指达到发电或灌溉所要求的最低水位。进行初期蓄水规划时，必须考虑河道综合利用要求。

初期蓄水计算的主要内容：蓄水历时计算，据此确定临时泄水建筑物的最迟封堵日期；复核库水位上升过程中大坝施工的安全性，据此拟定大坝施工进度及后期度汛措施。对于混凝土坝，主要是拟定大坝浇筑的控制性进度计划和坝体接缝灌浆的进程。蓄水历时计算，常采用频率法或典型年法。采用频率法时，一般取保证率为75%~85%的流量。根据控制性进度计划确定的初期发电日期或其他投产日期以及计算出的蓄水历时，可求得导流孔洞封堵日期。如果求得的日期正值洪水期，应进一步研究洪水期封堵的可能性与合理性。因洪水期封堵非常困难，且技术复杂，故多改为枯水期封堵，并相应地调整坝体施工进度。

封堵蓄水后，必须校核坝体安全上升高程，要求各月末末坝体前沿最低高程达到下月最高水位。除不能让坝体漫水外，还应校核临时挡水断面的稳定和应力。对于混凝土坝，为了不给后续工程施工造成困难和不良后果，校核坝体上升高程时，还要考虑预留下纵缝灌浆和坝体封拱灌浆所需要的高度。施工期蓄水前，坝前水库已具有一定库容，在计算坝前水位和校核防洪度汛安全时，应考虑水库调蓄作用。

（三）施工期通航、过木、排冰与下游供水

1. 施工期临时通航与过木

采用分期导流方式的河流，尽量利用束窄河床承担前期导流的通航与过木任务。只要河床束窄度不太大，这一任务的解决并无很大困难。但是，中、后期导流阶段，河水通过未完建坝体中的底孔、缺口、厂房或隧洞宣泄，此时，无论是临时通航还是利用水面漂木，都会遇到很大困难。因此，要求施工期不断航和漂木不受阻，并非所有河道都能办到。长江是我国最重要的通航河道，葛洲坝工程截流期间也断航半年多。由于中小型河流上通航的船舶体积较小，所以也有一些工程在中、后期导流时，利用底孔或隧洞通行木船的。显然，此时底孔和隧洞中应有足够的净空，且进出口水流比较平顺，不能有过大的集

中落差。否则,船只与人身安全就无法保证。

采用一次拦断导流方式的河流,天然通航的货运量不会太大,但漂木任务往往较重。为了解决这一问题,某些工程坝址处河道尽管比较狭窄,也放弃了隧洞导流方式,而采用明渠导流方式。采用这种导流方式既有局部成功的经验,也有不少教训。这是由于在狭窄河道上采用明渠导流时,施工干扰大,总工期大大延长。应当指出,施工期临时通航与过木,只是施工导流规划的一部分。几十年来的建设经验表明,忽视施工通航或片面强调航运部门利益,以至提出不符合实际要求的两种倾向均有存在,借鉴以往工程经验时应当注意。

施工期临时通航与过木,对水力条件有一定要求。除水力计算外,重要工程还需进行模型试验。葛洲坝工程甚至还进行了实船试验,才最后确定了施工期临时通航标准。对于一般性河流和小型船舶,当缺乏资料时,可参考以下数据:如流速小于2.0m/s时,机动木船可以自航;当流速小于3.0~3.5m/s,且局部水面集中落差不大于0.5m时,拖轮可自航;木材流放最大流速可考虑3.5~4.0m/s。

2.施工期排冰

在严寒地区河流上修建水利水电工程时,应掌握河道冰情。河道冰情主要包括流冰、冰封、开河日期,流冰量与冰块尺寸,冰封期的冰盖厚度,开河方式(文开河、武开河或半文半武开河),是否有冰坝形成等。

流冰河道上的截流日期,应避免流冰期和冰封期,一般选在流冰期开始以前。选择导流方式和拟定导流泄水建筑物孔口尺寸时,应尽量考虑自然排冰的要求。在确定围堰顶部高程时,还要考虑冰坝壅水高度。有个别工程曾因考虑不周,造成冰坝壅水淹没基坑。当流冰量较多、冰块尺寸较大、泄水建筑物不能安全下泄时,需采取人工破冰措施。可安全下泄的冰块大小,常通过导流模型试验确定。后期导流建筑物往往不能满足全部排冰之需要。此时,可采取排、蓄结合方式,在水库内拦截部分流冰,导流建筑物封堵后,可在水库中蓄冰。

3.施工期下游供水

施工期下游供水,是河道综合利用中的主要问题之一。为了满足下游供水要求,应尽量利用永久泄水建筑物。如果永久泄水建筑物的孔口高程过高,难以满足供水要求,则需采用特殊供水措施。常用的供水措施有:水泵抽水、虹吸管供水、在封孔闸门上留孔,或设旁通管供水等。

(四)围堰的拆除

围堰是临时建筑物,导流任务完成后,应按设计要求拆除,以免影响永久建筑物的施工及运转。例如,在采用分段围堰法导流时,第一期横向围堰的拆除,如果不符合要求,势必会增加上、下游水位差，从而增加第二期截流工作的难度，增大截流物料的质量及数量。

土石围堰相对来说断面较大，拆除工作一般是在运行期限的最后一个汛期过后，随上游水位的下降而拆除。但必须保证依次拆除后所残留的断面，能继续挡水和维持稳定，以免使基坑过早淹没，影响施工，发生安全事故。土石围堰的拆除一般可采用挖土机或爆破开挖等方法。

钢板桩格型围堰的拆除，首先要用抓斗或吸石器将填料清除，其次用拔桩机拔起钢板桩。混凝土围堰的拆除，一般只能用爆破法拆除，但应注意，必须使主体建筑物或其他设施不受爆破危害。

第四节　施工导流

一、施工导流的基本方法

施工导流方式大体上可以分为两类：一类是全段围堰法，也称为河床外导流，即用围堰一次拦断全部河床，将原河道水流引向河床外的明渠或隧洞等泄水建筑物导向下游；另一类是分段围堰法，也称为河床内导流，即采用分期导流，将河床分段用围堰挡水，使原河道水流分期通过被束窄的河道或坝体底孔、缺口、隧洞、涵洞、厂房等导向下游。

此外，按导流泄水建筑物型式还可以将导流方式分为明渠导流、隧洞导流、涵洞导流、底孔导流、缺口导流、厂房导流等。一个完整的施工导流方案，常由几种导流方式组成，以适应围堰挡水的初期导流、坝体挡水的中期导流和施工拦洪蓄水的后期导流三个不同导流阶段的需要。

（一）全段围堰法

采用全段围堰法导流方式，就是在河床主体工程的上下游各建一道拦河围堰，使河水经河床以外的临时泄水道或永久泄水建筑物下泄。主体工程建成或接近建成时，再将临时泄水道封堵。在我国黄河等干流上已建成或在建的许多水利工程均采用全段围堰法的导流方式，如龙羊峡、大峡、小浪底以及拉西瓦等水利枢纽，在施工过程中均采用河床外隧洞或明渠导流。

采用全段围堰法导流，主体工程施工过程中受水流干扰小，工作面大，有利于高速施工，上下游围堰还可以兼作两岸交通纽带。但是，这种方法通常需要专门修建临时泄水建筑物（最好与永久建筑物相结合，综合利用），从而增加导流工程费用，推迟主体工程开工日期，可能造成施工过于紧张。

全段围堰法导流，其泄水建筑物类型有以下几种。

1. 明渠导流

明渠导流是在河岸上开挖渠道，在水利工程施工基坑的上下游修建围堰挡水，将原河水通过明渠导向下游。

明渠导流多用于岸坡较缓，有较宽阔滩地或岸坡上有沟溪、老河道可利用，施工导流流量大，地形、地质条件利于布置明渠的工程。明渠导流费用一般比隧洞导流费用少，过流能力大，施工比较简单，因此，在有条件的地方宜采用明渠导流。目前，世界上最大的河床外明渠导流是印度Tapi（塔壁）河上的Ukai（乌凯）土石坝的导流明渠，长1372m，梯形断面，渠底最大宽度235m，设计导流流量45000m³/s，实际最大流速13.72m/s，浆砌石护坡。

导流明渠的布置，一定要保证水流通畅，泄水安全，施工方便，轴线短，工程量少。明渠进出口应与上下游水流相衔接，与河道主流的夹角以小于或等于30°为宜；到上下游围堰坡脚的距离，以明渠所产生的回流不淘刷围堰地基为原则；明渠水面与基坑水面最短距离要大于渗透破坏所要求的距离；为保证水流畅通，明渠转弯半径不小于渠底宽的3~5倍；河流两岸地质条件相同时，明渠宜布置在凸岸，但是，对于多沙河流则可考虑布置在凹岸。导流明渠断面多选择梯形或矩形，并力求过水断面湿周小，渠道糙率低，流量系数大。渠道的设计过水能力应与渠道内泄水建筑物过水能力相匹配。

2. 隧洞导流

隧洞导流是在河岸中开挖隧洞，在水利工程施工基坑的上下游修筑围堰挡水，将原河水通过隧洞导向下游。隧洞导流多用于山区间流。由于山高谷窄，两岸山体陡峻，无法开挖明渠而有利于布置隧洞。隧洞的造价较高，一般情况下都是将导流隧洞与永久性建筑物相结合，达到一洞多用的目的。通常永久隧洞的进口高程较高，而导流隧洞的进口高程较低，此时，可开挖一段低高程的导流隧洞与永久隧洞低高程部分相连，导流任务完成后，将导流隧洞进口段封堵，这种布置俗称"龙抬头"。

导流隧洞的布置，取决于地形、地质、水利枢纽布置形式以及水流条件等因素。其中地质条件和水力条件是影响隧洞布置的关键因素。地质条件好的临时导流隧洞，一般可以不衬砌或只局部衬砌，有时为了增强洞壁稳定，提高泄水能力，可以采用光面爆破、喷锚支护等施工技术；地质条件较差的导流隧洞，一般都要衬砌，衬砌的作用是承受山岩压力，填塞岩层裂隙，防止渗漏，抵制水流、空气、温度与湿度变化对岩壁的不利影响以及减小洞壁糙率等。导流隧洞的水力条件复杂，运行情况也较难观测，为了提高隧洞单位面积的泄流能力，减小洞径，应注意改善隧洞的过流条件。隧洞进出口应与上下游水流相衔接，与河道主流的夹角以30°左右为宜；隧洞最好布置成直线，若有弯道，其转弯半径以大于5倍洞宽为宜；隧洞进出口与上下游围堰之间要有适当的距离，一般以大于50m为宜，防止隧洞进出口水流冲刷围堰的迎水面；采用无压隧洞时，设计中要注意洞内最高水面与洞顶之间留有适当余幅；采用压力隧洞时，设计中要注意无压与有压过渡段的水力条件，尽量使水流顺畅，宣泄能力强，避免空蚀破坏。

导流隧洞的断面形式，主要取决于地质条件、隧洞的工作条件、施工条件以及断面尺寸等。常见的断面形式有圆形、马蹄形和城门洞型（方圆形）。世界上最大断面的导流隧洞是苏联的布烈依土石坝工程右岸的两条隧洞，断面面积均为350m^2（方圆形，宽17m，高22m），导流设计流量达14600m^3/s。我国二滩水电站工程的两条导流隧洞，其断面尺寸均为宽17.5m、高23m的方圆形（城门洞型），导流设计流量达13500m^3/s。

3. 涵管导流

在河岸枯水位以上的岩滩上筑造涵管，然后在水利工程施工基坑上下游修筑围堰挡水，将原河水通过涵管导向下游。涵管导流一般用于中、小型土石坝、水闸等工程，分期导流的后期导流也有采用涵管导流的方式。

与隧洞相比，涵管导流方式具有施工工作面大，施工灵活、方便、速度快，工程造价低等优点。涵管一般为钢筋混凝土结构。当与永久涵管相结合时，采用涵管导流比较合理。在某些情况下，可在建筑物岩基中开挖沟槽，必要时加以衬砌，然后顶部加封混凝土或钢筋混凝土顶拱，形成涵管。

涵管宜布置成直线，选择合适的进出口型式，使水流顺畅，避免发生冲淤、渗漏、空蚀等现象，出口消能安全可靠。多采用截渗环来防止沿涵管的渗漏，截渗环间距一般为10~20m，环高1~2m，厚度0.5~0.8m。为减少截渗环对管壁的附加应力，有时将截渗环与涵管管身用缝分离，缝周填塞沥青止水。若不设截渗环，则在接缝处加厚凸缘防渗。为防止集中渗漏，管壁周围铺筑防渗填料，做好反滤层，并保证压实质量。涵管管身伸缩缝、沉陷缝的止水要牢靠，接缝结构能适应一定变形要求，在渗流逸出带做好排水措施，避免产生管涌。特殊情况下，涵管布置在硬土层上时，对涵管地基应做适当处理，防止土层压缩变形产生不均匀沉陷，造成涵管破坏事故。

4. 渡槽导流

枯水期，在低坝、施工流量不大（通常不超过20~30m^3/s）、河床狭窄、分期预留缺口有困难，以及无法利用输水建筑物导流的情况下，可采用渡槽导流。渡槽一般为木质（已较少用）或装配式钢筋混凝土的矩形槽，用支架架设在上下游围堰之间，将原河水或渠道水导向下游。它结构简单，建造迅速，适用于流量较小的情况下。对于水闸工程的施工，采用闸孔设置渡槽较为有利。农田水利工程施工过程中，在不影响渠道正常输水情况下修筑渠系建筑物时，也可以采用这种导流方式。

（二）分段围堰法

采用分段围堰法导流方式，就是用围堰将水利工程施工基坑分段分期围护起来，使原河水通过被束窄的河床或主体工程中预留的底孔、缺口导向下游的施工方法。分段围堰法的施工程序是先将河床的一部分围护起来，在这里首先将河床的右半段围护起来，进行右岸第一期工程的施工，河水由左岸被束窄的河床下泄。修建第一期工程时，在建筑物内预留底孔或缺口；然后将左半段河床围护起来，进行第二期工程的施工，此时，原河水经由预留的底孔或缺口宣泄。对于临时泄水底孔，在主体工程建成或接近建成，水库需要蓄水时，要将其封堵。我国长江等流域上已建成或在建的水利工程多采用分段围堰法的导流方式，如新安江、葛洲坝及长江三峡等水利枢纽，在施工过程中均采用分段分期的方式导流。

分段围堰法一般适用于河床宽、流量大、施工期较长的工程；在通航或冰凌严重的河道上采用这种导流方式更为有利。一般情况下，与全段围堰法相比施工导流费用较低。

采用分段围堰法导流时，要因地制宜合理制定施工的分段和分期，避免由于时、段划分不合理给工程施工带来困难，延误工期；纵向围堰位置的确定，也就是河床束窄程度的选择是一个关键问题。在确定纵向围堰位置或选择河床束窄程度时，应重视下列问题：①束窄河床的流速要考虑施工通航、筏运以及围堰和河床防冲等因素，不能超过允许流速；②各段主体工程的工程量、施工强度要比较均衡；③便于布置后期导流用的泄水建筑物，不致使后期围堰尺寸或截流水力条件不合理，影响工程截流。

分段围堰法前期都利用束窄的原河床导流，后期要通过事先修建的泄水建筑物导流，常见的泄水建筑物有以下几种。

1.底孔导流

混凝土坝施工过程中，采用坝体内预设临时或永久泄水孔洞，使河水通过孔洞导向下游的施工导流方式称为底孔导流。底孔导流多用于分期修建的混凝土闸坝工程中，在全段围堰法的后期施工中，也常采用底孔导流。底孔导流的优点是挡水建筑物上部施工可以不受水流干扰，有利于均衡连续施工，对于修建高坝特别有利。若用坝体内设置的永久底孔作施工导流，则更为理想。其缺点是坝体内设置临时底孔，增加了钢材的用量；如果封堵质量差，不仅造成漏水，还会削弱大坝的整体性；在导流过程中，底孔有被漂浮物堵塞的可能性；封堵时，由于水头较高，安放闸门及止水均较困难。

底孔断面有方圆形、矩形或圆形。底孔的数目、尺寸、高程设置，主要取决于导流流量、截流落差、坝体削弱后的应力状态、工作水头、封堵（临时底孔）条件等因素。长江三峡水利枢纽工程三期截流后，采用22个底孔（每个底孔尺寸$6.5m \times 8.5m$）导流，进口水头为33m时，泄流能力达23000m³/s。巴西土库鲁伊（Tucurui）水电站施工期的导流底孔为40个，每个尺寸为6.5m×13m，泄流能力达35000m³/s。

底孔的进出水口体型、底孔糙率、闸槽布置、溢流坝段下孔流的水流条件等都会影响底孔的泄流能力。底孔进水口的水流条件不仅影响泄流能力，也是造成空蚀破坏的重要因素。盐锅峡水电站的施工导流底孔（4m×9m），进口曲线是折线，在该部位设置了两道闸门。对于临时底孔应根据进度计划，按设计要求做好封堵专门设计。

2.坝体缺口导流

混凝土坝施工过程中，在导流设计规定的部位和高程上，预留缺口，采用洪水期部分流量的临时性辅助导流度汛措施。缺口完成辅助导流任务后，仍按设计要求建成永久性建筑物。

缺口泄流流态复杂，泄流能力难以准确计算，一般以水力模型试验值作参考。进口主流与溢流前沿斜交或在溢流前沿形成回流、漩涡，是影响缺口泄流能力的主要因素。缺口的形式和高程不同，也严重影响泄流的分配。在溢流坝段设缺口泄流时，由于其底缘与已建溢流面不协调，流态很不稳定；在非溢流坝段设缺口泄流时，对坝下游河床的冲刷破坏应予以足够的重视。

在某些情况下，还应做缺口导流时的坝体稳定及局部拉应力的校核。

3.厂房导流

利用正在施工中的厂房的某些过水建筑物，将原河水导向下游的导流方式称为厂房导流。

水电站厂房是水电站的主要建筑物之一，由于水电站的水头、流量、装机容量、水轮发电机组型式等因素及水文、地质、地形等条件各不相同，厂房型式各异，布置也各不相同。应根据厂房特点及发电的工期安排，考虑是否需要和可能利用厂房进行施工导流。

厂房导流的主要方式：①来水通过未完建的蜗壳及尾水管导向下游；②来水通过泄水底孔导向下游，底孔可以布置在尾水管上部；③来水通过泄水底孔进口，经设置在尾水管锥形体内的临时孔进入尾水管导向下游。我国的大化水电站和西津水电站都采用了厂房导流方式。

以上按全段围堰法和分段围堰法分别介绍了施工导流的几种基本方法。在实际工程中，由于枢纽布置和建筑物型式的不同以及施工条件的影响，必须灵活应用，进行恰当的组合才能比较合理地解决一个工程在整个施工期间的施工导流问题。例如，底孔和坝体缺口泄流，并不只适用于分段围堰法导流。在全段围堰法的后期导流中，也常常得到应用；隧洞和明渠泄流，同样并不只适用于全段围堰法导流，也经常被用于分段围堰法的后期导流中。因此，选择一个工程的导流方法时，必须因时因地制宜，绝不能机械死板地套用。

二、围堰

围堰是围护水工建筑物施工基坑，避免施工过程中受水流干扰而修建的临时挡水建筑物。在导流任务完成以后，如果未将围堰作为永久建筑物的一部分，围堰的存在妨碍永久水利枢纽的正常运行时，应予以拆除。

根据施工组织设计的安排，围堰可围占一部分河床或全部拦断河床。按围堰轴线与水流方向的关系，可分为基本垂直水流方向的横向围堰及顺水流方向的纵向围堰；按围堰是否允许过水，可分为过水围堰和不过水围堰。通常围堰的基本类型是按围堰所用材料划分的。

（一）围堰的基本型式及构造

1.土石围堰

在水利工程中，土石围堰通常是用土和石渣（或砾石）填筑而成的。由于土石围堰能充分利用当地材料，构造简单，施工方便，对地形地质条件要求低，便于加高培厚，所以应用较广。

土石围堰的上下游边坡取决于围堰高度及填土的性质。用沙土、黏土及堆石建造土石围堰，一般将堆石体放在下游，沙土和黏土放在上游以起防渗作用。堆石与土料接触带设置反滤层，反滤层最小厚度不小于0.3m。用砂砾土及堆石建造土石围堰，则需设置防渗体。若围堰较高、工程量较大，往往要考虑将堰体作为土石坝体的组成部分，此时，对围堰质量的要求与坝体填筑质量要求完全相同。

土石坝常用土质斜墙或心墙防渗。也有用混凝土或沥青混凝土心墙防渗，并在混凝土防渗墙上部接土工膜材料防渗。当河床覆盖层较浅时，可在挖除覆盖层后直接在基岩上浇筑混凝土心墙，但目前更多的工程则是采用直接在堰体上造孔挖槽穿过覆盖层浇筑各种类型的混凝土防渗墙。早期的堰基覆盖层多用黏土铺盖加水泥灌浆防渗。近年来，高压喷射灌浆防渗逐渐兴起，效果较好。

土石围堰还可以细分为土围堰和堆石围堰。

土围堰由各种土料填筑或水力冲填而成。按围堰结构分为均质和非均质土围堰，后者设斜墙或心墙防渗，土围堰一般不允许堰顶溢流。堰顶宽度根据堰高、构造、防汛、交通运输等要求确定，一般不小于3m。围堰的边坡取决于堰高、土料性质、地基条件及堰型等因素。根据不透水层埋藏深度及覆盖层具体条件，选用带铺盖的截水墙防渗或混凝土防渗墙防渗。为保证堰体稳定，土围堰的排水设施要可靠，围堰迎水面水流流速较大时，需设置块石或卵石护坡，土围堰的抗冲能力较差，通常只作横向围堰。

堆石围堰由石料填筑而成，需设置防渗斜墙或心墙，采取护面措施后堰顶可溢流。

上、下游坡根据堰高、填石要求及是否溢流等条件决定。溢流的堰体则视溢流单宽流量、上下游水位差、上下游水流衔接条件及堰体结构与护坡类型而定，堰体与岸坡连接要可靠，防止接触面渗漏。在土基上建造堆石围堰时，需沿着堰基面预设反滤层。堰体与土石坝结合，堆石质量要满足土石坝的质量要求。

2. 草土围堰

为避免河道水流干扰，用麦草、稻草和土作为主要材料建成的围护施工基坑的临时挡水建筑物。

我国两千多年以前，就有将草、土材料用于宁夏引黄灌溉工程及黄河堵口工程的记载，在青铜峡、八盘峡、刘家峡及盐锅峡等黄河上的大型水利工程中，也都先后采用过草土围堰这种筑堰型式。

草土围堰底宽约为堰高的2.0~3.0倍，围堰的顶宽一般采用水深的2.0~2.5倍。在堰顶有压重，并能够保证施工质量且地基为岩基时，水深与顶宽比为1:1.5。内外边坡按稳定要求核定，为1:0.2~1:0.5。一般每立方米土用草75~90kg，草土体的密度约为1.1t/m³，稳定计算时草与砂卵石、岩石间的摩擦系数分别采用0.4和0.5，草土体的逸出坡降一般控制在0.5左右。堰顶超高取1.5~2.0m。

草土围堰可在水流中修建，其施工方法有散草法、捆草法和端捆法，普遍采用的是捆草法。用捆草法修筑草土围堰时，先将两束直径为0.3~0.7m、长为1.5~2.0m、重约5~7kg的草束用草绳扎成一捆，并使草绳留出足够的长度；然后沿河岸在拟修围堰的整个宽度范围内分层铺设草捆，铺一层草捆，填一层土料（黄土、粉土、砂壤土或黏土），铺好后的土料只需人工踏实即可，每层草捆应按水深大小叠接1/3~2/3，这样层层压放的草捆形成一个斜坡，坡角为35°~45°，直到高出水面1m以上为止；随后在草捆层的斜坡上铺一层厚0.20~0.30m的散草，再在散草上铺一层约0.30m厚的土层，这样就完成了堰体的压草、铺草和铺土工作的一个循环；连续进行以上施工过程，堰体即可不断前进，后部的堰体则渐渐沉入河底。当围堰出水后，在不影响施工进度的前提下，争取铺土打夯，把围堰逐步加高到设计高程。

草土围堰具有就地取材、施工简便、拆除容易、适应地基变形、防渗性能好的特点，特别是在多沙河流中，可以快速闭气。在青铜峡水电站施工中，只用40d时间，就在最大水深7.8m、流量1900m³/s、流速3m/s的河流上，建成长580m、工程量达7万m³的草土围堰。但这种围堰不能承受较大水头，一般适用于水深为6~8m，流速为3~5m/s的场合。草土围堰的沉陷量较大，一般为堰高的6%~7%。草料易于腐烂，使用期限一般不超过两年。在草土围堰的接头，尤其是软硬结构的连接处比较薄弱，施工时应特别重视。

3. 混凝土围堰

混凝土围堰的抗冲与抗渗能力大，挡水水头高，底宽小，易于与永久混凝土建筑物相连接，必要时还可过水，既可作横向围堰，又可作纵向围堰，因此采用得比较广泛。在国外，采用拱形混凝土围堰的工程较多。近年来，国内贵州省乌江渡、湖南省凤滩等水利水电工程也采用过拱形混凝土围堰作横向围堰，但做得多的还是纵向重力式混凝土围堰。

混凝土围堰对地基要求较高，多建于岩基上。修建混凝土围堰，往往要先建临时土石围堰，并进行抽水、开挖、清基后才能修筑。混凝土围堰的型式主要有重力式和拱形两种。

（1）重力式混凝土围堰。

施工中采用分段围堰法导流时，常用重力式混凝土围堰往往可兼作第一期和第二期纵向围堰，两侧均能挡水，还能作为永久建筑物组成的一部分，如隔墙、导墙等。重力式混凝土围堰的断面型式与混凝土重力坝断面型式相同。为节省混凝土，围堰不与坝体接合的部位，常采用空框式、支墩式和框格式等。重力式混凝土围堰基础面一般都设排水孔，以增强围堰的稳定性并可节约混凝土。碾压混凝土围堰投资小、施工速度快、应用潜力巨大。三峡水利枢纽三期上游挡水发电的碾压混凝土围堰，全长572m，最大堰高124m，混凝土用量168万m^3/月，最大上升高度23m，月最大浇筑强度近40万m^3。

（2）拱形混凝土围堰。

一般适用于两岸陡峻、岩石坚实的山区或河谷覆盖层不厚的河流上。此时常采用隧洞及允许基坑淹没的导流方案。这种围堰高度较高，挡水水头在20m以上，能适应较大的上下游水位差及单宽流量，技术上也较可靠。通常围堰的拱座是在枯水期水面以上施工的，当河床的覆盖层较薄时也可进行水下清基、立模、浇筑部分混凝土；若覆盖层较厚则可灌注水泥浆防渗加固。堰身的混凝土浇筑则要进行水下施工，难度较大。在拱基两侧要回填部分砂砾料以利灌浆，形成阻水帐幕。有的工程在堆石体上修筑重力式拱形围堰。围堰的修筑通常从岸边沿围堰轴线向水中抛填砂砾石或石渣进占；出水后进行灌浆，使抛填的砂砾石体或石渣体固结，并使灌浆帷幕穿透覆盖层直至隔水层；然后在砂砾石体或石渣体上浇筑重力式拱形混凝土围堰。

4.过水围堰

过水围堰是在一定条件下允许堰顶过水的围堰。过水围堰既能担负挡水任务，又能在汛期泄洪，适用于洪枯流量比值大、水位变幅显著的河流。其优点是减小施工导流泄水建筑物规模，但过流时基坑内不能施工。对于可能出现枯水期有洪水而汛期又有枯水的河流，可通过施工强度和导流总费用（包括导流建筑物和淹没基坑的总费用总和）的技术经济比较，选用合理的挡水设计流量。一般情况下，根据水文特性及工程重要性，给出枯水期5%~10%频率的几个流量值，通过分析论证选取，选取的原则是力争在枯水年能全年施工。为了保证堰体在过水条件下的稳定性，还需要通过计算或试验确定过水条件下的最不利流量，作为过水设计流量。

当采用允许基坑淹没的导流方案时，围堰堰顶必须允许过水。如前所述，土石围堰是散粒体结构，是不允许过水的。因为土石围堰过水时，一般会受到两种破坏作用：一是水流往下游坡面下泄，动能不断增加，冲刷堰体表面；二是由于过水时水流渗入堆石体所产生的渗透压力引起下游坡面同堰顶一起深层滑动，导致溃堰的严重后果。因此，土石过水围堰的下游坡面及堰脚应采用可靠的加固保护措施。目前采用的措施：大块石护面、钢丝笼护面、加钢筋护面及混凝土板护面等，较普遍的是混凝土板护面。

混凝土板护面过水土石围堰：江西省上犹江水电站采用的便是混凝土板护面过水土石围堰。围堰由维持堰体稳定的堆石体、防止渗透的黏土斜墙、满足过水要求的混凝土护面板以及维持堰体和护面板抗冲稳定的混凝土挡墙等部分所构成。

混凝土护面板的厚度初拟时可为0.4~0.6m、边长为4~8m，其后尺寸应通过强度计算和抗滑稳定验算确定。

混凝土护面板要求不透水，接缝要设止水，板面要平顺，以免在高速水流影响下发生气蚀或位移。为加强面板间的相互牵制作用，相邻面板可用6~16mm的钢筋连接在一起。

混凝土护面板可以预制也可以现浇，但面板的安装或浇筑应错缝、跳仓，施工顺序应从下游面坡脚向堰顶进行。

过水土石围堰的修建，需将设计断面分成两期。第一期修建所谓的"安全断面"，即在导流建筑物泄流情况下，进行围堰截流、闭气、加高培厚，先完成临时断面，然后抽水排干基坑。第二期在安全断面挡水条件下修建混凝土挡墙，并继续加高培厚修筑堰顶及下游坡护面等，直至完成设计断面。

加筋过水土石围堰：自20世纪50年代以来，为了解决堆石坝的度汛、泄洪问题，国外已成功地建成了多座加筋过水堆石坝，坝高20~30m，坝顶过水泄洪能力近千立方米每秒。加筋过水土石坝解决了堆石体的溢洪过水问题，从而为解决土石围堰过水问题开辟了新的途径。加筋过水土石围堰，是在围堰的下游坡面上铺设钢筋网，以防坡面的石块被冲走，并在下游部位的堰体内埋设水平向主锚筋以防止下游坡连同堰顶一起滑动。下游面采用钢筋网护面可使护面石块的尺寸减小、下游坡角加大，其造价低于混凝土板护面过水土石围堰。

必须指出的是：①加筋过水土石围堰的钢筋网应保证质量，不然过水时随水挟带的石块会切断钢筋网，使土石料被水流淘刷成坑，造成塌陷，导致溃口等严重事故；②过水时堰身与两岸接头处的水流比较集中，钢筋网与两岸的连接应十分牢固，一般需回填混凝土直至堰脚处，以利钢筋网的连接生根；③过水以后要进行检修和加固。

5. 木笼围堰

木笼围堰是用方木或两面锯平的圆木叠搭而成的内填块石或卵石的框格结构，耐水流冲刷，能承受较高水头，断面较小，既可作为横向围堰，又可作为纵向围堰，其顶部经过适当处理后还可以允许过水。通常木笼骨架在岸上预制，水下沉放。

木笼需耗用大量木材，造价较高，建造和拆除都比较困难，现已较少使用。

6.钢板桩围堰

用钢板桩设置单排、双排或格型体，既可建于岩基上，又可建于土基上，抗冲刷能力强，断面小，安全可靠。堰顶浇筑混凝土盖板后可溢流。钢板桩围堰的修建、拆除可用机械施工，钢板桩回收率高，但质量要求较高，涉及的施工设备亦较多。

钢板桩格型围堰按挡水高度不同，其平面型式有圆筒形格体、扇形格体及花瓣形格体，应用较多的是圆筒形格体。

圆筒形格体钢板桩围堰是由一字形钢板桩拼装而成，由一系列主格体和联弧段所构成，格体内填充透水性较强的填料，如沙、砂卵石或石渣等。

圆筒形格体的直径D，根据经验一般取挡水高度H的90%～140%，平均宽度B为0.85D，2L为（1.2～1.3）D。圆筒形格体钢板桩围堰不是一个刚性体，而是一个柔性结构，格体挡水时允许产生一定幅度的变位，提高圆筒内填料本身抗剪强度及填料与钢板之间的抗滑能力，有助于提高格体抗剪稳定性。钢板桩锁口由于受到填料侧压力作用，需校核其抗拉强度。

圆筒形格体钢板桩围堰的修建由定位、打设模架支柱、模架就位、安插钢板桩、打设钢板桩、填充料渣、取出模架及其支柱和填充料渣到达设计高程等工序组成。

（二）围堰型式的选择

围堰的基本要求：①具有足够的稳定性、防渗性、抗冲性及一定的强度；②造价低，工程量较少，构造简单，修建、维护及拆除方便；③围堰之间的接头、围堰与岸坡的连接要安全可靠；④混凝土纵向围堰的稳定与强度，需充分考虑不同导流时期，双向先后承受水压的特点。

在选择围堰型式时，必须根据当地具体条件，施工队伍的技术水平、施工经验和特长，在满足对围堰基本要求的前提下，通过技术经济分析对比，加以选择。

（三）导流标准

导流建筑物级别及其设计洪水的标准称为导流标准。导流标准是确定导流设计流量的依据，而导流设计流量是选择导流方案、确定导流建筑物规模的主要设计依据。导流标准与工程所在地的水文气象特征、地质地形条件、永久建筑物类型、施工工期等直接相关，需要结合工程实际，全面综合分析其技术上的可行性和经济上的合理性，准确选择导流建筑物级别及设计洪水标准，使导流设计流量尽量符合实际施工流量，以减少风险，节约投资。

1. 导流时段的划分

在施工过程中，随着工程进展，施工导流所用的临时或永久挡水、泄水建筑物（或结构物）也在相应发生变化。导流时段就是按照导流程序划分的各施工阶段的延续时间。

水利工程在整个施工期间都存在导流问题。根据工程施工进度及各个时期的泄水条件，施工导流可以分为初期导流、中期导流和后期导流三个阶段。初期导流即围堰挡水阶段的导流。在围堰保护下，在基坑内进行抽水、开挖及主体工程施工等工作；中期导流即坝体挡水阶段的导流。此时导流泄水建筑物尚未封堵，但坝体已达拦洪高程，具备挡水条件，故改由坝体挡水。随着坝体升高、库容加大，防洪能力也逐渐增强；后期挡水即从导流泄水建筑物封堵到大坝全面修建到设计高程时段的导流。这一阶段，永久建筑物已投入运行。

通常河流全年流量的变化具有一定的规律性。按其水文特征可分为枯水期、中水期和洪水期。在不影响主体工程施工的条件下，若导流建筑物只承担枯水期的挡水及泄水任务，显然可以大大减少导流建筑物的工程量，改善导流建筑物的工作条件，具有明显的技术经济效益。因此，合理划分导流时段，明确不同时段导流建筑物的工作状态，是既安全又经济地完成导流任务的基本要求。

导流时段的划分与河流的水文特征、水工建筑物的型式、导流方案、施工进度等有关。

一般情况下，土坝、堆石坝和支墩坝不允许过水，因此当施工期较长，而汛期来临前又不能建完时，导流时段就要考虑以全年为标准。此时，按导流标准要求，应该选择一定频率下的年最大流量作为导流设计流量；如果安排的施工进度能够保证在洪水来临前，使坝体达到拦洪高程，则导流时段即可按洪水来临前的施工时段作为划分的依据，并按导流标准要求，该时段具有一定频率的最大流量即为导流设计流量。当采用分段围堰法导流，后期采用临时底孔导流来修建混凝土坝时，一般宜划分为三个导流时段：第一时段河水由束窄河床通过，进行第一期基坑内的工程施工；第二时段河水由导流底孔下泄，进行第二期基坑内的工程施工；第三时段进行底孔封堵，坝体全面升高，河水由永久泄水建筑物下泄，也可部分或完全拦蓄在水库中，直到工程完工。在各时段中，围堰和坝体的挡水高程和泄水建筑物的泄水能力，均应按相应时段内一定频率的最大流量作为导流设计流量。

山区型河流，其特点是洪水期流量大、历时短，而枯水期流量则特别小，因此水位变幅很大。例如，上犹江水电站，坝型为混凝土重力坝，坝身允许过水，其所在河道正常水位时水面宽仅40m，水深为6~8m，当洪水来临时，河宽增加不大，但水深却增大到18m。若按一般导流标准要求来设计导流建筑物，不是挡水围堰修得很高，就是泄水建筑物的尺寸要求很大，而使用期又不长，这显然是不经济的。在这种情况下可以考虑采用允许基坑淹没的导流方案，即洪水来临时围堰过水，基坑被淹没，河床部分停工，待洪水过后围堰挡水时，再继续施工。这种方案由于基坑淹没引起的停工天数很短，不致影响施工总进度，而导流总费用（导流建筑物费用与淹没损失费用之和）却较省，所以是合理可行的。

导流总费用最低的导流设计流量，必须经过技术经济比较确定，其计算程序为：

第一，根据河流的水文特征，假定一系列的流量值，分别求出泄水建筑物上、下游的水位。

第二，根据这些水位决定导流建筑物的主要尺寸、工程量，估算导流建筑物的费用。

第三，估算由于基坑淹没一次所引起的直接和间接损失费用。属于直接损失的有基坑排水费，基坑清淤费，围堰及其他建筑物损坏的修理费，施工机械撤离和返回基坑的费用及无法搬运的机械被淹没后的修理费，道路、交通和通信设施的修理费，劳动力和机械的窝工损失费等；属于间接损失的项目是，由于有效施工时间缩短，而增加的劳动力、机械设备、生产企业的规模、临时房屋等的费用。

第四，根据历年实测水文资料，用统计超过上述假定流量值的总次数除以统计年数得到年平均超过次数，亦即年平均淹没次数。根据主体工程施工的跨汛年数，即可算得整个施工期内基坑淹没的总次数及淹没损失总费用。

第五，绘制流量与导流建筑物费用、基坑淹没损失费用的关系曲线。并将它们叠加求得流量与导流总费用的关系曲线。曲线上的最低点，即为导流总费用最低时的导流设计流量。

2.导流设计标准

导流设计标准是对导流设计中所采用的设计流量频率的规定。导流设计标准一般随永久建筑物级别以及导流阶段的不同而有所不同，应根据水文特性、流量过程线特性、围堰类型、永久建筑物级别、不同施工阶段库容、失事后果及影响等确定导流设计标准。总的要求：初期导流阶段的标准可以低一些，中期和后期导流阶段的标准应逐步提高；当要求工程提前发挥效益时，相应的导流阶段的设计标准应适当提高；对于特别重要的工程或下游有重要工矿企业、交通枢纽以及城镇时，导流设计标准亦应适当提高。

（四）围堰的平面布置与堰顶高程

1.围堰平面位置

围堰的平面布置是一项很重要的设计任务。如果布置不当，围护基坑的面积过大，会增加排水设备容量；面积过小，会妨碍主体工程施工，影响工期；严重的话，会造成水流不畅，围堰及其基础被水冲刷，直接影响主体工程的施工安全。

根据施工导流方案、主体工程轮廓、施工对围堰的要求以及水流宣泄畅通等条件进行围堰的平面布置。全部拦断河床采用河床外导流方式，只布置上、下游横向围堰；分期导流除布置横向围堰外，还要布置纵向围堰。横向围堰一般布置在主体工程轮廓线以外，并要考虑给排水设施、交通运输、堆放材料及施工机械等留有充足的空间；纵向围堰与上、下游横向围堰共同围住基坑，以保证基坑内的工程施工。混凝土纵向围堰的一部分或全部常作为永久性建筑物的组成部分。围堰轴线的布置要力求平顺，以防止水流产生漩涡淘刷围堰基础。迎水一侧，特别是在横向围堰接头部位的坡脚，需加强抗冲保护。对于松软地基要进行渗透坡降验算，以防发生管涌破坏。纵向围堰在上、下游的延伸视冲刷条件而定，下游布置一般结合泄水条件综合予以考虑。

2.堰顶高程

堰顶高程的确定取决于导流设计流量以及围堰的工作条件。

上游设计洪水静水位取决于设计导流洪水流量及泄水能力。当利用永久性泄水建筑物导流时，若其断面尺寸及进口高程已给定，则可通过水力计算求出上游设计洪水静水位；当用临时泄水建筑物导流时，可求出不同上游设计洪水静水位时围堰与泄水建筑物总造价，从中选出最经济的上游设计洪水静水位。

下游围堰的设计洪水静水位，可以根据该处的水位—流量关系曲线确定。当泄水建筑物出口较远，河床较陡，水位较低时，也可能不需要下游围堰。

纵向围堰的堰顶高程，要与束窄河段宣泄导流设计流量时的水面曲线相适应。因此，纵向围堰的顶面通常做成倾斜状或阶梯状，其上、下端分别与上、下游围堰同高。

过水围堰的高程应通过技术经济比较确定。从经济角度出发，求出围堰造价与基坑淹没损失之和为最小的围堰高程；从技术角度出发，对修筑一定高度过水围堰的技术水平作出可行性评价。一般过水围堰堰顶高程按静水位加波浪爬高确定，不再加安全超高。

（五）围堰的防渗、防冲

围堰的防渗和防冲是保证围堰正常工作的关键环节，对土石围堰来说尤为突出。一般土石围堰在流速超过3.0m/s时，会发生冲刷现象，尤其在采用分段围堰法导流时，若围堰布置不当，在束窄河床段的进、出口和沿纵向围堰会出现严重的涡流，淘刷围堰及其基础，导致围堰失事。

如前所述，土石围堰的防渗一般采用斜墙、斜墙接水平铺盖、垂直防渗墙或灌浆帷幕等措施。围堰一般需在水中修筑，因此如何保证斜墙和水平铺盖的水下施工质量是一个关键课题。大量工程实践表明，尽管斜墙和水平铺盖的水下施工难度较高，但只要施工方法选择得当，是能够保证质量的。

围堰遭到冲刷在很大程度上与其平面布置有关，尤其在采用分段围堰法导流时，水流进入围堰区受到束窄，流出围堰区又突然扩大，这样就不可避免地在河底引起动水压力的重新分布，流态发生急剧改变。此时在围堰的上游转角处产生很大的局部压力差，局部流速显著提高，形成螺旋状的底层涡流，流速方向自下而上，从而淘刷堰脚及基础。为了避免由局部淘刷而导致溃堰的严重后果，必须采取护底措施。一般多采用简易的抛石护底措施来保护堰脚及其基础的局部冲刷。关于围堰区护底的范围及抛石尺寸的大小，应通过水工模型试验确定为宜。解决围堰及其基础的防冲问题，除了抛石护底或其他措施（如柴排）外，还应对围堰的布置给予足够的重视，力求使水流平顺地进、出束窄河段。通常在围堰的上、下游转角处设置导流墙，以改善束窄河段进、出口的水流条件。在大、中型水利水电工程中，纵向围堰一般都考虑作为永久建筑物的隔墩或导水墙的一部分，所以均采用混凝土结构，导流墙实质上是混凝土纵向围堰分别向上、下游的延伸。尽管设置导流墙后，河底最大局部流速有所增加，但混凝土的抗冲能力较强，不会发生冲刷破坏。

三、截流

施工导流中截断原河道，迫使原河床水流流向预留通道的工程措施称为截流。为了满足施工需要，有时采用全河段水流截断方式，通过河床外的泄水建筑物把水流导向下游。有时采用河床内分期导流方式，分段把河道截断，水流从束窄的河床或河床内的泄水建筑物导向下游。截流实际上就是在河床中修筑横向围堰的施工。

截流是一项难度比较大的工作，在施工导流中占有重要地位。如果截流不能按时完成，就会延误整个河床部分建筑物的开工日期；如果截流失败，失去了以水文年计算的良好截流时机，则可能拖延工期达一年。所以在施工导流中，常把截流视为影响工程施工全局的一个控制性项目。

截流之所以被重视，还因为截流本身无论在技术上还是在施工组织上都具有相当的艰巨性和复杂性。为了成功截流，必须充分掌握河流的水文特性和河床的地形、地质条件，掌握在截流过程中水流的变化规律及其对截流的影响。为了顺利地进行截流，必须在非常狭小的工作面上以相当大的施工强度在较短的时间内进行截流的各项工作，为此必须有极严密的施工组织与措施。特别是大河流的截流工程，事先必须进行缜密的设计和水工模型试验，对截流工作作做出充分的论证。此外，在截流开始前，还必须切实做好器材、设备和组织上的充分准备。

截流的施工过程：先在河床的一侧或两侧向河床中填筑截流戗堤，这种向水中筑堤的工作也叫进占。戗堤填筑到一定程度，把河床束窄，形成流速较大的龙口。封端龙口的工作称为合龙。合龙开始之前，为了防止龙口河床或戗堤端部被冲毁，必须对龙口采取防冲加固措施。合龙以后，龙口部位的戗堤虽已高出水面，但堤身仍然漏水，因此须在其迎水面布置防渗设施。在戗堤全线布置防渗设施的工作叫作闭气。最后按设计要求的尺寸将戗堤加高加厚。所以，整个截流过程包括戗堤的进占、龙口范围的加固、合龙、闭气和培高加厚等五项工作。

（一）截流的基本方法

1. 平堵截流

沿戗堤轴线的龙口架设浮桥或固定式栈桥，或利用缆机等其他跨河设备，并沿龙口全线均匀抛筑戗堤（抛投料形成的堆筑体），逐渐上升，直至截断水流，戗堤露出水面。平堵截流方式的水力条件好，但准备工作量大，造价高。

2. 立堵截流

由龙口一端向另一端，或由龙口两端向中间抛投截流材料，逐步进占，直至合龙的截流方式。立堵截流方式无须架设桥梁，准备工作量小，截流前一般不影响通航，抛投技术灵活，造价较低。但龙口束窄后，水流流速分布不均匀，水力条件较平堵差。立堵截流截流量最大的是我国长江三峡水利枢纽，其实测指标：流量11600~8480m^3/s，最大流速4.22m/s；抛投的一部分岩块最大质量10t；最大抛投强度19.4万m^3/d。

3. 平立堵截流

平堵与立堵截流相结合、先平堵后立堵的截流方式。这种方式主要是指先用平堵抛石方式保护河床深厚覆盖层，或在深水河流中先抛石垫高河床以减小水深，再用立堵方式合龙完成截流任务。青铜峡水电站原河床砂砾覆盖层厚6~8m，截流施工中，采取平抛块石护底后，立堵合龙。三峡水利枢纽截流时，最大水深达50m，用平抛块石垫高河深近40m后立堵截流成功。

4. 立平堵截流

立堵截流与平堵截流结合、先立堵后平堵的截流方式。这种截流方式先在未设截流栈桥的龙口段用立堵进占，达到预定部位后，再采用平堵截流方式完成合龙任务。其优点是，可以缩短截流桥的长度，节约造价；将截流过程中最困难区段，由水力条件相对优越一些的平堵截流来完成，比单独采用立堵法截流的难度要小一些。多瑙河上捷尔达普高坝和铁门水电站采用立平堵方式截流，戗堤全长2495m，其中立堵进占1495m，其余1000m在栈桥上抛投截流材料，平堵截流。

（二）截流日期、截流设计流量及截流材料

1. 截流日期与截流设计流量

选择截流日期，既要把握截流时机，选择最枯流量进行截流，又要为后续的基坑工作和主体建筑物施工留有余地，不致影响整个工程的施工进度。

在确定截流日期时，应当考虑下述条件。

第一，截流以后，需要继续加高围堰，完成排水、清基、基础处理等大量基坑工作，并应把围堰或永久建筑物在汛期前抢修到拦洪高程以上。为了保证这些工作的完成，

截流日期应尽量提前。

第二，在通航的河流上进行截流，截流日期最好选择在对通航影响最小的时期内。因为截流过程中，航运必须停止，即使船闸已经修好，但因截流时水位变化较大，须暂停航运。

第三，在北方有冰凌的河流上，截流不应在流冰期进行。因为冰凌很容易堵塞河床或导流泄水建筑物，壅高上游水位，给截流带来极大的困难。

此外，在截流开始前，应修好导流泄水建筑物，并做好过水准备，如消除影响泄水建筑物正常运行的围堰或其他设施，开挖引水渠，完成截流所需的一切材料、设备、交通道路的准备等。

因此，截流日期一般多选在枯水期流量已有显著下降的时段，而不一定选在流量最小的时刻。然而，在截流设计时，根据历史水文资料确定的枯水期和截流流量与截流时的实际水文条件往往有一定出入，必须在实际施工中，根据当时的水文气象预报及实际水情分析进行修正，最后确定截流日期。龙口合龙所需的时间往往是很短的，一般从数小时到几天。为了估计在此时段内可能会出现的水情，以便制定应对策略，须选择合理的截流设计流量。一般可按工程的重要程度选用截流时期内5%~10%频率的旬或月平均流量。如果水文资料不足，可用短期的水文观测资料或根据条件类似的工程来选择截流设计流量。无论用什么方法确定截流设计流量，都必须根据当时实际情况和水文气象预报加以修正，按修正后的流量作为指导截流施工的依据，并做好截流的各项准备工作。

2.龙口位置与宽度

龙口位置的选择对截流工作的顺利进行有重要影响。在选择龙口位置时，需要考虑以下技术要求。

第一，一般说来，龙口应设置在河床主流部位，龙口水流力求与主流平顺一致，以使截流过程中河水能顺畅地经龙口下泄。但有时也可以将龙口设置在河滩上，此时，为了使截流时的水流平顺，根据流量大小，应在龙口上、下游沿河流流向开挖引渠。龙口设在河滩上时一些准备工作就不必在深水中进行。这对确保施工进度和施工质量均有益处。

第二，龙口应选择在耐冲河床上，以免截流时因流速增大，引起过分冲刷。如果龙口段河床覆盖层较薄时，则应予以清除。

第三，龙口附近应有较宽阔的场地，以便合理规划并布置截流运输路线及制作、堆放截流材料的场地。

龙口宽度原则上应尽可能窄一些，这样合龙的工程量会较小，截流持续时间也短一些，但以不引起龙口及其下游河床的冲刷为限。为了提高龙口的抗冲能力，减少合龙的工程量，须对龙口加以保护。龙口的防护包括护底和裹头。护底一般采用抛石、沉排、竹笼、柴石枕等。裹头就是用石块、块石铁丝笼、黏土麻袋包或草包、竹笼、柴石枕等把戗堤的端部保护起来，以防被水流冲坍。裹头多用于平堵堤头两端或立堵进占端对面的戗堤。龙口宽度及其防护措施，可根据相应的流量及龙口的抗冲流速来确定。在通航河道上，当截流准备期通航设施尚不能投入运用时，船只仍需在拟截流的龙口通过，这时龙口宽度便不能太窄，流速也不能太大，以免影响航运。

3.截流材料

截流材料的选择主要取决于截流时可能发生的流速及工地所用开挖、起重、运输等机械设备的能力，一般应尽可能就地取材。在黄河上，长期以来使用梢料、麻袋、草包、石料、土料等作为堤防溃口的截流堵口材料；在南方，如四川都江堰，则常用卵石竹笼、砾石和相磋等作为截流堵河分流的主要材料。国内外大河流截流的实践证明，块石是截流的基本材料。此外，当截流水力条件较差时，还须使用混凝土六面体、四面体、四脚体及钢筋混凝土构架等。

四、施工度汛

保护跨年度施工的水利工程，在施工期间安全度过汛期而不遭受洪水损害的措施称为施工度汛。施工度汛，须根据已确定的当年度汛洪水标准，制定度汛规划及技术措施。

（一）施工度汛阶段

水利枢纽在整个施工期间都存在度汛问题，一般分为3个施工度汛阶段：①基坑在围堰保护下进行抽水、开挖、地基处理及坝体修筑，汛期完全靠围堰挡水，叫作围堰挡水的初期导流度汛阶段；②随着坝体修筑高度的增加，坝体高于围堰，从坝体可以挡水到临时导流泄水建筑物封堵这一时段，叫作大坝挡水的中期导流度汛阶段；③从临时导流泄水建筑物封堵到水利枢纽基本建成，永久建筑物具备设计泄洪能力，工程开始发挥效益这一时段，叫作施工蓄水期的后期导流度汛阶段。施工度汛阶段的划分与前面提到的施工导流阶段是完全吻合的。

（二）施工度汛标准

不同的施工度汛阶段有不同的施工度汛标准。根据水文特征、流量过程线特征、围堰类型、永久性建筑物级别、不同施工阶段库容、失事后果及影响等制定施工度汛标准。特别重要的城市或下游有重要工矿企业、交通设施及城镇时，施工度汛标准可适当提高。由于导流泄水建筑物泄洪能力远不及原河道的泄流能力，当汛期洪水大于建筑物泄洪能力时，必有一部分水量经过水库调节，虽然使下泄流量得到削减，但却抬高了坝体上游水位。确定坝体挡水或拦洪高程时，要根据规定的拦洪标准，通过调洪演算，求得相应最大下泄量及水库最高水位再加上安全超高，便得到当年坝体拦洪高程。

（三）围堰及坝体挡水度汛

由于土石围堰或土石坝一般不允许堰（坝）体过水，因此这类建筑物是施工度汛研究的重点和难点。

1.围堰挡水度汛

截流后，应严格掌握施工进度，保证围堰在汛前达到拦洪度汛高程。若因围堰土石方量太大，汛前难以达到度汛要求的高程，则需要采取临时度汛措施，如设计临时挡水度汛断面，并满足安全超高、稳定、防渗及顶部宽度能适应抢险围堰等要求。临时断面的边坡必要时应做适当防护，避免坡面受地表径流冲刷。在堆石围堰中，则可用大块石、钢筋笼、混凝土盖面、喷射混凝土层、顶面和坡面钢筋网以及伸入堰体内水平钢筋系统等加固保护措施过水。若围堰是以后挡水坝体的一部分，则其度汛标准应参照永久建筑物施工过程中的度汛标准，其施工质量应满足坝体填筑质量的要求。长江三峡水利枢纽二期上游横向围堰，深槽处填筑水深达60m，最大堰高82.5m，上下游围堰土石填筑总量达1060万m^3，混凝土防渗墙面积达9.2万m^2（深槽处设双排防渗墙），要求在截流后的第一个汛期前全部达到度汛高程有困难，便在围堰上游部位设置临时子堰度汛，并在它的保护下施工第二道混凝土防渗墙。

2.坝体挡水度汛

水利水电枢纽施工过程中，中、后期的施工导流，往往需要由坝体挡水或拦洪。例如，在主体工程为混凝土坝的枢纽中，若采用两段两期围堰法导流，在第二期围堰放弃时，未完建的混凝土建筑物，就不仅要担负宣泄导流设计流量的任务，而且还要起一定的挡水作用。又如，主体工程为土坝或堆石坝的枢纽，若采用全段围堰隧洞或明渠导流，则在河床断流以后，常常要求在汛期到来以前，将坝体填筑到拦洪高程，以保证坝身能安全度汛。此时由于主体建筑物已开始投入运用，水库已拦蓄一定水量，此时的导流标准与临时建筑物挡水时应有所不同。一般坝体挡水或拦洪时的导流标准，视坝型和拦洪库容的大小而定。

度汛措施一般根据所采用的导流方式、坝体能否溢流及施工强度而定。

当采用全段围堰时，对土石坝采用围堰拦洪，围堰必定很宽而不经济，故应将上游围堰作为坝体的一部分。如果采用坝体拦洪而施工强度太大，则可采用度汛临时断面进行施工。如果采用度汛临时断面仍不能在汛前达到拦洪高程，则需降低溢洪道底槛高程，或开挖临时溢洪道，或增设泄洪隧洞等以降低拦洪水位，也可以将坝基处理和坝体填筑分别在两个枯水期内完成。

对允许溢流的混凝土坝或浆砌石坝，则可采用过水围堰，允许汛期过水而暂停施工也可在坝体中预留底孔或缺口，坝体的其余部分在汛前修筑到拦洪高程以上，以便汛期继续施工。

当采用分段围堰时，汛期一般仍由原束窄河床泄洪。由于泄流段一般有相当的宽度，因而洪水水位较低，可以用围堰拦洪。如果洪水位较高，难以用围堰拦洪时，对于非溢流坝，施工段坝体应在汛前修筑到洪水位以上，并采取好防洪保护措施。对能溢流的坝，则允许坝体过水，或在施工段坝体预留底孔或缺口，以便汛期继续施工。

3.临时断面挡水度汛应注意的问题

土坝、堆石坝一般是不允许过水的。若坝身在汛期前不可能填筑到拦洪高程，可以考虑采用降低溢洪道高程、设置临时溢洪道并用临时断面挡水，或经过论证采用临时坝顶保护过水等措施。

采用临时断面挡水时，应注意以下几点。

第一，在拦洪高程以上顶部应有足够的宽度，以便在紧急情况下，仍有余地抢筑子堰，确保安全。

第二，临时断面的边坡应保证稳定。其安全系数一般应不低于正常设计标准。为防止施工期间由于暴雨冲刷和其他原因而坍坡，必要时应采取简单的防护措施和排水措施。

第三，斜墙坝或心墙坝的防渗体一般不允许采用临时断面，以保证防渗体的整体性。

第四，上游垫层和块石护坡应按设计要求筑到拦洪高程，如果不能达到要求，则应考虑采用临时的防护措施。

为满足临时断面的安全要求，在基础治理完毕后，下游坝体部位应按全断面填筑几米后再收坡，必要时应结合设计的反滤排水设施统一安排考虑。

采用临时坝面过水时，应注意以下几点。

第一，过水坝面下游边坡的稳定是一个关键，应加强保护或做成专门的溢流堰，例如，利用反滤体加固后作为过水坝面溢流堰体等，并应注意堰体下游的防冲保护。

第二，靠近岸边的溢流体堰顶高程应适当抬高，以减小坝面单宽流量，减轻水流对岸坡的冲刷。

第三，为了避免过水坝面的冲淤，坝面高程一般应低于溢流罐体顶0.5~2.0m或修筑成反坡式坝面。

第四，根据坝面过流条件合理选择坝面保护型式，防止淤积物渗入坝体，特别应注意防渗体、反滤层等的保护。

第五，必要时上游设置拦污设施，防止漂木、杂物等淤积坝面，撞击下游边坡。

五、蓄水计划与封堵技术

在施工后期，当坝体已修筑到拦洪高程以上，能够发挥挡水作用时，其他工程项目如混凝土坝已完成了基础灌浆和坝体纵缝灌浆，库区清理、水库坍岸和渗漏处理已经完成，建筑物质量和闸门设施等也均经检验合格。这时，整个工程就进入了完建期。根据发电、灌溉及航运等国民经济各部门所提出的综合要求，应确定竣工运用日期，有计划地进行导流用临时泄水建筑物的封堵和水库的蓄水工作。

1.蓄水计划

水库的蓄水与导流用临时泄水建筑物的封堵有密切关系，只有将导流用临时泄水建筑物封堵后，才有可能进行水库蓄水。因此，必须制定一个积极可靠的蓄水计划，既能保证发电、灌溉及航运等国民经济各部门所提出的要求，如期发挥工程效益，又要力争在比较有利的条件下封堵导流用的临时泄水建筑物，使封堵工作得以顺利进行。

水库蓄水解决两个问题，第一是制定蓄水历时计划，并据此确定水库开始蓄水的日期，即导流用临时泄水建筑物的封堵日期。水库蓄水一般按保证率为75%~85%的月平均流量过程线来制定。可以从发电、灌溉及航运等国民经济各部门所提出的运用期限和水位的要求，反推出水库开始蓄水的日期。具体做法是根据各月的来水量减去下游要求的供水量，得出各月份留蓄在水库的水量，将这些水量依次累计，对照水库容积与水位关系曲线，就可绘制水库蓄水高程与历时关系曲线。第二是校核库水位上升过程中大坝施工的安全性，并据此拟订大坝浇筑的控制性进度计划和坝体纵缝灌浆进程。大坝施工安全的校核洪水标准，通常选用20年一遇的月平均流量。核算时，以导流用临时泄水建筑物的封堵日期为起点，按选定的洪水标准的月平均流量过程线，用顺推法绘制水库蓄水过程线。

蓄水计划是施工后期进行施工导流、安排施工进度的主要依据。

2.封堵技术

导流用临时泄水建筑物封堵下闸的设计流量，应根据河流水文特征及封堵条件，选用封堵期5~10年一遇的月或旬平均流量。封堵工程施工阶段的导流标准，可根据工程的重要性、失事后果等因素在该时段5%~20%重现期范围内选取。

导流用的泄水建筑物，如隧洞、涵管及底孔等，若不与永久建筑物相结合，在蓄水时都要进行封堵。由于具体工程施工条件和技术特点不同，封堵方法也多种多样。过去多采用金属闸门或钢筋混凝土叠梁：金属闸门耗费钢材；钢筋混凝土叠梁比较笨重，大都需用大型起重运输设备，而且还需要一些预埋件，这对争取迅速完成封堵工作不利。近年来，有些工程中也采用了一些简易可行的封堵方法，如利用定向爆破技术快速修筑拟封堵建筑物进口围堰，再浇筑混凝土封堵；或现场浇筑钢筋混凝土闸门；或现场预制钢筋混凝土闸门，再起吊下放封堵等。

第五节　施工现场排水

一、大面积场地及坡面坡度不大时

第一，在场地平整时，按向低洼地带或可泄水地带平整成缓坡，以便排出地表水。

第二，场地四周设排水沟，分段设渗水井，以防止场地积水。

二、大面积场地及地面坡度较大时

在场地四周设置主排水沟，并在场地范围内设置纵横向排水支沟，也可在下游设集水井，用水泵排出。

三、大面积场地地面遇有山坡地段时

应在山坡底脚处挖截水沟，使地表水流入截水沟内排出场地外。

四、施工现场排水具体措施

第一，施工现场应按标准实现现场硬化处理。

第二，根据施工总平面图、规划和设计排水方案及设施，利用自然地形确定排水方向，按规定坡度挖好排水沟。

第三，设置连续、通畅的排水设施和其他应急设施，防止泥浆、污水、废水外流或堵塞下水道和排水河沟。

第四，若施工现场邻近高地，应在高地的边缘（现场上侧）挖好截水沟，防止洪水冲入现场。

第五，汛期前做好傍山施工现场边缘的危石处理，防止滑坡、塌方威胁工地。

第六，雨期指定专人负责，及时疏浚排水系统，确保施工现场排水畅通。

第六节　施工排水安全防护

一、施工导流

（一）围堰

第一，在施工作业前，对施工人员与作业人员进行安全技术交底，每班召开班前五分钟和危险预知活动，让作业人员明了施工作业程序和施工过程存在的危险因素，作业人员在施工过程中，设置专人进行监护，督促工作人员按要求正确佩戴劳动防护用品，杜绝不规范工作行为的发生。

第二，施工作业前，要求对作业人员进行检查，当天身体状态不佳人员以及个人穿戴不规范（未按正确方式佩戴必需的劳保用品）的人员，不得进行作业；对高处作业人员定期进行健康检查，对患有不适宜高处作业的病人不准进行高处作业。

第三，杜绝非专业电工私拉乱扯电线，施工前要认真检查用电线路，发现问题时要由专业电工及时处理。

第四，施工设备、车辆由专人驾驶，且从事机械驾驶的操作工人必须进行严格培训，经考核合格后方可持证上岗。

第五，施工人员必须熟知本工种的安全操作规程，进入施工现场，必须正确使用个人防护用品，严格遵守"三必须""五不准"，严格执行安全防范措施，不违章操作，不违章指挥，不违反劳动纪律。

第六，机械在危险地段作业时，必须设明显的安全警告标志，并应设专人站在操作人员能看清的地方指挥。驾机人员只能接受指挥人员发出的规定信号。

第七，配合机械作业的清底、平地、修坡等辅助工作应与机械作业交替进行。机上、机下人员必须密切配合，协同作业。当必须在机械作业范围内同时进行辅助工作时，应在机械运停止转后，辅助人员方可进入。

第八，施工中遇有土体不稳、发生坍塌、水位暴涨、山洪暴发或在爆破警戒区内听到爆破信号时，应立即停工，人机撤至安全地点。当工作场地发生交通堵塞，地面出现陷车（机），机械运行道路发生打滑，防护设施毁坏失效，或工作面不足以保证安全作业时，亦应暂停施工，待恢复正常后方可继续施工。

（二）截流

第一，截流过程中的抛填材料开采、加工、堆放和运输等土建作业安全应符合现行《水利水电工程劳动安全与工业卫生设计规范》（GB 50706—2011）、《水电水利工程施工通用安全技术规程》（DL/T 5370—2017）、《水电水利工程土建施工安全技术规程》（DL/T 5371—2017）、《水电水利工程金属结构与机电设备安装安全技术规程》（DL/T 5372—2017）的有关规定。施工作业人员安全应符合《水电水利工程施工作业人员安全技术操作规程》（DL/T 5373-2017）的有关规定。

第二，在截流施工现场，应划出重点安全区域，并设专人警戒。

第三，截流期间，应在工作区域内进行交通管制。

第四，施工车辆与戗堤边缘的安全距离不应小于2.0m。

第五，施工车辆应进行编号。现场施工作业人员应佩戴安全标志，并穿戴救生衣。

（三）度汛

根据《水利水电工程施工安全管理导则》（SL 721—2015）第7.5条规定。

第一，项目法人应根据工程情况和工程度汛需要，组织制定工程度汛方案和超标准洪水应急预案，报有管辖权的防汛指挥机构批准或备案。

第二，度汛方案应包括防汛度汛指挥机构设置，度汛工程形象，汛期施工情况，防汛度汛工作重点，人员、设备、物资准备和安全度汛措施，以及雨情、水情、汛情的获取方式和通信保障方式等内容。防汛度汛指挥机构应由项目法人、监理单位、施工单位、设计单位主要负责人组成。

第三，超标准洪水应急预案应包括超标准洪水可能导致的险情预测、应急抢险指挥机构设置、应急抢险措施应急队伍准备及应急演练等内容。

第四，项目法人应和有关参建单位签订安全度汛目标责任书，明确各参建单位防汛度汛责任。

第五，施工单位应根据批准的度汛方案和超标准洪水应急预案，制定防汛度汛及抢险措施，报项目法人批准，并按批准的措施落实防汛抢险队伍和防汛器材、设备等物资准备工作，做好汛期值班，保证汛情、工情、险情信息渠道畅通。

第六，项目法人在汛前应组织有关参建单位，对生活、办公、施工区域进行全面检查，对围堰、子堤、人员聚集区等重点防洪度汛部位和有可能诱发山体滑坡、垮塌和泥石流等灾害的区域、施工作业点进行安全评估，制定和落实防范措施。

第七，项目法人应建立汛期值班和检查制度，建立接收和发布气象信息的工作机制，保证汛情、工情、险情信息渠道畅通。

第八，项目法人每年应至少组织一次防汛应急演练。

第九，施工单位应落实汛期值班制度，开展防洪度汛专项安全检查，及时整改发现的问题。

（四）蓄水

《水利水电工程施工安全防护设施技术规范》（SL 714—2015）规定蓄水池的布设应符合以下要求：①基础稳固。②墙体牢固，不漏水。③有良好的排污清理设施。④在寒冷地区应有防冻措施。⑤水池上有人行通道并设安全防护装置。⑥生活专用水池须加设防污染顶盖。

二、施工现场排水

第一，施工区域排水系统应进行规划设计，并应按照工程规模、排水时段，以及工程所在地的气象、地形、地质、降水量等情况，确定相应的设计标准，作为施工排水规划设计的基本依据。

第二，应考虑施工场地的排水量、外界的渗水量和降水量，配备相应的排水设施和备用设备。施工排水系统的设备、设施等安装完成后，应分别按相关规定逐一进行检查验收，合格后方可投入使用。

第三，排水系统设备供电应有独立的动力电源（尤其是洞内排水），必要时应有备用电源。

第四，排水系统的电气、机械设备应定期进行检查、维护、保养。排水沟、集水井等设施应经常进行清淤与维护，排水系统应保持畅通。

第五，在现场周围地段应修设临时或永久性排水沟、防洪沟或挡水堤，山坡地段应在坡顶或坡脚设环形防洪沟或截水沟，以拦截附近坡面的雨水、浅水，防止排入施工区域内。

第六，现场内外原有自然排水系统尽可能保留或适当加以整修、疏导、改造或根据需要增设少量排水沟，以利排泄现场积水、雨水和地表滞水。

第七，在有条件时，尽可能利用正式工程排水系统为施工服务，先修建正式工程主干排水设施和管网，以方便排除地面滞水和地表滞水。

第八，现场道路应在两侧设排水沟，支道两侧应设小排水沟，沟底坡度一般为2%~8%，保持场地排水和道路畅通。

第九，土方开挖应在地表流水的上游一侧设排水沟、散水沟和截水挡土堤，将地表滞水截住；在低洼地段挖基坑时，可利用挖出之土沿四周或迎水一侧、二侧筑0.5~0.8m高的土堤截水。

第十，大面积地表水，可采取在施工范围区段内挖深排水沟，工程范围内再设纵横排水支沟，将水流流干，再在低洼地段设集水、排水设施，将水排走。

第十一，在可能滑坡的地段，应在该地段外设置多道环形截水沟，以拦截附近的地表水，修设和疏通坡脚的原排水沟，疏导地表水，处理好该区域内的生活和工程用水，阻止渗入该地段。

第十二，湿陷性黄土地区，现场应设有临时或永久性的排洪防水设施，以防基坑受水浸泡，造成地基下陷。施工用水、废水应设有临时排水管道；贮水构筑物、灰地、防洪沟、排水沟等应有防止漏水措施，并与建筑物保持一定的安全距离。安全距离：一般在非自重湿陷性黄土地区应不小于12m，在自重湿陷性黄土地区不小于20m，对自重湿陷性黄土地区在25m以内不应设有集水井。材料设备的堆放，不得阻碍雨水排泄。需要浇水的建筑材料，宜堆放在距基坑5m以外，并严防水流入基坑内。

三、基坑排水

（一）排水注意事项

①雨季施工中，地面水不得渗漏和流入基坑，遇大雨或暴雨时及时将基坑内积水排除。②基坑在开挖过程中，沿基坑壁四周做临时排水沟和集水坑，将水泵置于集水坑内抽水。③尽量减少晾槽时间，开挖和基础施工工序紧密连接。④遇到降雨天气，基坑两侧边坡用塑料布铺盖，防止雨水冲刷。⑤鉴于地表积水，同时施工过程中也可能出现地表的严重积水，因此，进场后根据现场地形修筑挡水设施，修建排水系统确保排水渠道畅通。

（二）开挖排水沟、集水管施工过程中的几点注意事项

1.水利工程整体优先

排水沟和集水管的设计不宜干扰水利工程的整体施工，一定要有坡度，以便集水，水沟的宽度和深度均要与排水量相适应，出于排水的考虑，基坑的开挖范围应当适当扩大。

2.水泵安排有讲究

水利工程建成后，要根据抽水的数据结果来选择适当的排水泵，一味地大泵并不一定都好，因为其抽出水量超过其正常的排出水量，其流速过大会抽出大量砂石。并且管壁之间要有过滤器，在管井正常抽水时，其水位不能超过第一个取水含水层的过滤器，以免过滤管的缠丝因氧化、损坏而导致涌沙。

3.防备特殊情况，以备不时之需

为防止基坑排水任务重，排水要求高，必须准备一些备用的水泵和动力设备，以便在发生突发地质灾害如暴雨或机器故障时能立即补救。有条件的地区还可以采用电力发动水

泵，但是供电要及时，还要保证特殊情况发生时，机器设备都能及时撤出，以免损失扩大。

因此，基坑排水工作的科学方案能保证一个水利工程的稳固，并为其施工提供良好的基础条件，妥善处理好基坑的排水问题，可谓之解决水之源、木之本的根基问题。排水系统的科学设计，能够保证地基不受破坏，也能增强地基的承载能力，从长远意义上讲，更可以减少水利工程的整体开支，如果基坑排水问题处理不当，会给水利工程的运行带来巨大的安全隐患，增加了将来对水利工程的维护成本，也降低了水利工程的质量。

第七节 施工排水人员安全操作

第一，水泵作业人员应经过专业培训，并经考试合格后方可上岗操作。

第二，安装水泵以前，应仔细检查水泵，水管内应无杂物。

第三，吸水管管口应用莲蓬头，在有杂草与污泥的情况下，应外加护罩滤网。

第四，安装水泵前应估计可能的最低水位，水泵吸水高度不超过6m。

第五，安装水泵宜在平整的场地，不得直接在水中作业。

第六，安装好的水泵应用绳索固定拖放或用其他机械放至指定吸水点，不宜由人直接下水搬运。

第七，开机前的检查准备工作：①检查原动机运转方向与水泵符合。②检查轴承中的润滑油油量、油位、油质应符合规定，如油色发黑，应换新油。③打开吸水管阀门，检查填料压盖的松紧应合适。④检查水泵转向应正确。⑤检查联轴器的同心度和间隙，用手转动皮带轮和联轴器，其转动应灵活无杂声。⑥检查水泵及电动机周围应无杂物妨碍运转。⑦检查电气设备应正常。

第八，正常运行应遵守下列规定：①运转人员应戴好绝缘手套、穿绝缘鞋才能操作电气开关。②开机后，应立即打开出水阀门，并注意观察各种仪表情况，直至达到需要的流量。③运转中应做到四勤：勤看（看电流表、电压表、真空表、水压表等）、勤听、勤检查、勤保养。④经常检查水泵填料处不得有异常发热、滴水现象。⑤经常检查轴承和电动机外壳温升应正常。⑥在运转中如水泵各部有漏水、漏气、出水不正常、盘根和轴承发热，以及发现声音、温度、流量等不正常时，应立即停机检查。

第九，停机应遵守下列规定：①停机前应先关闭出水阀门，再行停机。②切断电源，将闸箱上锁，把吸水阀打开，使水泵和水箱的存水放出，然后把机械表面的水、油渍擦干净。③在运行中突然造成停机，应立即关闭水阀和切断电源，找出原因并处理后方可开机。

第四章 土石坝工程试验与检测

第一节 土石坝工程建筑原材料性能试验

一、天然建筑材料

根据料场规划，由设计单位与勘测单位共同对天然建筑材料进行勘察，以查明天然建筑材料的储量和质量，为工程设计提供基本依据。

（一）分类

天然建筑材料主要包括土料与石料，而土料分为心（斜）墙坝防渗土料和均质坝土料；石料则分为心（斜）墙坝坝壳填筑用砂砾料、反滤层料和面板堆石坝用料（其又分为垫层料、过渡料与堆石料）。

（二）性能及试验

1.心（斜）墙坝防渗体土料性能及试验

防渗体土料一般指的是粗颗粒含量较少的黏性土，要求土料具有较小的渗透系数、较低的压缩系数、较高的抗剪强度以及对不均匀变形有较强的适应能力。肥黏土、高胀缩性土、干硬黏土、分散性黏土及冻土等黏性土料不宜作为防渗料，而广泛分布于北方的黄土、南方的红土及冰炭土等特殊性黏土，经论证可以作为防渗料进行填筑。

（1）颗粒级配试验。通过颗粒级配试验可以求得如下基本参数：
①小于0.005mm黏粒含量或小于0.002mm胶粒含量；
②不均匀系数C_u；
③曲率系数C_c。
试验结果的黏粒含量应满足15%~40%和良好级配：$C_u \geqslant 5$，$C_c=1~3$的要求。

（2）界限含水率试验。用液、塑限联合测定仪或老式的圆锥仪法和搓滚法对小于

0.5mm的土进行界限含水率试验,可得出土料的塑性指数为I_p。塑性指数越大,土的性质越趋于细粒土的特性。防渗料塑性指数要求在10~20。

(3)渗透试验。渗透系数是防渗体材料最主要的工程指标,要求碾压后防渗料的渗透系数小于$1×10^{-4}$cm/s。

(4)击实试验。通过击实试验,可以测定土的密度和含水率的关系,从而确定土的最大干密度ρ_{dmax}与相应的最优含水率ω_{op}(%)。防渗料的最大干密度和最优含水率直接关系到填筑标准,根据料场、碾压机械及施工强度等因素,在确定填筑标准的基础上,可以进一步确定填筑的施工参数。

(5)含水率试验。这里的含水率试验指的是对料场防渗料按季节、时间进行含水率测试,在相应的时间确定料场防渗料填筑施工时所需要采取的含水率控制措施,以使防渗土料含水量接近最优含水率。

2.均质坝土料试验

(1)颗粒分析试验。测定料场土料的黏粒含量是否在要求的10%~30%,级配是否良好,判定方法同前,大于5mm的粗粒料宜小于60%。

(2)界限含水率试验。均质坝土料的塑性指数要求在7~17。

(3)渗透试验。要求渗透系数小于$1×10^{-3}$cm/s。

(4)击实试验。确定最大干密度和最优含水率,以此确定均质土坝施工时土料的填筑标准。

(5)含水率试验。通过对天然料场天然含水率的测试,确定料场含水率的控制措施,使上坝前的土料含水率接近塑限含水率或最优含水率。

3.心(斜)墙坝坝壳填筑用砂砾料试验

(1)颗粒分析试验。要求级配良好,5mm相当于3/4填筑层厚度的颗粒在20%~80%,而小于0.075mm的含泥量应小于10%。

(2)密度试验。采用振动压实法测定紧密密度,试料最大粒径为60mm的替代级配料或相似级配料,测得的紧密密度应大于2g/cm³。

(3)剪切试验。可以通过对最大粒径为60mm的替代或相似试料进行直接剪切试验或三轴剪切试验,测定坝壳砂砾料的内摩擦角,要求不得小于30%。

(4)渗透试验。渗透系数在坝壳料碾压后不得小于$1×10^{-3}$cm/s,并大于防渗体渗透系数50倍以上。坝壳料的渗透试验还包括渗透变形试验,以采取预防措施,在坝下游水流出逸段免遭流蚀、管涌等渗透变形破坏。

4.反滤层用料、面板堆石坝垫层料和过渡料合格及试验

反滤层用料、面板堆石坝垫层料和过渡料的试验项目:颗粒级配试验及渗透试验,其试验结果需满足相应的质量技术要求。

5.面板堆石坝堆石料性能及试验

面板堆石坝对堆石料的要求较高，要求堆石料在填筑后应具有低压缩性、高抗剪强度、抗风化等特点，一般采取在母岩为硬岩的山石料场进行爆破开采。试验项目除前述的颗粒分析试验、固结压缩试验、抗剪强度试验外，还需要做以下试验。

（1）堆石料爆破试验。爆破试验应编制试验大纲，试验内容包括爆破材料性能试验、爆破参数试验、爆破破坏范围试验及爆破地震效应试验。根据山岩的极限抗压强度，确定单位炮孔长度的装药量和炮孔间距等爆破参数，并观测破坏范围和地震效应。

通过试验，可以确定爆破方法，如预裂爆破、光面爆破、梯段爆破等，并确定爆破施工参数。如炮孔间距、装药量、最小抵抗线等，使得爆破石渣的块度和爆堆适合挖掘机械作业，并满足面板堆石坝堆石料的块度和级配的技术要求。同时，还应注意爆破对紧邻爆区岩体的破坏范围应尽量小，且爆区底部炮孔少，地震效应和空气冲击波（或噪声）也应小，注意爆破飞石。

（2）堆石的抗压强度试验。通过岩石的抗压强度试验，求出面板堆石坝堆石料的母岩的抗压强度和软化系数，判定其是否为硬岩，一般要求饱和单轴抗压强度大于30MPa。

二、人工材料

（一）钢筋混凝土面板原材料技术要求

1.钢筋质量技术要求

钢筋的质量技术指标包括抗拉强度、冷弯角度、规格、形状、外观质量等，均应符合设计要求和有关标准的规定。

2.水泥质量技术要求

面板混凝土宜采用52.5硅酸盐水泥或普通硅酸盐水泥，水泥的标号等性能指标必须符合现行国家有关标准的规定。

3.砂石骨料质量技术要求

面板混凝土应采用二级配砂石骨料。用于面板的砂石料吸水率不应大于3%，含泥量不应大于2%，细度模数宜在2.4~2.8的范围内；石料的吸水率不应大于2%，含泥量不应大于1%。其他性能指标也应符合有关标准的规定。

4.粉煤灰技术要求

面板混凝土中宜掺粉煤灰或其他优质掺合料。粉煤灰质量等级不宜低于Ⅱ级，质量应符合《水工混凝土掺用粉煤灰技术规范》（DL/T 5055—2007）的要求。

5.外加剂

面板混凝土应掺用引气剂和减水剂，根据需要，也可掺用调节混凝土凝结时间的其他种类外加剂，外加剂和掺合料的种类及掺量可通过试验确定。

6.混凝土的质量要求

通过试验，确定混凝土拌和的配合比，并测定混凝土凝结后的各项指标。面板混凝土应具有较高的耐久性、抗渗压、抗裂性和施工和易性，强度等级不低于C25，抗渗等级不低于W8。面板混凝土的水灰比，温和地区不应大于0.50，寒冷和严寒地区不应大于0.45，溜槽入口处的坍落度宜为3~7cm，混凝土的含气量应控制在4%~6%。

（二）接缝止水材料性能技术要求

混凝：土面板接缝止水材料应具有足够的强度和耐久性，能与混凝土良好地结合，便于加工和安装，其性能应符合国家或行业标准的规定和设计要求。

通常用的止水材料有铜止水片、PVC止水带、橡胶止水带、柔性填料、无黏性填料和安装止水材料的一些辅助材料。

（1）铜止水片应选用延伸率较大的铜卷材，延伸率不小于20%，厚度宜为0.8~1.0mm，其化学成分和物理力学性能应符合国家标准有关规定。

（2）PVC止水带应满足：拉伸强度大于14MPa，断裂伸长率大于300%，邵尔硬度大于65°，脆性温度小于-37.2℃。PVC止水带不宜用于严寒地区。一般厚度为6~8mm，宽度为250~370mm。

（3）橡胶止水带应符合国家有关标准，其性能应满足规定。

（4）柔性填料应具有便于施工、易与混凝土黏结和耐化学侵蚀性能，并在水压力作用下易压入缝内。无毒，不污染环境。

（5）无黏性填料和安装止水材料的一些辅助材料宜采用粉煤灰、粉细砂，其最大粒径不大于1mm，渗透系数至少应比周边缝底部反滤料的渗透系数小一个数量级。

三、土石坝材料现场试验

土石坝材料现场试验是指料场开采试验、筑坝材料有关特性调整试验、现场土石料铺筑压实试验等。料场的材料是否值得开采，要经过技术经济论证，在论证中除料场地形、地质、水文、气象、储量及质量等客观条件外，施工设备和施工工艺选择主要取决于现场试验。

（一）料场开采试验

料场的材料是否值得开采，要经过技术经济论证，在论证中除料场地形、地质、水文、气象、储量及质量等客观条件外，施工设备和施工工艺选择主要取决于现场试验。

（1）土料。根据料场大小、料层厚薄、可开采量和土料的天然含水量，在料场进行不同施工设备和施工工艺的开采试验,确定平面开采的分层取土厚度或立面开采工作面高度。砂砾料,除在料场选择施工设备、开采及筛选工艺外,还包括将水下开采转变成水上开采和动水开采转变成静水开采的施工工艺试验,减少细粒料流失量和天然级配的筛分试验。

(2)石料。在具有代表性料场采用不同爆破方式的爆破试验,包括爆破参数选择及爆破器材性能试验、起爆网络准爆试验、药包或炮孔结构设计参数选择试验。为满足开挖强度要求的梯段高度、台阶宽度、爆堆形状、爆出岩块级配和石块粒径等爆破效果试验,不同爆破方式所产生的爆震波、空气冲击波及个别飞石对附近建筑物和施工活动场所的影响范围测定试验等。

(二)筑坝材料有关特性调整试验

筑坝材料由于受料场地形、地质、水文、气象等影响,各项指标很难同时满足设计和施工要求,常需经过现场施工试验加以调整。

(1)土料。用作防渗体的土料,当天然含水量高于或低于施工含水量上下限值时,都要在料场通过施工试验调整。若天然含水量低于施工含水量的下限值,一般要在料场筑小围堤成畦块灌水,进行料场浸水试验,开始时浸水深度较浅,表土的含水量高,随着浸水时间延长浸湿深度增加,表土的含水量下降,经过一定时段后,土的含水量接近稳定,且多在塑限附近时,可以符合施工要求。若天然含水量高于施工含水量上限值时,通常在料场用农耕机械将表土层开沟、耕松、捣碎、翻晒等施工工艺以降低含水量,使水分自然蒸发达到合格土料标准,有条件时,也可将高含水量土料通过热风进行强制干燥,使之达到合格。当料场土的黏粒含量较高,或在年降雨量较大的潮湿多雨地区施工困难时,可进行人工掺合料试验,在料场将黏土料与干燥粗粒料按试验级配交替分层平铺,然后用挖掘机械立面或斜面开采拌和,掺和均匀,达到设计和施工要求指标。

(2)砂砾料。天然砂砾料要经过筛分,若超径过多或级配中断缺少某一粒径范围料时,常通过试验找出调整措施。加工超径料或石渣补充所缺粒径。

(3)石料。开采的岩块较大时,在料场进行解炮试验(即将大块石再打眼放炮使其改小);利用建筑物开挖的石渣时,做清除石粉、泥团、杂物和调整级配试验等。

(三)土石料铺筑压实试验

坝体填筑前,一般都要进行不同压实设备和施工工艺试验,选择各项施工参数和压实机具。

(1)土石料参数试验。选择有代表性的土石料进行土的击实、剪力、揉搓、振动、压实试验,砂砾料的渗透试验,石料的强度试验等,以核实设计采用的坝料参数是否合理。

（2）施工工艺试验。对各种坝料所选用压实机具的碾重、接触压力、铺料方法、铺料厚度、压实方法、碾压或夯击遍数、含水量控制等施工参数进行对比试验，作为施工单位编制施工措施计划的依据。碾压试验前，根据理论计算、室内试验成果或参照其他工程经验，初步选定几种碾压设备和拟定若干个碾压参数，采用逐渐收敛法反复试验，使所有参与碾压试验的参数都达到最优，然后进行复核，若能满足设计和施工要求，即为所定的压实参数。由于在试验时不可能与现场施工条件完全一致，所得试验的压实标准合格率应稍高于设计要求。

质量控制试验在坝体填筑施工中，按规定随机取样控制坝体压实质量的试验，是保证压实体填筑质量的必要手段。

土料。通常在施工中控制土料的含水量和各种坝料的干容重指标。在料场快速判别土料是否适合上坝，一般根据经验用手试法估测含水量。坝体土料压实干容重是否合格，除用手试法估测外，主要随机取样烘干测定，据以及时校正压实的干容重。一般土的含水量测定有酒精燃烧法、红外线烘干法、电炉烤干法、微波含水量测定仪等。

坝体容重测定，黏性土及砂用体积为200～500立方厘米环刀取样测定；砾质土、砂砾料、反滤料用灌水法或灌砂法测定；堆石体因其空隙大，一般用灌水法测定。

第二节　土石坝工程施工检验

一、心（斜）墙坝施工检验

（一）心（斜）墙防渗料

防渗料土料场应在施工过程中经常检查所取土料的土质情况、土块大小杂质含量和含水率是否符合规范规定和设计要求。其中，含水率的检查和控制尤为重要，因为土料的含水率将直接影响土体的压实效果，故必须对天然的土料进行适当的处理，以改变其含水率来满足压实工作的要求。因此，防渗料的施工检验主要分为干土料的含水率调整检验、湿土料的含水率调整检验及土料填筑压实检验3项检验内容。

1.干土料的含水率调整检验

土料的自然含水率相对试验结果的最优含水率或塑限含水率偏低时，需在土料中加水，以提高其含水率。加水方法一般有施工填筑面加水及料场加水两种，在多数情况下，前者的优点是土料润湿比较均匀，可减轻填筑面工作量。如当土料渗透系数较小，而要求加水量相当大时，即应考虑在料场加水。

（1）施工填筑面加水。在干旱地区，若土料平均含水率比合适的压实含水率低得不多，则可在碾压工作尚未开始以前在土料填筑面上用喷头洒水湿润，并用犁耙搅拌，拌和次数取决于土料的细度和塑性，务必使加水均匀润湿土料。如果加水以后没有拌匀，没有使土料均匀地吸收水分，则会影响压实效果。搅拌工作一般是必不可少的工序，只有采用羊足碾压实砂性土时可不搅拌。加水量取决于土料的塑性和渗透性，对于大多数用作大坝防渗体的土料（壤土、中塑性的黏土、黏性沙土等），不用过多地拌和就能加进4%以上的水量，土料能够均匀地加入更大的水量；对于中等或高塑性的黏土，由于黏土块吸收水分需要时间，因此，在填筑面上加水以后，如果不等待一定的时间（有时是几天）就不能达到预想的效果。为了使水分沿铺土厚度方向均匀分配，可以先将1/3的水量洒在铺土层的底部，再将2/3的水量均匀喷洒在该层土料上；当铺土厚度大于40cm时，也可以采用分两次铺土、两次浇水的方法。

（2）料场加水。加水的方法有在工作面上围堤灌水、开注水沟灌水，或者用一个压力喷洒系统灌水，还可采用钻孔灌水，灌水时间长短取决于天然料场土的渗透性和要求润湿的深度。灌水以后，应有一个合适的间歇时间使所灌水分能均匀地为土料所吸收。灌水方法、灌水时间及灌水的停歇时间应通过现场试验来确定。

干土料调整后的含水率很少有超过适合压实含水量数值的，即使灌水时间超过很多，大多数土料也只能吸收适合压实的含水量，尤其是在干旱季节，考虑到挖土、运土、铺土及碾压过程中会有蒸发损失，常常要在碾压之前在填筑面上再加适量的水。

围堤灌水适用于平地和紧密料场的情况，而喷洒法适用于料场所有情况，当料场呈坡地或料场有大面积浅层土需要灌水时，采用喷洒法灌水特别合适。在灌水前不要刨去表面土料，否则会造成下层土料的天然孔道和裂隙的堵塞，使水难以渗入；而当表面存在不厚（1m以下）的不透水层时，用齿耙翻松表土，可以提高灌水效果。当在料场坡面上喷水时，最好沿等高线开沟，防止水量流失。

料场灌水，一般可润湿土层1.5~5.0m，有时可达10m以上。深度大的土层，灌水的主要障碍是存在水平紧密土阻止水的下渗，甚至使水分完全不能透过该土层，在这种情况下，渗水的有效深度将受到限制，为了加速土料的润湿，可采用钻孔灌水。

在料场灌入水量达不到所需含水量的情况下，可以用喷洒法在挖土机掌子面上补充加水，这时还可用挖土机在开挖过程中将土加以拌和。

考虑到土料自料场运至填筑面铺土时的水分蒸发，故要求取土场中浸润后的土料的含水率应比压实时的最优含水率高2%~3%。

对于残积土或风化土，由于挖、运、铺压过程中有被破碎成细粒土的趋势，使得土中细粒含量在施工过程中不断增高，所以每碾压一遍，土料最优含水率就增高一次，尤其是用羊足碾碾压更是如此。在开始碾压以前，土料可能显得太湿，而到压实末了时就可能显得太干，因此，对这种土除在料场加水以外，有必要在碾压过程中继续喷洒加水，以保证填筑土料在合适的含水率情况下得到压实检验。

2.湿土料的含水率调整

在进行料场规划时，应考虑将天然含水率较高的料场用于干燥季节施工。降低湿土含水率比增加干土含水量要困难得多，一般采取翻撒土料的自然蒸发方法，而且要注意料场的排水。

在干燥季节的非雨天，可用犁耙翻松土料进行翻晒吹晾干，此法对壤土、沙土特别有效，对黏土也有一定的效果。如果土料含水率偏高不多，而土区料场面积又大，可分层取土，就地翻晒，轮换使用料区供料；也可以将土料运到填筑面，铺平以后，用犁耙翻晒，可进一步降低土料含水率。由于在填筑面翻晒需要时间，影响工程进度，所以只有在填筑面积很大、工程进度要求不高的情况下采用在填筑面进行翻晒的方法。若含水率过大，且施工期避不开雨季，那么就得提前在非降雨季取土翻晒，降低土料含水率，然后将合格的土料堆成土堆，以备雨季使用。

含水率的降低与日照、气温、风速等关系很大，当气温在20~30℃、风力为一级时翻晒土料，每小时可降低含水率约0.388%；如气温相同、二级风力时，含水率每小时可降低0.618%；三级风力时可降低1.35%。

事先备好质量合格的土料，对控制工程的质量和保证工程进度（特别是汛前把大坝抢高到拦洪高程这个时期）有很大好处。

3.土料填筑压实检验

防渗体黏性土料的填筑压实标准，是在设计确定的压实机具条件下，以设定的铺土厚度，通过碾压达到设计干密度，同时确定碾压遍数。每一碾压土层均须取样进行干密度检验，判定是否达到设计要求，只有待碾压土层密实度合格后，方可进行上一层土料的铺设碾压施工。

密实度是否合格，以压实度判定。对于Ⅰ、Ⅱ级坝和各级高坝，λ应为97%~99%；对于Ⅲ、Ⅳ、Ⅴ级坝和低坝，λ应达到95%~97%。

黏性土施工压实的密实度合格率：Ⅰ、Ⅱ级坝为90%，Ⅲ、Ⅳ级坝为80%~90%。

（二）心（斜）墙坝坝壳砂砾料及反滤料

（1）坝址附近的筑坝材料，由于受地质、水文、气候等条件的影响，很难同时满足设计和施工的要求，心（斜）墙坝坝壳砂砾料（或坝壳砾质土）及反滤料的制备，必须在天然筑坝材料的基础上，采用冲洗、淋洗、筛选、掺配人工掺合料等坝料加工措施，以满足坝壳砂砾料及反滤料的质量技术要求。对各个时期制备的加工料，应经常对其进行性能检验，合格后方可上坝填筑。

（2）砂砾料及砾质土作为心（斜）墙坝的坝壳材料，在填筑前，通常要做现场碾压试验。试验时，在现场附近选一块长宽各为15m左右的方形场地，在不同铺设厚度时分别进行预计不同遍数的碾压，并测定相应的干密度，最后确定在特定的施工碾压机具条件下建筑材料的铺设厚度、碾压遍数及相应的能满足设计要求的干密度等施工参数。对于非黏性土坝壳料，由于透水性大，排水容易，压缩过程快，能够很快达到压实，含水率不作专门控制指标。

（3）根据现场碾压试验确定的施工参数对坝壳料进行压实，其压实标准以有关规范规定或设计要求的相对密度来控制。现场施工中，相对密度控制不甚方便，故常以相应的填筑干密度进行控制，坝壳砂砾料或砾质土的干密度检验采用灌水法或灌砂法进行测定。

（4）为防止地震时饱和砂和砂砾石发生液化，除了一般的稳定要求外，《水电工程水工建筑物抗震设计规范》（NB35047—2015）规定沙土和砂砾石应压实到较高的相对密度，相对密度标准在非地震区，砂性土如坝壳砂砾料或砾质土的压实标准，也应达到砾料或砾质土的压实标准。

（三）心（斜）墙坝施工检验取样要求

对不同的坝料和部位取样试验的项目和次数应记录在册便于现场质量控制，及时掌握填土压实情况，可以采取绘制干密度、含水率质量管理图的办法进行管理。

通过干密度质量管理图，找出质量管理点，压实不合格时，应及时采取补压等措施。对黏性土，含水率的检测是关键，除了用含水率测定仪测定含水率外，还可用一种比较简单的办法进行"手检"，即手握土料能成团，手指搓可成碎块，则含水率合适。

（四）其他

（1）根据地形、地质、坝料特性等因素，在施工特征部位和防渗体中，选定一些固定取样断面，沿坝高5~10m，取代表性试样（总数不宜少于30个）进行室内物理力学性能试验，作为核对设计及工程管理之根据。此外，还须对坝面、坝基、坝坡、坝肩接合部，与刚性建筑物连接处以及各种土料的过渡带进行检查。对土层层间接合处是否出现光面和剪切破坏应引起足够重视，认真检查。对施工中发现的可疑问题，如上坝土料的土质、含水率不符合要求、漏压或碾压遍数不够、超压或碾压遍数过多、铺土厚度不均匀及坑洼部位等应进行重点抽查，不合格者返工。

（2）对于反滤层、过滤层、坝壳等非黏性土的填筑，主要应控制压实参数。在填筑排水反滤层过程中，每层在25m×25m面积内取样1~2个；对条形反滤层，每隔50m设一个取样断面，每个断面每层取样不得少于4个，均匀分布在断面的不同部位，且层间取样设置应按此对应。对于反滤层铺填的厚度、是否混有杂物、填料的质量及颗粒级配等应进行全面检查。通过颗粒分析，查明反滤层的层间系数和每层的颗粒不均匀系数是否符合设计要求。如不符合要求，应重新筛选、重新铺填。

（3）土坝的堆石棱体与堆石体的质量检查大体相同。主要应检查上坝石料的质量、风化程度、石块的质量、尺寸、形状、堆筑过程有无离析架空现象发生等。对于堆石的级配、孔隙率大小，应分层分段取样，检查是否符合规范要求。

（4）对坝体的填筑应分层埋设沉降管，对施工过程中坝体的沉陷进行定期观测。

二、均质土坝施工检验

均质土坝和土料施工检验同心（斜）墙坝的心（斜）墙或坝壳料的施工检验相同。

三、面板堆石坝施工检验

（一）坝基与岸坡处理

1.坝基与岸坡处理的检验内容

清基后，进行全面检查，一般布置边长为50~100m的方格网点取样，看是否符合设计要求；坝基的构造裂隙、断层等是否已按设计要求处理；基岩面泉水、裂隙水及排水沟、井、坑等处理。还包括施工前料场的质量检查，内容包括坝料开采加工方法是否符合有关规定；坝料开采区的草皮、覆盖层是否清除干净；开采的坝料规格、级配是否符合要求，如超径量是否解决，坝料中混有的泥块与杂物是否彻底清除。

2.检查数量

坝区地质钻孔、探坑、竖井、平洞应逐个检查，坝区开挖清理按50~100m方格网进行检查；岩石开挖的总检查点数，200m²以内不少于20个，200m²以上不少于30个，局部突出、凹陷部位（面积在0.5m²以上者）应增设检查点；趾板基础处理的检查数量，每块趾板（长度8~10m）的检查点数不少于10个。

（二）坝体填筑

料场的草皮、树根及覆盖物已清除干净；坝料的物理力学性质符合设计要求；施工机械的工况已检测，振动碾的型号符合要求，减振轮胎压力、振动频率、振幅等值符合要求；填筑部位的基础处理符合设计要求；大型工程应在填筑前进行现场碾压试验，确定合理的施工参数，对于Ⅳ级以下的坝，可根据已建成工程经验，初步确定碾压参数，并结合初期坝体填筑进行复核；坝料压实质量检验，应以控制碾压等施工参数为主，试坑取样为辅。

（三）面板混凝土浇筑

面板混凝土除了按常规的混凝土进行施工质量检验外，还需着重检验；面板混凝土配合比设计应有坍落度、工作度、均匀系数、密实因素、和易性等指标检验，并采取妥善技术措施使之达到预定目标；面板滑模施工时，应按试验数据控制脱模时间；面板混凝土终凝后即开始喷水养护，不得少于28d，在干燥、炎热气候条件下，应延长养护时间。

（四）止水设施

1.混凝土面板坝止水设施的检验内容

（1）金属片止水：止水片形状、尺寸及加工精度；成型时退火温度；现场安装搭接长度及焊缝质量；止水片的变形、缺焊程度、安装准确程度及固定牢固程度。

（2）橡胶及塑料止水片：接头质量、就位情况、架立牢固程度以及表面清洗干净程度、缺陷情况。

（3）嵌缝填料：对工厂成品应按批量抽样检验，每吨应抽取2个样品；对于就地配制的嵌缝填料，应抽样检验其原料，并注意检查生产工艺流程中的关键技术。检查嵌槽及有关缝面混凝土表面干净程度和缺陷状况；当采用热加工时，每小时应抽查温度1~2次，并控制每批填料加热时间以防老化；注意检验施工完毕的嵌缝填料的形状和尺寸，必须保证达到设计断面。

2.检查数量

止水设施每5m至少检查一点。

第三节　土石坝安全监测

一、概述

（1）除了对土石坝工程的各类试验与检验要有全面的认识，更需对工程的安全引起足够的重视，安全监测的目的、范围、方法内容等是施工检验最重要的一个方面。

（2）为了获取各种不利情况下工程性能的评价和在施工期、运行初期及正常运行期对工程安全进行连续评估所需的资料,以期确定工程是否处于预计状态,包括施工控制、诊断不利事件的特性、检验设计的合理程度、证明施工技术的适应程度、检验长期运行性能、检验承包商依据技术规范施工的情况、促进技术发展和确定其合法的依据,从而需对土石坝进行原型安全监测。

(3)在充分掌握土石坝安全监测所必需的基本资料(坝区的地质和水文地质条件、设计计算成果、施工组织设计、科学试验成果以及设计或施工所采用的新技术、新工艺和设计所期望解决的问题)的基础上,遵照《土石坝安全监测技术规范》(SL551-2012),根据工程等级、规模、结构型式、地质条件等进行监测项目。在土石坝工程的各个阶段,要高度重视安全监测的及时性、连续性、资料的完整性和资料的及时反馈与充分利用。

二、心墙堆石坝安全监测

(一)渗流监测

渗流监测包括渗流量、渗水水质、绕坝渗流、心墙内渗水压和接触面渗水压监测。对于一座堆石坝(心斜墙堆石坝、面板堆石坝),渗流监测是第一位的。

1.渗流量监测

渗流量监测一般采用量水堰测量。当渗流量大于70L/s时用标准梯形量水堰,渗流量小时用三角量水堰,当渗水成滴水状时可用量筒加秒表测量。应注意的问题:①为了检测一个真实的(或者是完整而无漏走的)渗水量,必须沿量水堰断面修建截水墙,对于建在冲积层上的堆石坝更是如此。截水墙要嵌入基岩0.5~1.0m,可以用素混凝土材料,当冲积层厚时也可以用连接基岩的灌浆或者高压喷灌。②当坝基河床部位有渗水量大的泉眼或者宽河床时,可在坝基做隔墙,分区观测。③堰板前要求有2m以上的平直稳水段,堰口过水部分要开坡口。

2.渗水水质监测

应经常地巡视观测,看涌水点是否带出砂粒、土粒,出水是否混浊,并定期做水质分析。

3.绕坝渗流监测

在坝肩布置测压管观测绕坝渗流水位。坝肩有帷幕灌浆时,测压管布置在帷幕端的帷幕上游侧和帷幕下游侧。测压管管径取50mm以上,深度应在旱季地下水位以下5~10m。

4.心墙内渗水压和接触面渗水压监测

在心墙内分几个高程布置渗压计。同一高程应在心墙中心线及其上下游两侧至少各布置一支渗压计,在心墙与坝基础面及两岸坡的接触面埋渗压计以观测蓄水后的渗水压力,监视可能产生的水力劈裂或者接触面冲蚀。

（二）变形监测

变形监测分表面变形监测和内部变形监测。为了控制大坝和各建筑物表面监测点的位置，以及测量基岩标点的位移，必须首先建立坝区和近坝库区的监测网。在独立监测网未建立前，可采用施工测量控制网测量某些先期建立的变形监测点。

1.表面变形监测

表面变形监测主要采用视准线法，一般布置4~6条视准线。视准线的工作基点应建在大坝填筑和水库蓄水的变形影响范围外，必须建在基岩上。视准线的长度在500m以内为宜，超过500m时需在中间加辅助的工作基点。

沿视准线布置的坝面标点，埋设时以能简捷完成为好，可在坝面选择稳定的大石块，用风钻钻孔，以砂浆固定观测标杆。标点间距在中间河谷部位可密些，可同时作为高程测量点和沉降观测用。

2.内部变形监测

内部变形监测包括心墙的沉降和水平位移的监测、两坝肩心墙料沿坝轴线方向的拉压变形监测、两坝肩心墙料沿岸坡的剪切变形监测、下游堆石体（反滤层）的沉降与水平位移监测。不同部位的变形监测注意选用合适的变形监测仪器。

（三）土压力和孔隙压力监测

土压力监测分为界面土压力监测和土中三向、两向与单向的土压力监测。土中土压力观测常和孔隙水压力观测在同一测点进行，以便能确定测点土体的有效应力。埋设的孔隙水压力计在蓄水期和运行期就转为渗水压力观测。

1.界面土压力监测

界面土压力监测点常布置在心墙底部，或者在两坝肩与岸坡的接触面上。布置在心墙底部的界面土压力计主要用于测定心墙在横断面内的拱效应；布置在两岸坡特别是陡岸坡接触面上的界面土压力计主要用于监测心墙与岸坡的连接状况，测定心墙土体对岸坡的压应力。在心墙与陡岸坡连接时，接触面上除了埋界面土压力计外，还应同时埋渗压计，比较接触面上的土压力值和渗水压力值，监测可能发生的水力劈裂。

2.土中土压力监测

（1）土中三向土压力监测。三向土压力监测点布置在土体处于空间应力状态的位置，根据测得的6个应力分量可以计算测点的主应力及其方向。

（2）土中两向土压力监测。两向土压力监测点布置在河床最大断面内，主要监测断面内的土体两向应力状态。

(3)土中单向土压力监测。土中单向土压力计通常是用来观测主应力方向和明确的土压力,如河床最大断面心墙中心线位置的最大土压力方向在垂直方向。

(四)水库地震监测

1.微震仪

在大坝和库区范围建微震仪测站至少应布置3个点,这样才能用交会的方法确定发生在库区范围内的震源位置。微震仪测站应该在施工期前甚至勘测时期就建站,以便连续地记录库区和坝址范围在施工期和蓄水以前时间的地震活动情况,与水库蓄水期和运行期的地震情况作一对比,以判别蓄水对库区地震的诱发作用。

2.强震仪

用强震仪可监测堆石坝不同坝高部位的地震加速度值,通常测定铅垂向及水平面内平行坝轴线和垂直坝轴线的3个方向。在最大坝高断面的坝址基岩上和坝顶必须各建1个测站,根据不同的坝高和观测房布置,在下游坝坡上可建1~3个测站。

(五)近坝区的滑坡监测

对于蓄水前预计到蓄水后会滑坡的岸坡或堆积体,可预先埋设几个观测标桩,蓄水期通过监测网测量标桩的坐标和高程,以确定其位移和沉降值。对于蓄水后出现的大范围滑坡,可沿坝体后缘埋设测缝计,观测裂缝张开的历时过程,也可在滑坡体上钻孔埋测斜管,根据地质的预测,使测斜管穿过滑面,把测管底座固定在不动岩层中,测斜仪观测值可以很明确地显示出滑面的位置以及滑坡体的移动情况。

滑坡的观测对有必要进行治理的滑坡体采取怎样的治理措施具有指导作用,对治理措施的效果可以作出鉴定,并最终对滑坡体的稳定状况作出评价。

三、混凝土面板堆石坝安全监测

(一)渗流监测

1.渗流量监测

对于混凝土面板堆石坝,渗流量的变化不仅反映帷幕的防渗效果,更是监测面板与趾板间的周边缝和面板与面板间竖向缝的防渗效果的主要依据。

2.渗水水质监测

主要依靠巡视检查,观测涌水点状况,定期做水质分析。

3.绕坝渗流监测

在两坝肩布置测压管观测绕坝渗流。

4.坝体浸润线监测

对于用河水冲积砂砾料或者含碎屑量高的软岩做坝体填筑料的部位，必须埋渗压计或者逐节埋花管做成的测压管，以测定坝体的浸润线。

当测量周边缝或竖向开裂漏水而垫层料起不到阻水作用，垫层料后的排水又不通畅时，必然会抬高坝体的浸润线，浸润线被抬高了的冲积砂砾料坝体是危险的，它会失稳溃决。

5.帷幕防渗效果及周边缝渗水水压监测

沿趾板走向布置的防渗帷幕及趾板与面板交接的周边缝的多道止水，构成了混凝土面板堆石坝的主要防渗屏障，在周边缝后的垫层内埋渗压计，观测周边缝止水的防渗效果和经处理的地质构造带的渗水状况。

（二）变形监测

1.表面变形监测

混凝土面板堆石坝的表面变形监测除了基本标点的位移与沉降观测外，与心墙堆石坝不同的是要进行面板的挠曲变形监测、周边缝变形监测及面板竖向分缝的变形监测。

2.内部变形监测

内部变形监测指堆石体变形监测。测量堆石体内部沉降和水平位移的仪器，多用垂直水平位移计，观测值可以用来评价堆石体的填筑质量，而沉降观测值还可以配合堆石体的压力观测值计算出堆石体在施工期自重作用下的变形模量。

（三）混凝土面板的应力应变及温度监测

混凝土面板在浇筑后经常会出现裂缝。虽然面板只有几十厘米厚的大面积薄壳结构，水化热比较易于散发，但环境温度的变化仍然是结构内部应力应变直至裂缝生成的主要因素。

通常只观测面板平面内的应力应变，多是观测平行坝轴线和顺坡两个方向，在靠近两坝块的面板内可再加一支与坝轴线成45°的应变计，以确定主应力的方向。

（四）堆石体压力和垫层料应力状态控制

1.堆石体压力监测

坝轴线部位的最大主应力方向一般是铅垂方向，可通过埋在土中的土压力计测量铅垂向的堆石体压力。配合该点的沉降观测就可测定施工期堆石体的变形模量。

2.面板下垫层料内的两向土中土压力监测

位于面板下的垫层料是一种细粒含量较高的半透水层料，既有阻渗的作用，又起到支撑并传递面板上部作用的巨大水压力的作用。观测垫层内土压力状态，特别是在蓄水过程中土压力状态的变化，对于研究面板和整个坝体的受力状态是很有意义的。两向土中土压力测点的布置可以选在垂直水平计埋设的同一高程，与垂直水平位移计同时埋设。

（五）其他

水库的地震监测、水位监测、近坝库区的滑坡监测及其他监测，参照心墙堆石坝的内容和有关规范手册。

四、均质土坝安全监测

（1）均质土坝安全监测施工期以监测填筑坝体的孔隙水压力和变形为主，以保证填筑体的稳定，运行期以监测坝体浸润线渗流量和下游坝坡位移为主，以确保坝坡的稳定。

（2）根据坝轴线的长度及沿坝轴线纵剖面的地形和地质变化特点，选择1~3个观测横断面。原河槽的最大坝高断面是主观测断面在该断面内布置用于坝体浸润线观测的测压管或者渗压计，在下游坝坡布置视准线和沉降的观测标点。选择的仪器埋设高程应和土坝的填筑分期高程相一致，这样有利于仪器的埋设和电缆的走线。

（3）均质土坝的主要常规观测项目有：渗流量监测、坝体浸润线监测、绕坝渗流监测、沿接触面及地质构造带的渗水压力监测以及表面变形监测，监测方法可参照上述堆石坝的监测方法。由于地质构造上和建筑物布置或结构上的原因，需补充一些观测项目：①沿与坝轴线交角近乎成直角，并且和水库成上下游贯通的地质构造带埋设渗压计，观测蓄水后渗水水压和沿构造带的渗流坡降，同时，注意下游构造带出口部位渗出水的状况和演变，必要时建一个专门的量水堰测量渗水流量。②沿土坝和刚性建筑物的接触面埋设渗压计，监测渗水压力和渗流坡降，防止接触面冲蚀。③土压力小于渗水压力时将出现水力劈裂现象，所以在因狭窄谷、沟槽产生拱效应而使土压力减小的填土底部和土坝与陡岸坡连接部位需埋设土压力计和渗压计进行观测，防止这些部位的渗流条件的恶化。④在某些特殊的结构部位监测土体内部的变形或土压力。

第五章　水工混凝土检测

第一节　混凝土的主要技术性能

一、混凝土的定义与分类

（一）混凝土的定义

混凝土，简称"砼（tóng）"，是指由胶凝材料将骨料胶结成整体的工程复合材料的统称。通常讲的"混凝土"一词是指用水泥做胶凝材料，砂、石做骨料，与水（加或不加外加剂和掺和料）按一定比例配合，经搅拌、成型、养护而得到的水泥混凝土，也称普通混凝土，广泛应用于建筑工程、水利工程、道路工程、地下工程、国防工程等，是当代最重要的建筑材料之一，也是世界上用量最大的人工建筑材料。

（二）混凝土的分类

1.按表观密度大小分类

（1）重混凝土。重混凝土是指干表观密度大于2800kg/m³的混凝土。重混凝土常采用重晶石、铁矿石、钢屑等作为骨料和锶水泥、钡水泥共同配置防辐射混凝土，它们具有不透X射线和Y射线的性能，主要作为核工程的屏蔽结构材料。

（2）普通混凝土。普通混凝土的干表观密度为2000～2800kg/m³，是以水泥为胶凝材料，以沙、石为骨料，加水拌制成的水泥混凝土。普通混凝土在建筑工程中用量最大，用途最广泛，主要用于各种承重结构。

（3）轻混凝土。轻混凝土是指干表观密度小于2000kg/m³的混凝土。它又可以分为三种：轻骨料混凝土（用膨胀珍珠岩、浮石、陶粒、煤渣等轻质材料做骨料）、多孔混凝土（泡沫混凝土、加气混凝土等）和无砂大孔混凝土（组成材料中不加细骨料）。轻混凝土由于自重轻，弹性模量低，因而抗震性能好。与普通烧结砖相比，其不仅强度大、整体性好，而且保温性能好。由于结构自重小，特别适合高层和大跨度结构。

2.按所用胶凝材料分类

混凝土按所用胶凝材料分为水泥混凝土、沥青混凝土、石膏混凝土、水玻璃混凝土、聚合物混凝土等。其中，水泥混凝土在建筑工程中用量最大，用途最广泛。

3.按用途分类

混凝土按用途分，主要有结构用混凝土、防水混凝土、装饰混凝土、防辐射混凝土、隔热混凝土、耐酸混凝土、耐火混凝土等。

二、混凝土的特点与应用

（一）混凝土的优点

（1）材料来源广泛。混凝土中占整个体积80%以上的沙、石料均就地取材，其资源丰富，有效降低了制作成本。

（2）性能可调整范围大。根据使用功能要求，改变混凝土的材料配合比例及施工工艺，可在相当大的范围内对混凝土的强度、保温、耐热性、耐久性及工艺性能进行调整。

（3）在硬化前有良好的塑性。优良的可塑成型性，使混凝土可适应各种形状复杂的结构构件的施工要求。

（4）施工工艺简易、多变。混凝土既可简单进行人工浇筑，亦可根据不同的工程环境特点灵活采用泵送、喷射、水下等施工方法。

（5）可用钢筋增强。钢筋与混凝土虽为性能迥异的两种材料，但两者却有近乎相等的线胀系数，从而使它们可共同工作，弥补了混凝土抗拉强度低的缺点，扩大了其应用范围。

（6）有较高的强度和耐久性。近代高强混凝土的抗压强度可达100MPa以上，同时具备较高的抗渗、抗冻、抗腐蚀、抗碳化性，其耐久年限可达数百年以上。

（二）混凝土的缺点

混凝土具有自重大，养护周期长，导热系数较大，不耐高温，拆除废弃物再生利用性较差等缺点，随着混凝土新功能、新品种的不断开发，正不断克服和改进。

在建筑工程中，用量最大、用途最广泛的是以水泥为胶凝材料的普通水泥混凝土，通常简称为普通混凝土。本项目主要讲述普通混凝土。

三、混凝土的发展

今后，抗压强度为60～100MPa的高强混凝土以及100MPa以上的超高强混凝土的应用将日趋广泛，具有特殊性能（如高和易性、高密实性、高耐久性、高抗裂性、低脆性、低自身质量等）的混凝土及具有多种特殊性能的高性能混凝土也将逐步得到应用。此外，在配制普通混凝土的原材料方面将更注重利用再生资源及工农业废料。积极发展以水泥混凝土为基材的复合材料，以获得特殊功能混凝土。

四、混凝土拌和物的和易性

（一）和易性的概念

和易性是指混凝土拌和物易于各种施工工序（拌和、运输、浇筑、振捣等）操作并能获得质量均匀、成型密实的性能。和易性是一项综合技术性质，包括流动性、黏聚性和保水性三方面含义。

1. 流动性

流动性是指混凝土拌和物在自重或机械振捣作用下能产生流动，并均匀密实地填满模板的性能。流动性反映出拌和物的稀稠。若混凝土拌和物太干稠，流动性差，则难以振捣密实；若拌和物过稀，虽流动性好，但容易出现分层离析现象，从而影响混凝土的质量。

2. 黏聚性

黏聚性是指混凝土拌和物各颗粒间具有一定的黏聚力，在施工过程中能够抵抗分层离析，使混凝土保持整体均匀的性能。黏聚性反映混凝土拌和物的均匀性。若混凝土拌和物黏聚性不好，混凝土中骨料与水泥浆容易分离，造成混凝土不均匀，振捣后会出现蜂窝、空洞等现象。

3. 保水性

保水性是指混凝土拌和物具有一定保持水分的能力，在施工过程中不致产生严重的泌水现象。保水性反映混凝土拌和物的稳定性。保水性差的混凝土内部容易形成透水通道，影响混凝土的密实性，并降低混凝土的强度和耐久性。

混凝土拌和物的和易性是以上三个方面性能的综合体现，它们之间既相互联系，又相互矛盾。黏聚性好时保水性往往也好；流动性增大时，黏聚性和保水性往往变差。不同的工程对混凝土拌和物和易性的要求也不同，应根据工程具体情况既要有所侧重，又要相互照顾。

（二）和易性的测定方法

由于混凝土拌和物的和易性是一项综合的技术性质，目前还很难用一个单一的指标来全面衡量。通常评定混凝土拌和物和易性的方法是：测定其流动性，以直观经验观察其黏聚性和保水性。常用的测定混凝土拌和物和易性的方法有坍落度试验、维勃稠度试验和坍落扩展度法三种。

1.坍落度试验

坍落度试验适用于骨料最大公称粒径不大于40mm、坍落度值不小于10mm的塑性混凝土流动性的测定。将混凝土拌和物按规定的试验方法装入坍落筒内,然后按规定方法在5~10s内垂直提起坍落筒,测量筒高与坍落后混凝土试体最高点之间的高差,即为新拌混凝土的坍落度,以mm为单位(精确至1mm)。

坍落度数值越大,表示混凝土拌和物的流动性越好。

在测定坍落度的同时,辅以直观定性评价的方法评价黏聚性和保水性。

(1)黏聚性评价。用捣棒在已坍落的拌和物锥体侧面轻轻敲打,如果锥体逐步下沉,表示黏聚性良好;如果突然倒塌,部分崩裂或石子离析,则为黏聚性不好。

(2)保水性评价。提起坍落度筒后如有较多的稀浆从底部析出,锥体部分的拌和物也因失浆而骨料外露,则表明保水性不好;如坍落度筒提起后无稀浆或稀浆较少,则表明保水性良好。

施工中选择混凝土拌和物的坍落度,一般依据构件截面的大小、钢筋分布的疏密、混凝土成型方式等来确定。若构件截面尺寸较小,钢筋分布较密,且为人工捣实,坍落度可选择大一些;反之,坍落度可选择小一些。

2.维勃稠度试验

维勃稠度测试方法是:将坍落度筒置于维勃稠度仪上的容器内,并固定在规定的振动台上。把拌制好的混凝土拌和物装入坍落度筒内,抽出坍落度筒,将维勃稠度仪上的透明圆盘转至试体顶面,使之与试体轻轻接触。开启振动台,同时由秒表计时,振动至透明圆盘底面被水泥浆布满的瞬间关闭振动台并停止秒表,由秒表读出的时间,即是该拌和物的维勃稠度值。维勃稠度值越小,表示拌和物的流动性越大。

维勃稠度试验法适用于粗骨料最大粒径不超过40mm、维勃稠度为5~30s的混凝土拌和物,主要用于测定干硬性混凝土的流动性。

3.坍落扩展度法

坍落扩展度法适用于骨料最大公称粒径不大于40mm、坍落度值大于220mm的大流动性混凝土的稠度测定。

坍落扩展度试验是在坍落度试验的基础上,用钢尺测量混凝土扩展后最终的最大直径和最小直径,在这两个直径之差小于50mm的条件下,用其算术平均值作为坍落扩展度值;否则,此次试验无效。

如果发现粗骨料在中央集堆或边缘有水泥浆析出,表示此混凝土拌和物抗离析性不好,应予以记录。

五、混凝土的强度

（一）混凝土的强度概念

混凝土的强度指标有立方体抗压强度、轴心抗压强度、抗拉强度等。混凝土的抗压强度最大，抗拉强度最小，因此，在建筑工程中主要是利用混凝土来承受压力作用。混凝土的抗压强度是混凝土结构设计的主要参数，也是混凝土质量评定的重要指标。工程中提到的混凝土强度一般指的是混凝土的抗压强度。

1.混凝土的强度指标

（1）混凝土立方体抗压强度。

按照标准制作方法制成边长为150mm的立方体试件，在标准条件[温度（20±2）℃，相对湿度95%以上]下养护至28d龄期，按照标准试验方法测得的抗压强度值，称为混凝土立方体抗压强度。

测定混凝土立方体抗压强度时，也可选用不同的试件尺寸，然后将测定结果换算成相当于标准试件的强度值。边长为100mm的立方体试件，换算系数为0.95；边长为200mm的立方体试件，换算系数为1.05。

（2）混凝土立方体抗压强度标准值及强度等级。

立方体抗压强度标准值是指按标准方法制作、养护的边长为150mm的立方体试件，在28d龄期用标准试验方法测得的具有95%保证率的抗压强度。

混凝土强度等级根据立方体抗压强度的标准值划分，单位为MPa。如C20表示混凝土立方体抗压强度标准值为20MPa，该等级的混凝土立方体抗压强度大于20MPa的占95%以上。

《混凝土质量控制标准》（GB50164-2011）规定：普通混凝土按其立方体抗压强度的标准值共划分为19个等级，依次是C10、C15、C20、C25、C30、C3、C40、C45、C50、C55、C60、C65、C70、C75、C80、C85、c90、C95和C100。不同的工程或用于工程不同部位的混凝土，其强度等级要求也不相同。其中，C表示混凝土，C后面的数字表示混凝土立方体抗压强度标准值。

（3）混凝土轴心抗压强度。

混凝土的强度等级是采用立方体试件来确定的，但在实际工程中，混凝土结构构件的形式极少是立方体，大部分是棱柱体或圆柱体型。为了更好地反映混凝土的实际抗压性能，在计算钢筋混凝土构件承载力时，常采用混凝土的轴心抗压强度作为设计依据。

采用150mm×150mm×300mm的棱柱体作为标准试件，在标准条件[温度（20±2）℃，相对湿度90%以上]下养护至28d龄期，按照标准试验方法测得的抗压强度为混凝土的轴心抗压强度。

（4）混凝土的抗拉强度。

混凝土的抗拉强度很低，只有抗压强度的1/10~1/20，且随着混凝土强度等级的提高，比值有所降低，也就是当混凝土强度等级提高时，抗拉强度的增加不及抗压强度提高得快。因此，混凝土在工作时一般不依靠其抗拉强度。但抗拉强度对混凝土的抗裂性具有重要意义，是结构设计中确定混凝土抗裂度的重要指标，也用来衡量混凝土与钢筋的黏结性好坏。

测定混凝土抗拉强度的试验方法有直接轴心受拉试验和劈裂试验，直接轴心受拉试验时试件对中比较困难，因此，我国目前常采用劈裂试验方法测定。劈裂试验方法是采用边长为150mm的立方体标准试件，按规定的劈裂抗拉试验方法测定混凝土的劈裂抗拉强度。

2.影响混凝土强度的主要因素

混凝土受压破坏可能有三种形式：骨料与水泥石界面的黏结破坏、水泥石本身的破坏和骨料发生破坏。试验证明，混凝土的受压破坏形式通常是前两种，这是因为骨料强度一般大大超过水泥石强度和黏结面的黏结强度。所以，混凝土强度主要取决于水泥石强度和水泥石与骨料表面的黏结强度。而水泥石强度、水泥石与骨料表面的黏结强度又与水泥强度等级、水胶比、骨料性质等有密切关系。此外，还受施工工艺、养护条件、龄期等多种因素的影响，影响混凝土强度的因素主要有以下几种。

（1）水泥强度等级和水胶比。

水泥强度等级和水胶比是影响混凝土强度最重要的因素。在混凝土配合比相同的条件下，所用的水泥强度等级越高，制成的混凝土强度等级也越高；在水泥强度等级相同的情况下，水胶比越小，混凝土的强度越高。但应说明，如果水胶比太小，拌和物过于干硬，无法保证施工质量，将使混凝土中出现较多的蜂窝、孔洞，显著降低混凝土的强度和耐久性。

（2）养护的温度与湿度。

混凝土强度的增长过程，是水泥水化和凝结硬化的过程，必须在一定的温度和湿度条件下进行。如果在干燥环境中养护，混凝土会失水干燥而影响水泥的正常水化，甚至停止水化。这不仅严重降低混凝土的强度，而且会引起干缩裂缝和结构疏松，从而影响耐久性。而在湿度较大的环境中养护混凝土，则会使混凝土的强度提高。

在保证足够湿度的情况下，养护温度不同，对混凝土强度影响也不同。温度升高，水泥水化速度加快，混凝土强度增长也加快；温度降低，水泥水化作用延缓，混凝土强度增长也较慢。当温度降至0℃以下时，混凝土中的水分大部分结冰，不仅强度停止发展，而且混凝土内部可能因结冰膨胀而破坏，使混凝土的强度大大降低。

为了保证混凝土的强度持续增长，必须在混凝土成型后一定时间内，维持周围环境一定的温度和湿度。冬天施工，尤其要注意采取保温措施；夏天施工的混凝土，要经常洒水保持混凝土试件潮湿。

（3）养护时间（龄期）。

混凝土在正常养护条件下，强度将随龄期的增长而提高。混凝土的强度在最初的3~7d增长较快，28d后逐渐变慢，只要保持适当的温度和湿度，其强度会一直有所增长。一般以混凝土28d的强度作为设计强度值。

（4）骨料的种类、质量、表面状况。

当骨料中含有杂质较多，或骨料材质低劣，强度较低时，将降低混凝土的强度。表面粗糙并富有棱角的骨料，与水泥石的黏结力较强，可提高混凝土的强度。所以，在相同混凝土配合比的条件下，用碎石拌制的混凝土强度比用卵石拌制的混凝土强度高。

（5）试验条件。

试验条件，如试件尺寸、试件承压面的平整度及加荷速度等，都对测定混凝土的强度有影响。试件尺寸越小，测得的强度越高；尺寸越大，测得的强度越低。试件承压面越光滑平整，测得的抗压强度越高；如果受压面不平整，会形成局部受压使测得的强度降低。加荷速度越快，测得的强度越高。当试件表面涂有润滑剂时，测得的强度较低。因此，在测定混凝土的强度时，必须严格按照国家规范的试验规程进行，以确保试验结果的准确性。

（二）提高混凝土强度的主要措施

1.采用高强度等级的水泥

提高水泥的强度等级可有效提高混凝土的强度，但由于水泥强度等级的增加受到原料、生产工艺的制约，故单纯靠提高水泥强度来达到提高混凝土强度的目的，往往是不现实的，也是不经济的。

2.降低水胶比

这是提高混凝土强度的有效措施。降低混凝土拌和物的水胶比，可降低硬化混凝土的孔隙率，明显增加水泥与骨料间的黏结力，使强度提高。但降低水胶比，会使混凝土拌和物的工作性下降。因此，必须有相应的技术措施配合，如采用机械强力振捣、掺加提高工作性的外加剂等。

3.湿热养护

除采用蒸汽养护，蒸压养护，冬季骨料预热等技术措施外，还可利用蓄存水泥本身的水化热来提高强度的增长速度。

4.龄期调整

如前所述，混凝土随着龄期的延续，强度会持续上升。实践证明，混凝土的龄期在

3~6个月时，强度较28d会提高25%~50%。工程某些部位的混凝土如在6个月后才能满载使用，则该部位的强度等级可适当降低，以节约水泥。但具体应用时，应得到设计、管理单位的批准。

5.改进施工工艺

如采用机械搅拌和强力振捣，都可使混凝土拌和物在低水胶比的情况下更加均匀密实地浇筑，从而获得更高的强度。近年来，国外研制的高速搅拌法、二次投料搅拌法及高频振捣法等新的施工工艺在国内的工程中应用，都取得了较好的效果。

6.掺加外加剂

掺加外加剂是提高混凝土强度的有效方法之一，减水剂和早强剂都对混凝土的强度发展起到明显的作用。

混凝土外加剂是指在拌制混凝土过程中掺入的用于提高混凝土性能的物质，其掺量一般不超过水泥质量的5%。由于混凝土外加剂掺量较少，一般在混凝土配合比设计时不考虑外加剂对混凝土质量或体积的影响。

混凝土外加剂的使用是混凝土技术的重大突破，外加剂的掺量虽然很小，却能显著地改善混凝土的某些性能。在混凝土中应用外加剂，具有投资少、见效快、技术经济效益显著的特点。随着科学技术的不断进步，外加剂已越来越多地得到应用，当下，外加剂已成为混凝土除四种基本组分以外的第五种重要组分。

减水剂：减水剂是指在保证混凝土坍落度不变的条件下，能减少拌和用水量的外加剂。

（1）减水剂的作用机制。水泥加水拌和后，由于水泥颗粒间具有分子引力作用，产生许多絮状物而形成絮凝结构，使10%~30%的游离水被包裹在其中，从而降低混凝土拌和物的流动性。当加入适量减水剂后，减水剂分子定向吸附于水泥颗粒表面，使水泥的颗粒表面带上电性相同的电荷，产生静电斥力，使水泥颗粒分开，从而导致絮状结构解体释放出游离水，有效地增加了混凝土拌和物的流动性。当吸附足够的减水剂后，在水泥颗粒表面形成一层稳定的溶剂化水膜，这层水膜是很好的润滑剂，有助于水泥颗粒的滑动，从而使混凝土的流动性进一步提高。

（2）减水剂的经济技术效果。在保持水胶比与水泥用量不变的情况下，可提高混凝土拌和物的流动性。

在保证混凝土强度和坍落度不变的情况下，可节约水泥用量。

在保证混凝土拌和物和易性及水泥用量不变的条件下，可减少用水量，降低水胶比，从而提高混凝土的强度和耐久性。

可减少拌和物的泌水离析现象，延缓拌和物的凝结时间，降低水泥水化放热速度，显著提高混凝土的抗渗性及抗冻性，改善耐久性能。

（3）减水剂常用品种。减水剂根据减水或增塑效果可分为普通减水剂和高效减水剂。普通减水剂是指在保证混凝土坍落度不变的情况下，能减少拌和水量不超过10%的减水剂；而高效减水剂的减水率多在15%~30%。

早强剂。早强剂是指能提高混凝土早期强度，并对后期强度无显著影响的外加剂。常用早强剂的品种有氯盐类、硫酸盐类、有机氨类及以它们为基础组成的复合早强剂。

早强剂可在常温和负温（不小于-5℃）条件下加速混凝土硬化过程，多用于冬季施工和抢修工程。

六、混凝土的变形

混凝土在硬化期间和使用过程中，会受到各种因素的影响而产生变形。混凝土的变形直接影响混凝土的强度和耐久性，特别是对裂缝的产生有直接影响。引起混凝土变形的因素有很多，归纳起来可分为两大类，即非荷载作用下的变形和荷载作用下的变形。

（一）非荷载作用下的变形

1.化学收缩

一般水泥水化生成物的体积比水化反应前物质的总体积要小，因此，会导致水化过程的体积收缩，这种收缩称为化学收缩。化学收缩随混凝土硬化龄期的延长而增加，在40d内收缩值增长较快，以后逐渐稳定。化学收缩是不能恢复的，它对结构物不会产生明显的破坏作用，但在混凝土中可产生微细裂缝。

2.干湿变形

干湿变形取决于周围环境的湿度变化。当混凝土在水中硬化时，水泥凝胶体中胶体离子的吸附水膜增厚，胶体离子间距离增大，使混凝土产生微小膨胀。当混凝土在干燥空气中硬化时，混凝土中水分逐渐蒸发，水泥凝胶体或水泥石毛细管失水，使混凝土产生收缩。若把已收缩的混凝土再置于水中养护，原收缩变形一部分可以恢复，但仍有一部分（30%~50%）不可恢复。

混凝土的湿胀变形量很小，对结构一般无破坏作用。但干缩变形对混凝土危害较大，干缩可能使混凝土表面出现拉应力而开裂，严重影响混凝土的耐久性。因此，应采取措施减少混凝土的收缩，可采取以下措施。

（1）加强养护，在养护期内使混凝土保持潮湿环境。

（2）减小水胶比。水胶比大，会使混凝土收缩量大大增加。

（3）减小水泥用量。水泥含量减少，骨料含量相对增加，骨料的体积稳定性比水泥浆好，可减小混凝土的收缩。

（4）加强振捣。混凝土振捣得越密实，内部孔隙量越少，收缩量也就越小。

3.温度变形

混凝土的热胀冷缩变形称为温度变形。温度变形对大体积混凝土来说非常不利。在混凝土硬化初期,水泥水化放出较多热量,而混凝土是热的不良导体,散热缓慢,使大体积混凝土内外产生较大的温差,从而在混凝土外表面产生很大的拉应力,严重时会产生裂缝。因此,对大体积混凝土工程,应设法降低混凝土的发热量,如使用低热水泥、减少水泥用量、采用人工降温措施等,以减少内外温差,防止裂缝的产生和发展。

对纵向较长的混凝土及钢筋混凝土结构,应考虑混凝土温度变形所产生的危害,每隔一段长度应设置温度伸缩缝。

(二)荷载作用下的变形

1.在短期荷载作用下的变形

混凝土是由水泥石、沙、石子等组成的不均匀复合材料,是一种弹塑性体。混凝土受力后既会产生可以恢复的弹性变形,又会产生不可恢复的塑性变形。

混凝土的变形模量是反映应力与应变关系的物理量,混凝土应力与应变之间的关系不是直线而是曲线,因此混凝土的变形模量不是定值。

在计算钢筋混凝土构件的变形、裂缝及大体积混凝土的温度应力时,需要知道混凝土的弹性模量。在钢筋混凝土构件设计中,常采用一种按标准方法测得的静力受压弹性模量作为混凝土的弹性模量。目前我国规定,采用150mm×150mm×300mm的棱柱体试件,取测定点的应力等于试件轴心抗压强度的40%,经三次以上反复加荷和卸荷后,测得应力与应变的比值,作为混凝土的弹性模量。

2.徐变

徐变是指在长期应力作用下,其应变随时间而持续增长的特性(注意,弹性应变不会随时间而持续增长)。在长期荷载作用下,结构或材料承受的应力不变,而应变随时间增长的现象称为混凝土的徐变。当混凝土开始加荷时产生瞬时应变,随着荷载持续作用时间的增长,就逐渐产生徐变变形。徐变变形初期增长较快,以后逐渐变慢,一般要延续2~3年才稳定下来。当变形稳定以后卸掉荷载,混凝土立即发生稍少于瞬时应变的恢复,称为瞬时恢复。在卸荷后的一段时间内,变形还会继续恢复,称为徐变恢复。最后残留下来的不能恢复的应变,称为残余应变。

混凝土徐变产生的原因如下。

内部因素:

(1)混凝土受力后,水泥石中的胶凝体产生的黏性流动(颗粒间的相对滑动)要延续很长时间;

(2)骨料和水泥石结合面裂缝的持续发展;

（3）混凝土在本身重力作用下发生的塑性变形（类似于土的固结）。

外部因素：

影响徐变的因素除和时间有关外，还与下列因素有关。

（1）应力条件。此应力一般指长期作用在混凝土结构上的应力，如恒载；同时，活载大小也是其中的一个因素。试验表明，徐变与应力大小有直接关系。应力越大，徐变也越大。实际工程中，如果混凝土构件长期处于不变的高应力状态是比较危险的，对结构安全是不利的。

（2）加荷龄期。初始加荷时，混凝土的龄期越早，徐变越大。若加强养护，使混凝土尽早硬结或采用蒸汽养护，可减少徐变。

（3）周围环境。养护温度越高，湿度越大，水泥水化作用越充分，徐变就越小；试件受荷后，环境温度低，湿度越大，徐变就越小。

（4）混凝土中水泥用量越多，徐变越大；水胶比越大，徐变越大。

（5）材料质量和级配好，弹性模量大，徐变小。

一般认为，徐变是由于水泥石中的凝胶体在长期荷载作用下的黏性流动，并向毛细孔中移动的结果。影响混凝土徐变的因素很多，混凝土所受初应力越大，加荷载时龄期越短，水泥用量越多，水胶比越大，都会使混凝土的徐变增加；混凝土弹性模量越大，混凝土养护时温度越高、湿度越大，水泥水化越充分，徐变值越小。

混凝土的徐变会显著影响结构或构件的受力性能。如局部应力集中可因徐变得到缓和，使应力较均匀地重新分布，支座沉陷引起的应力及温度湿度力，也可以由于徐变得以松弛。对大体积混凝土，则能消除一部分由于温度变形所产生的破坏应力，这对水工混凝土结构来说是有利的。

但徐变使结构变形增大对结构不利的方面也不可忽视，如徐变可使受弯构件的挠度增大2~3倍，会使构件的变形增加，使长柱的附加偏心距增大，还会导致预应力构件的预应力损失，从而降低结构的承载能力。

七、混凝土的耐久性

在建筑工程中不仅要求混凝土具有足够的强度来安全地承受荷载，而且要求混凝土具有与环境相适应的耐久性来延长建筑物的使用寿命。

混凝土的耐久性是指混凝土在实际使用条件下抵抗各种破坏因素的作用，长期保持强度和外观完整性的能力。

混凝土的耐久性是一项综合技术指标，包括抗渗性、抗冻性、抗侵蚀性及抗碳化性等。

（一）混凝土的抗渗性

混凝土的抗渗性是指混凝土抵抗压力液体（水、油等）渗透的能力。抗渗性是混凝土耐久性的一项重要指标，它直接影响混凝土的抗冻性和抗侵蚀性。当混凝土的抗渗性较差时，不但容易透水，而且由于水分渗入内部，当有冰冻作用或水中含侵蚀性介质时，混凝土容易受到冰冻或侵蚀作用而破坏。对钢筋混凝土还可能引起钢筋的锈蚀以及保护层的开裂和剥落。

混凝土的抗渗性用抗渗等级表示。抗渗等级是以28d龄期的标准混凝土抗渗试件，按规定试验方法，以不渗水时所能承受的最大水压（MPa）来确定的。混凝土的抗渗等级用代号W表示，如W2、W4、W6、W8、W10、W12等不同的抗渗等级，它们分别表示能抵抗0.2MPa、0.4MPa、0.6MPa、0.8MPa、1.0MPa、1.2MPa的水压力而不出现渗透现象。

混凝土内部连通的孔隙，毛细管和混凝土浇筑中形成的孔洞、蜂窝等，都会引起混凝土渗水，因此提高混凝土抗渗性可采用低水胶比的干硬性混凝土，同时，加强振捣和养护，以提高密实度，减少渗水通道的形成。混凝土的抗渗性除与水胶比关系密切外，还与水泥品种骨料的级配、养护条件、采用外加剂的种类等因素有关。

（二）混凝土的抗冻性

混凝土的抗冻性是指混凝土在水饱和状态下，能经受多次冻融循环作用而不被破坏，也不大幅降低强度的性能。在寒冷地区，尤其是经常与水接触、容易受冻的外部混凝土构件，应具有较高的抗冻性。

混凝土的抗冻性，常用抗冻等级来表示。抗冻等级是以标准养护条件下28d龄期的混凝土试件，在规定试验条件下达到规定的抗冻融循环次数，同时满足强度损失不超过25%，质量损失不超过5%的抗冻性指标要求。根据《水工混凝土结构设计规范》（SL191-2008）的规定，水利建筑工程混凝土的抗冻等级分为F50、F100、F150、F200、F250、F300、F400 7个等级。

混凝土的抗冻性与混凝土的密实程度、水胶比、孔隙特征和数量等有关。一般来说，密实的、具有封闭孔隙的混凝土，抗冻性较好；水胶比越小，混凝土的密实度越高，抗冻性也越好；在混凝土中加入引气剂或减水剂，能有效提高混凝土的抗冻性。

（三）混凝土抗侵蚀性

混凝土抗侵蚀性是指混凝土抵抗外界侵蚀性介质破坏作用的能力。当工程所处的环境有侵蚀介质时，对混凝土必须提出抗侵蚀性要求。

混凝土的抗侵蚀性与所用水泥的品种、混凝土的密实程度、孔隙特征等有关。密实性好的，具有封闭孔隙的混凝土，抗侵蚀性好。提高混凝土的抗侵蚀性应根据工程所处环境合理选择水泥品种。

（四）混凝土的抗碳化性

混凝土的碳化作用是指混凝土中的$Ca(OH)_2$与空气中的CO_2作用生成$CaCO_3$和水，使表层混凝土的碱度降低。

影响碳化速度的环境因素是二氧化碳浓度及环境湿度等，碳化速度随空气中二氧化碳浓度的增高而加快。在相对湿度为50%~75%的环境中，碳化速度最快；当相对湿度达100%或相对湿度小于25%时，碳化作用停止。混凝土的碳化还与所用水泥品种有关，在常用水泥中，火山灰水泥碳化速度最快，普通硅酸盐水泥碳化速度最慢。

碳化对混凝土有不利的影响，减弱了混凝土对钢筋的保护作用，可能导致钢筋锈蚀；碳化还会引起混凝土的收缩，并可能导致产生微细裂缝。碳化作用对混凝土也有一些有利的影响，主要是提高了碳化层的密实度和抗压强度。总的来说，碳化对混凝土的影响是弊多利少，因此，应设法提高混凝土的抗碳化能力。为防止钢筋锈蚀，钢筋混凝土结构构件必须设置足够的混凝土保护层。

（五）提高混凝土耐久性的主要措施

综上所述，影响混凝土耐久性的各项指标虽不相同，但对提高混凝土耐久性的措施来说，却有很多共同之处。混凝土的耐久性主要取决于组成材料的品种与质量、混凝土本身的密实度、施工质量、孔隙率和孔隙特征等，其中最关键的是混凝土的密实度。提高混凝土耐久性的措施主要有以下几个方面。

（1）合理选择水泥品种。水泥品种的选择应与工程结构所处环境条件相适应，可参考前面内容选用水泥品种。

（2）控制混凝土的最大水胶比及最小水泥用量。在一定的工艺条件下，混凝土的密实度与水胶比有直接关系，与水泥用量有间接关系。所以，混凝土中的水泥用量和水胶比，不能仅满足于混凝土对强度的要求，还必须满足耐久性要求。《普通混凝土配合比设计规程》（JGJ55-2011）对建筑工程所用混凝土的最大水胶比和最小水泥用量做了规定。

（3）选用较好的砂、石骨料。质量良好、技术条件合格的砂石骨料，是保证混凝土耐久性的重要条件。改善粗、细骨料的级配，在允许的最大粒径范围内，尽量选用较大粒径的粗骨料，可减小骨料的空隙率和总表面积，可节约水泥，提高混凝土的密实度和耐久性。

（4）掺入引气剂或减水剂，提高混凝土抗冻性、抗渗性。

（5）改善混凝土的施工操作方法，应搅拌均匀，振捣密实，加强养护等。

第二节 混凝土的配合比设计

一、混凝土配合比设计的基本要求

设计混凝土配合比的任务，就是要根据原材料的技术性能及施工条件，确定能满足工程所要求的各项技术指标并符合经济原则的各项组成材料的用量。混凝土配合比设计的基本要求是：

（1）满足混凝土结构设计的强度等级。

（2）满足施工所要求的混凝土拌和物的和易性。

（3）满足混凝土结构设计中耐久性要求指标。

（4）节约水泥和降低混凝土成本。

二、配合比设计的基本资料

（1）明确设计所要求的技术指标，如强度和易性、耐久性等。

（2）合理选择原材料，并预先检验，明确所用原材料的品质及技术性能指标，如水泥品种及强度等级、密度等，砂的细度模数及级配，石子种类，最大粒径及级配，是否掺用外加剂及掺和料等。

三、混凝土配合比设计中的三个参数

混凝土配合比设计中的三个基本参数分别是：水胶比，即水和胶凝材料之间的比例；砂率，即砂和石子之间的比例；单位用水量，即骨料与水泥浆之间的比例。这三个基本参数一旦确定，混凝土的配合比也就确定了。

（一）水胶比

水胶比的确定主要取决于混凝土的强度和耐久性。从强度角度看，水胶比应小一些，水胶比可根据混凝土的强度公式来确定。从耐久性角度看，水胶比小一些，水泥用量多些，混凝土的密实度就高，耐久性则优良，这可以通过控制最大水胶比和最小水泥用量来满足。由强度和耐久性分别决定的水胶比往往是不同的，此时应取较小值。但当强度和耐久性都已满足的前提下，水胶比应取较大值，以获得较高的流动性。

（二）砂率

砂率主要应从满足工作性和节约水泥两个方面考虑。在水胶比和水泥用量（水泥浆量）不变的前提下，砂率应取坍落度最大，而黏聚性和保水性又好的砂率即合理砂率。在保证混凝土拌和物黏聚性和保水性要求的前提下，砂率尽可能取小值，以达到节约水泥的目的。

（三）单位用水量

单位用水量在水胶比和水泥用量不变的情况下，实际反映的是水泥浆量与骨料用量之间的比例关系。水泥浆量要满足包裹粗细骨料表面并保持足够流动性的要求，但用水量过大，会降低混凝土的耐久性。

四、混凝土配合比设计前的准备工作

混凝土配合比设计前，需确定和了解的基本资料主要有以下几个方面。

（1）混凝土设计强度等级和强度的标准差。

（2）材料的基本情况：包括水泥品种、强度等级、实际强度密度；砂的种类、表观密度、细度模数、含水率；石子种类、表观密度、含水率；是否掺外加剂，外加剂种类。

（3）运输、施工等对混凝土的工作性要求，如坍落度指标。

（4）与工程耐久性要求有关的环境条件，如冻融状况、地下水情况等。

（5）工程特点及施工工艺，如构件几何尺寸、钢筋的疏密、浇筑振捣的方法等。

五、混凝土配合比设计的步骤

（一）初步配合比计算

根据混凝土的性能要求，针对具体原材料试验数据，根据标准给出的公式经验图表，初步确定各材料的关系。

（二）实验室配合比设计

实验室配合比主要是满足强度耐久性、经济性的要求，一般要采用三组以上的配合比进行试验，通过实测强度、耐久性，选择强度、耐久性满足要求而W/B较大的一组配合比作为实验室配合比。

（三）施工配合比换算

由于工地堆放的砂石含水情况常有变化，所以在施工过程中应经常测定砂石的含水率，并按砂石的含水率变化情况做必要的修正。

第三节　混凝土的质量控制与强度评定任务

水泥是混凝土中价格最贵、最重要的原材料，它直接影响混凝土的强度、耐久性和经济性，所以要合理选择水泥的品种和强度等级。

配制混凝土一般采用通用水泥，必要时也可采用其他水泥。需要在分析工程特点、环境特点、施工条件的基础上，结合水泥的性能特点来选择，水泥的性能指标须符合现行国家有关标准的规定。

配制混凝土所用水泥的强度等级应与混凝土的设计强度等级相适应。原则上是配制高强度等级的混凝土，选用高强度等级水泥；配制低强度等级的混凝土，选用低强度等级水泥。对于一般强度混凝土，水泥强度等级宜为混凝土强度等级的1.5~2.0倍。如配制C25混凝土，可选用强度等级为42.5的水泥；配制C30混凝土，可选用强度等级为52.5的水泥。

一、混凝土的生产控制

（一）混凝土原材料的质量控制

水泥、水、沙子、石子等原材料必须通过质量检验，符合混凝土用原材料的要求和现行有关标准的规定后方可使用。各种原材料应逐批检查出厂合格证和检验报告，同时，为了防止市场供应混乱而产生的混料及错批或由于时间效应引起质量变化，材料在使用前最好进行复检。

（二）混凝土配合比的控制

混凝土配合比通过设计计算和试配确定，在施工中，应严格按照配合比进行配料，一般不得随意改变配合比。在施工现场要经常测定骨料的含水率，如骨料的含水率出现变化，应及时调整混凝土施工配合比。

（三）混凝土施工工艺的质量控制

（1）混凝土拌和时应准确控制原材料的称量，水泥和水的称量误差应控制在2%以内，粗、细骨料的称量误差应控制在3%以内，拌和时间控制在1~2.5min。

（2）混凝土运输中为防止离析、泌水等不良现象，应尽量减少转运次数，缩短运输时间，采取正确的装卸措施。

（3）浇筑时应采取适宜的入仓方法，限制卸料高度，对每层混凝土应按顺序振捣，严防漏振。

（4）浇筑后必须在一定时间内进行养护，保持必要的温度及湿度，保证水泥正常凝结硬化，从而确保混凝土的强度和防止发生干缩裂缝。

二、混凝土的合格性控制

混凝土的合格性控制主要是指在正常连续生产的情况下，随机抽取试样进行混凝土抗压强度的测试，用数理统计方法来评定混凝土的质量。数理统计方法可用算术平均值、标准差、变异系数和保证率等参数来综合评定混凝土质量，下面以混凝土强度为例，来说明数理统计方法的一些基本概念。

（一）混凝土强度评定标准

混凝土强度应分批进行检验评定，一个验收批的混凝土应由强度等级相同、龄期相同、生产工艺条件和配合比基本相同的混凝土组成。混凝土强度评定方法可分为统计方法和非统计方法两种。

1.统计方法评定

（1）标准差已知的统计方法。

当混凝土的生产条件在较长时间内保持一致，且同一品种混凝土的强度变异性能保持稳定时，每批的强度标准差σ_0可按常数考虑。强度评定应由连续的3个试件组成一个验收批，其强度应同时满足下列要求：

$$\bar{f}_{cu} \geqslant f_{cu,k} + 0.7\sigma_0 \\ f_{cu,\min} \geqslant f_{cu,k} + 0.7\sigma_0 \tag{5-1}$$

当混凝土强度等级≤C20时，强度最小值应满足下式要求：

$$f_{cu,\min} \geqslant 0.85 f_{cu,k} \tag{5-2}$$

当混凝土强度等级>C20时，强度最小值应满足下式要求：

$$f_{cu,\min} \geqslant 0.90 f_{cu,k} \quad (5-3)$$

式中：$\bar{f}_{cu}$——同一验收批混凝土立方体抗压强度的平均值，MPa；

$f_{cu,\min}$——同一验收批混凝土立方体抗压强度的最小值，MPa；

$f_{cu,k}$——混凝土设计强度等级，MPa；

σ_0——同一验收批混凝土立方体抗压强度的标准差，MPa。

（2）标准差未知的统计方法。

当混凝土生产连续性差生产条件在较长时间内不能保持一致，强度变异性不能保持稳定时，这时检验评定只能根据每一验收批抽样的强度数据来确定。强度评定应由不少于10组试件组成一个验收批，其强度应同时满足下列要求：

$$\bar{f}_{cu} - \lambda_1 S_{f_{cu}} \geqslant 0.9 f_{cu,k}$$
$$f_{cu,\min} \geqslant \lambda_2 f_{cu,k} \quad (5-4)$$

式中：$S_{f_{cu}}$——同一验收批混凝土立方体抗压强度的标准差，MPa，当 $S_{f_{cu}} < 0.06 f_{cu,k}$ 时，取 $S_{f_{cu}} = 0.06 f_{cu,k}$。

验收批混凝土强度标准差应按下式计算：

$$S_{f_{cu}} = \sqrt{\frac{\sum_{i=1}^{n} f_{cu,i}^2 - n\bar{f}_{cu}^2}{n-1}} \quad (5-5)$$

式中：$f_{cu,i}$——第i组混凝土试件的立方体抗压强度值，MPa；

n——一个验收批混凝土试件的组数。

用统计方法进行混凝土强度评定，适用于预拌混凝土厂。预制混凝土构件厂和采用现场集中搅拌混凝土的施工单位。

2.非统计方法评定

当前我国各地普遍存在小批量零星混凝土的生产方式，其试件组数有限，不具备按统计方法评定混凝土强度的条件，这时可采用非统计方法评定混凝土强度。

按非统计方法评定混凝土强度时，试件组数一般为2～9组，强度一般应同时满足下列条件：

$$\bar{f}_{cu} \geqslant 1.15 f_{cu,k}$$
$$f_{cu,\min} \geqslant 0.95 f_{cu,k} \quad (5-6)$$

非统计方法评定混凝土强度，适用于零星生产的预制构件厂的混凝土或现场搅拌量不大的混凝土。

（二）混凝土强度合格性判定

当混凝土分批进行检验评定时，若检验结果能满足上述规定要求，则该批混凝土强度质量判断为合格；当不能满足上述规定时，该批混凝土强度质量判为不合格。对于评定为不合格的混凝土结构或构件，应进行实体鉴定，经鉴定仍未达到设计要求的结构或构件，必须及时处理，确保混凝土强度满足设计要求。

当对混凝土试件强度的代表性有怀疑时，可采用从结构或构件中钻取试件的方法或采用非破损（回弹法、超声法）检验方法，按有关标准的规定对结构或构件中混凝土的强度进行评定。

第四节 其他种类混凝土

一、轻骨料混凝土

凡用轻粗骨料、轻砂（或普通砂）水泥和水配制成的，干表观密度不大于1950kg/m³的混凝土，称为轻骨料混凝土。与普通混凝土相比，轻骨料混凝土具有表观密度小、强度高、防火性和保温隔热性好等优点，特别适用于高层建筑大跨度建筑和有保温要求的建筑。随着墙体材料的改革，轻骨料混凝土将有更广泛的前景。

（一）轻骨料的要求

轻骨料常分为轻细骨料和轻粗骨料。粒径不大于5mm，堆积密度小于1200kg/m³的骨料称为轻细骨料；粒径大于5mm，堆积密度小于1100kg/m³的骨料称为轻粗骨料。

轻骨料按其来源可分为天然轻骨料（浮石、火山渣等）、人造轻骨料（陶粒、膨胀珍珠岩等）和工业废料轻骨料（粉煤灰陶粒、自然煤矸石等）。轻骨料混凝土对轻骨料的要求主要有以下几项。

1.颗粒尺寸和级配

因为轻骨料本身的强度较低，其粒径越大，配制混凝土的强度就越低。对轻粗骨料最大粒径的要求如下：承重混凝土用轻骨料最大粒径不宜大于20mm，非承重混凝土用轻骨料最大粒径不宜大于40mm；对轻细骨料，粒径大于5mm的颗粒不宜超过10%。

轻骨料也要求有良好的级配，轻骨料级配的测定与砂、石的测定相同。另外，轻粗骨料的空隙率应不大于50%，以确保混凝土的强度和耐久性减少水泥用量。

2.强度

在轻骨料混凝土中骨料的强度相对较低，它是决定混凝土强度的主要因素。表示轻骨料强度的指标是筒压强度，它是将轻骨料按要求装入标准承压筒中，通过冲压模压入20mm深，此时的压力值除以承压面积即为轻骨料的筒压强度。一般轻骨料的筒压强度值为0.3~6.5MPa，对应的混凝土实际强度为3.5~40MPa。

3.吸水率

轻骨料内部为多孔结构，吸水能力较强。轻骨料的吸水主要集中在开始1h内，24h后几乎不再吸水，因此，轻骨料的吸水率是指其1h的吸水率。骨料吸水率过大会影响混凝土的和易性及早期性能，一般要求轻骨料的吸水率不宜大于22%，对于陶粒，吸水率不应大于10%。建筑工程中要求使用轻骨料前应先使骨料吸水达到1h的吸水率，避免骨料在混凝土初期吸水影响混凝土的性能。

（二）轻骨料混凝土的技术性质

1.和易性

轻骨料混凝土具有表观密度小、表面多孔粗糙、吸水性强等特点。与普通混凝土相比，轻骨料混凝土拌和物黏聚性和保水性好，但坍落度值较小，流动性较差。轻骨料混凝土自重轻，其自重坍落趋势轻于普通混凝土，但在施工时受振动后表现出的流动性却接近普通混凝土。故在工程条件相同的情况下，对轻骨料混凝土的坍落度要求值，应比普通混凝土稍低一些。

影响轻骨料混凝土和易性的因素，除水泥浆用量等因素外，轻骨料的吸水性也是一个重要因素。因此，轻骨料在使用前必须充分润湿，否则会影响轻骨料混凝土的流动性。轻骨料混凝土拌和后应及早使用，测定和易性的时间也应严格控制，一般应在拌和后15~30min进行。

2.表观密度

轻骨料混凝土的强度、保温性、自重等性质，均与其表观密度关系密切，因此，在工程中通过选择轻骨料混凝土的表观密度来满足工程要求。

3.抗压强度

轻骨料混凝土按其立方体抗压强度标准值划分为11个强度等级，即CL5.0、CL7.5、CL10、CL15、CL20、CI25、CL30、CL35、CL40、CL45、CL50。

轻骨料的筒压强度是比较低的，但往往却能配制出强度比筒压强度高几倍的轻骨料混凝土。这是由于轻粗骨料表面粗糙多孔，骨料的吸水作用使其表面局部呈低水胶比，从而提高了骨料表面附近水泥石的密度。同时，粗糙的骨料表面也促使轻骨料与水泥石的黏结力得以提高,在骨料周围形成坚硬的水泥石外壳,使混凝土受压破坏从骨料本身开始,而不是沿骨料与水泥石的界面破坏。

4.其他性质

轻骨料混凝土的弹性模量比普通混凝土低25%～60%,这有利于改善建筑物的抗震性能和抵抗动荷载的作用。轻骨料混凝土在硬化过程中的收缩率比普通混凝土大20%～50%,徐变变形比普通混凝土大30%~60%,热膨胀系数比普通混凝土小20%左右,导热系数比普通混凝土降低25%~75%,耐火性与抗冻性较普通混凝土有不同程度的改善。

二、无砂大孔混凝土

无砂大孔混凝土是由水泥、粗骨料和水拌制而成的一种不含砂的轻混凝土。无砂大孔混凝土的水泥用量一般为200～300kg/m³,水胶比为0.4～0.6,选用10～20mm颗粒均匀的碎石或卵石。水泥浆在其中不起填充粗骨料空出作用,仅起将骨料胶结在一起的作用。无砂大孔混凝土配制时要严格控制用水量,若用水量过多,水泥浆会沿骨料向下流淌,使混凝土强度不够,容易在强度弱的地方折断。

无砂大孔混凝土的导热系数小,保温性能好,吸湿性小,收缩较普通混凝土小20%～50%,适宜做墙体材料。另外,大孔混凝土还具有透气、透水性大等优点,在水工建筑物中可用作排水暗道。

三、多孔混凝土

多孔混凝土是一种不用骨料,内部均匀分布着微小气泡的轻混凝土。常用的多孔混凝土有加气混凝土和泡沫混凝土。加气混凝土用含钙材料(水泥、石灰)、含硅材料(石英砂、煤灰等)和发气剂(铝粉)作为原料,经过磨细、配料、搅拌、浇筑、成型、切割和蒸压养护等工序生产而成。泡沫混凝土是水泥砂浆和泡沫剂搅拌均匀后经硬化而成的混凝土。

多孔混凝土的孔隙率可达85%,表观密度为300～1200kg/m³,具有承重和保温双重功能,可制成砌块墙板、屋面板及保温制品,广泛应用于工业与民用建筑及保温工程中。

四、特细砂混凝土

凡细度模数在1.6以下或平均粒径在0.25mm的砂称为特细砂,用特细砂配制的混凝土称为特细砂混凝土。我国广大地区蕴藏着大量的特细砂,采用特细砂配制的混凝土,水泥用量略多于中、粗砂配制的混凝土,但要符合"就地取材"的原则,因而仍然有很显著的经济效果。

（一）特细砂混凝土的用砂要求

用于配制混凝土的特细砂，要满足相关要求。特细砂含泥量高于一般普通砂，且不易清洗。对特细砂中的含泥量可适当放宽，一般不宜超过下列数值：当水泥强度与混凝土强度之比小于或等于2时，含泥量不得大于5%；当水泥强度与混凝土强度之比大于2但小于3时，含泥量不得大于7.5%；当水泥强度与混凝土强度之比大于或等于3时，含泥量不得大于10%。

（二）特细砂混凝土的特点

1.低砂率

实践证明，采用低砂率是配制特细砂混凝土的关键。因为特细砂总表面积和空隙率都比普通砂大，因而包裹砂表面和填充砂空隙所用的水泥浆也多了。水泥浆多了，混凝土收缩性随之增大，只有适当减少其砂率才能消除上述不利情况。同时采用低砂率，砂浆包裹层厚度相对减少，在石子粒径和空隙率不变的情况下，石子用量相应增大，砂浆用量相应减少，可增强混凝土骨架坚固性，节约水泥，减少收缩，提高强度。但采用低砂率并非砂率越低越好，因为砂率过小，砂浆量过少，石子相对偏多，会使拌和物在施工过程中产生离析，不易捣实。配制特细砂混凝土砂率采用如下：当粗骨料用碎石时，砂率应控制在15%~30%；当粗骨料用卵石时，砂率应控制在14%~25%。

2.低流动性

特细砂混凝土要求低流动性，这是因为特细砂混凝土拌和物中砂浆量少，若增加流动性，拌和物中就得多用水泥砂浆或提高水胶比水泥强度等级，这在经济方面是不可取的，因此，要求低流动性。采用坍落度法测定特细砂混凝土拌和物的流动性，其坍落度值不宜大于30mm。因此，特细砂混凝土的流动性更适合用维勃稠度测定方法进行测定，维勃稠度值不宜大于30s。

3.特细砂混凝土施工

特细砂混凝土黏性大，不易拌和均匀，宜采用机械搅拌和振捣，拌和时间应比普通混凝土延长1~2min。构件成型后，进行二次抹面以提高混凝土表面密实度。同时，应及时采取措施对成型混凝土进行早期养护，养护时间也要比普通混凝土适当延长。

五、水泥粉煤灰混凝土

水泥粉煤灰混凝土是指在水泥混凝土中掺加粉煤灰组分配制成的混凝土。在这类混凝土中粉煤灰是作为掺和料加入混凝土中的，不同于生产水泥时与熟料共同磨细的混合材料。

在混凝土中掺入适量粉煤灰，可以节约水泥，改善混凝土的和易性，提高混凝土的强度（特别是后期强度），降低混凝土的水化热，减少混凝土的收缩，显著改善混凝土的耐久性（特别是抗渗性、耐腐蚀性）。粉煤灰混凝土不但在技术经济方面有显著的效益，而且大量粉煤灰的利用还可以解决工业废料对环境造成的污染。

在水泥粉煤灰混凝土施工中，粉煤灰是直接掺入混凝土中的，这使得粉煤灰混凝土不仅可以改善多种性能，节约水泥和降低成本，而且使用操作也非常方便。因此，粉煤灰混凝土在大体积混凝土、耐腐蚀混凝土水工混凝土、防水混凝土、蒸养混凝土以及高强混凝土等结构中具有广泛的应用前景。

六、防水混凝土

防水混凝土也称抗渗混凝土，是指具有较高抗渗能力的混凝土。防水混凝土主要是在普通混凝土的基础上通过调整配合比改善骨料级配、选择水泥品种以及掺入外加剂等方法，改善混凝土自身的密实性，从而达到防水抗渗的目的。目前，常用的防水混凝土有普通防水混凝土和外加剂防水混凝土两种。

（一）普通防水混凝土

普通防水混凝土主要是指通过严格控制骨料级配、水胶比、水泥用量等方法，提高混凝土密实性以满足抗渗要求的混凝土。为此，普通防水混凝土所用的材料除应满足普通混凝土对原材料的要求外，配合比还应符合以下要求。

（1）按设计要求合理选择水泥品种，水泥强度等级不低于42.5，1m^{3}混凝土水泥用量（含掺和料）不小于320kg。

（2）粗骨料最大粒径不宜大于40mm，表面不得黏附泥土，含泥量小于1.0%，泥块含量小于0.5%；细骨料宜采用级配良好的中砂，含泥量小于3.0%，泥块含量小于1.0%砂率宜为35%～45%。

（3）水胶比应限制在0.6以下，灰砂比宜为0.4～0.5，坍落度宜为30～40mm。

（二）外加剂防水混凝土

外加剂防水混凝土是指在混凝土中掺入适当品种和数量的外加剂，隔断或堵塞混凝土中的各种孔隙、裂缝及渗水通道，以提高抗渗性能的一种混凝土。常用的外加剂有引气剂和密实剂。

在混凝土中加入极微量的引气剂，可产生大量均匀的、孤立的和稳定的小气泡，它们填充了混凝土的孔隙、隔断了渗水通道。此外，引气剂还能使水泥石中的毛细管由亲水性变为憎水性，阻碍混凝土的吸水和渗水作用，也有利于提高混凝土的抗渗性。引气剂防水混凝土具有良好的和易性、抗渗性、抗冻性和耐久性，技术经济效果好，在国内外普遍采用。

密实剂防水混凝土是在搅拌混凝土时，加入一定数量的氢氧化铝或氢氧化铁溶液。

这些溶液与氢氧化钙反应生成不溶于水的胶体，能堵塞混凝土内部的毛细管及孔隙，从而提高混凝土的密实性和抗冻性。密实剂防水混凝土适用于对抗渗性要求较高的混凝土，其缺点是造价高，当掺量过多时，对钢筋锈蚀及干缩影响较大。

防水混凝土主要应用于各种基础工程、水工构筑物地下工程屋面或桥面工程等，是一种经济可靠的防水材料。

七、高性能混凝土

高性能混凝土是近几年来提出的一个全新概念。目前，各个国家对高性能混凝土还没有统一的定义，但其基本含义是指具有良好的工作性、较高的抗压强度、较高的体积稳定性和良好耐久性的混凝土。高性能混凝土既是流态混凝土（坍落度>200mm），也是高强混凝土（强度等级≥C60）。因为流态混凝土具有大的流动性，混凝土拌和物不离析，施工方便；高强混凝土强度高、耐久性好变形小。高性能混凝土也可以是满足某些特殊性能要求的均质性混凝土。

配制高性能混凝土的主要途径如下。

（1）改善原材料性能，如采用高品质水泥，选用级配良好、致密坚硬的骨料，掺加超活性掺和料等。

（2）优化配合比，普通混凝土配合比设计方法在这里不再适用，必须通过适配优化后确定配合比。

（3）掺入高效减水剂，高效减水剂可减小水胶比，获得高流动性，提高抗压强度。

（4）加强生产质量管理，严格控制每个施工环节，如加强养护，加强振捣等。

（5）掺入某些纤维材料可以提高混凝土的韧性，高性能混凝土是水泥混凝土的发展方向之一，广泛应用于高层建筑、工业厂房、桥梁工程、港口及海洋工程水工结构等工程中。

八、耐热混凝土

耐热混凝土是指在长期高温作用下能保持其所需的物理力学性能的混凝土，它是由适当的胶凝材料、耐热粗细骨料和水按一定比例配制而成的。根据耐热混凝土所使用的胶凝材料不同，耐热混凝土有以下两种。

（一）硅酸盐水泥耐热混凝土

它是由普通水泥或矿渣水泥、磨细掺和料、耐热粗细骨料和水配制而成的。这类耐热混凝土要求所用的水泥中不得掺有石灰岩类的混合材料，磨细掺和料可用黏土熟料磨细石英砂、砖瓦粉末等，其中的SiO_2、Al_2O_3在高温下能与CaO作用，生成无水硅酸盐和铝酸盐，提高水泥的耐热性。耐热粗细骨料可采用重矿渣、红砖黏土质耐火砖碎块等。普通水泥配制的耐热混凝土的极限使用温度在1200℃以下，矿渣水泥配制的耐热混凝土的极限使用温度在900℃以下。

（二）铝酸盐水泥耐热混凝土

它是由高铝水泥或低钙铝酸盐水泥、耐火度较大的掺和料、耐热粗细骨料和水配制而成的，其极限使用温度在1300℃以下。高铝水泥的熔化温度在1200~1400℃，因此，在此极限温度下是不会被熔化而降低强度的。

耐热混凝土在建筑工程中主要用来建造高炉基础、高炉外壳和热工设备基础及围护结构等。

九、纤维混凝土

纤维混凝土是一种以普通混凝土为基材，外掺各种短切纤维材料而制成的纤维增强混凝土。常用的短切纤维材料有尼龙纤维、聚乙烯纤维、聚丙烯纤维、钢纤维、玻璃纤维、碳纤维等。

众所周知，普通混凝土虽然抗压强度较高，但其抗拉、抗裂、抗弯、抗冲击等性能较差。

在普通混凝土中加入纤维制成纤维混凝土可有效地降低混凝土的脆性，提高混凝土的抗拉、抗裂抗弯、抗冲击等性能。

目前，纤维混凝土已用于屋面板、墙板、路面桥梁、飞机跑道等方面，并取得了很好的效果，预计在今后的建筑工程中将得到更广泛的应用。

第五节　水工混凝土用细骨料（砂）性能试验

一、骨料——砂子

粒径为0.15～4.75mm的骨料称为细骨料（砂子）。砂子分为天然砂和人工砂两类：天然砂是岩石自然风化后形成的大小不等的颗粒，包括河砂、山砂及淡化海砂；人工砂包括机制砂和混合砂，一般混凝土用砂采用天然砂。

拌制混凝土要选用质量良好的砂子，对砂的质量要求主要有以下几个方面。

（一）有害杂质的含量

用来配制混凝土的砂要求清洁不含杂质，以保证混凝土的质量。但实际上砂中常含有云母、硫酸盐、黏土、淤泥等有害杂质，这些杂质黏附在砂的表面，妨碍水泥与砂的黏结，降低混凝土的强度，同时，还增加混凝土的用水量，从而加大混凝土的收缩，降低混凝土的耐久性。一些硫酸盐、硫化物，还对水泥石有腐蚀作用。氯化物容易加剧钢筋混凝土中钢筋的锈蚀，也应加以限制。

（二）砂子的坚固性与碱活

砂子的坚固性，是指其抵抗自然环境对其腐蚀或风化的能力。通常用硫酸钠溶液干湿循环5次后的质量损失来表示砂子坚固性的好坏。

砂中若含有活性氧化硅，可能与水泥中的碱分起作用，产生碱—骨料反应，并使混凝土发生膨胀开裂。因此，通常应选用无活性氧化硅的骨料。

（三）砂的粗细程度与颗粒级配

砂的粗细程度是指不同粒径的砂粒混合在一起的平均粗细程度。根据粗细程度，砂可分为粗砂、中砂、细砂和特细砂。在砂用量相同的条件下，若砂子过细，则砂的总表面积就较大，需要包裹砂粒表面的水泥浆的数量多，水泥用量就多；若砂子过粗，虽能少用水泥，但混凝土拌和物黏聚性较差，容易发生分层离析现象。所以，用于拌制混凝土的砂不宜过粗，也不宜过细。

砂的颗粒级配是指不同粒径的砂粒相互间的搭配情况。在混凝土中砂粒之间的空隙是由水泥浆所填充的，为了节约水泥，提高混凝土强度，应尽量减小砂粒之间的空隙。如果是相同粒径的砂，空隙就大；用两种不同粒径的砂搭配起来，空隙就减小了；用三种不同粒径的砂搭配，空隙就更小了。由此可见，要想减小砂粒间的空隙，就必须有大小不同粒径的砂相互搭配。所以，混凝土用砂要选用颗粒级配良好的砂。

综上所述，混凝土用砂应同时考虑砂的粗细程度和颗粒级配。当砂的颗粒较粗且级配良好时，砂的空隙率和总表面积均较小，这样不仅可以节约水泥，而且可提高混凝土的强度和密实性。可见，控制混凝土砂的粗细程度和颗粒级配有很大的技术经济意义。

砂的粗细程度和颗粒级配常用筛分析的方法进行测定，用细度模数来判断砂的粗细程度，用级配区来表示砂的颗粒级配。筛分析法是用一套孔径分别为4.75mm、2.36mm、1.18mm、0.6mm、0.3mm、0.15mm的标准方孔筛，将500g干砂试样依次过筛，然后称得余留在各号筛上砂的质量（分计筛余量），并计算出各筛上的分计筛余百分率（分计筛余量占砂样总质量的百分数）及累计筛余百分率（各筛和比该筛粗的所有分计筛余百分率之和）。根据累计筛余百分率可计算出砂的细度模数和划分砂的级配区，以评定砂的粗细程度和颗粒级配。

混凝土用砂的级配必须合理，否则难以配制出性能良好的混凝土。当现有的砂级配不良时，可采用人工级配方法来改善，最简单的措施是将粗、细砂按适当比例进行试配，掺和使用。

二、一般规定

（一）砂检验批的规定

（1）国家标准《建设用砂》（GB/T 14684—2022）中规定的检验批：使用单位应按砂同分类规格类别及日产量每600t为一批，不足600t亦为一批；日产量超过2000t，按1000t为一批，不足1000t亦为一批。

（2）行业标准《普通混凝土用砂、石质量及检验方法标准》（JGJ 52—2006）中规定的检验批：采用大型工具（如火车、货船或汽车）运输的，应以400m³或600t为一验收批；采用小型工具（如拖拉机等）运输的，应以200m³或300t为一验收批；不足上述量者，应按一验收批进行。

（3）行业标准《水工混凝土施工规范》（SL 677—2014）规定：细骨料应按同料源每600～1200t为一批。

（二）取样方法

国家标准《建设用砂》（GB/T 14684—2022）中规定的取样方法如下：

（1）在料堆上取样时，取样部位应均匀分布。取样前先将取样部位表层铲除，再然后从不同部位随机抽取大致等量的砂8份，组成一组样品。

（2）从皮带运输机上取样时，应全断面定时随机抽取大致等量的砂4份，组成一组样品。

（3）从火车、汽车、货船上取样时，从不同部位和深度随机抽取大致等量的砂8份，组成一组样品。

（三）取样数量

国家标准《建设用砂》（GB/T14684-2022）规定的每组样品的取样数量，对单项检测，应不小于规定的最少数量。须做几项检测时，若确能保证样品经一项检测后不致影响另一项检测结果，也可以用同一组样品进行几项不同的检测。

（四）试样处理

（1）人工四分法。将所取砂样置于平板上，在潮湿状态下拌和均匀，堆成厚约2cm的"圆饼"，然后沿互相垂直的两条直径把圆饼分成大致相等的4份，取其对角两份重新拌匀，再堆成"圆饼"。重复以上过程，直至缩分后质量略多于试验所必需质量。

（2）分料器法。将样品在潮湿状态下拌和均匀，然后通过分料器，取接料斗中的其中一份再次通过分料器。重复上述过程，直至把样品缩分到试验所需量。

（3）砂的含水率堆积密度紧密密度、人工砂坚固性检验所用试样可不经缩分，在拌匀后直接进行试验。

（五）试样的包装

每组试样应采用能避免细骨料散失及防止污染的容器包装，并附卡片标明试样编号、产地、规格、质量、要求检验项目及取样方法。

（六）试验环境

实验室的温度应保持在（20±5）℃。

三、砂的颗粒级配试验

（一）试验目的

测定砂的颗粒级配，计算细度模数，评定砂料品质和进行施工质量控制。

（二）主要仪器设备

（1）天平：称量1000g，感量1g。

（2）筛：砂料标准筛一套，孔形为方孔，孔径（公称直径）分别为9.5mm、4.75mm、2.36mm、1.18mm、600μm、300μm、150μm，并附有底盘和盖。

（3）振（摇）筛机。

（4）烘箱：控制温度（105±5）℃。

（5）搪瓷盘、毛刷等。

（三）试样制备

按规定取样，筛除粒径大于10mm的颗粒（算出筛余百分率），并将试样缩分至约1100g，放在烘箱中在（105±5）℃下烘干至恒量（指试样在烘干3h以上的情况下，其前后质量之差不大于该项试验所要求的称量精度），待冷却至室温后，分成大致相等的试样两份备用。

（四）试验步骤

（1）将标准筛按由上到下筛孔按由大到小的顺序套装在筛的底盘上。

（2）准确称取烘干试样500g，精确至1g。倒入组装好的套筛上，盖好筛盖。

（3）将套筛装入摇筛机内固紧，筛分时间为10min，然后取出套筛，再按筛孔大小顺序，在清洁的浅盘上逐个进行手筛，直至每分钟的筛出量不超过试样总量的0.1%，通过的颗粒进入下一个筛中，并和下一个筛中试样一起过筛。按这样的顺序过筛，直至每个筛全部筛完。

（4）当砂样在各号筛上的筛余量超过200g时，应将该筛余砂样分成两份，再进行筛分，并以两次筛余量之和作为该号筛的筛余量。

注意：砂样为特细砂时，每份砂样量可取250g，筛分时在0.16mm筛以下增加0.08mm的方孔筛一只，并记录和计算0.08mm筛的筛余量和分计筛余百分率。

无摇筛机时，可直接用手筛。手筛时，将装有砂样的整套筛放在试验台上，右手按着顶盖，左手扶住侧面，将套筛一侧拾起（倾斜度30°~35°），使筛底与台面成点接触，并按顺时针方向滚动筛析3min，然后逐个过筛直至达到要求。

（5）筛完后，将各筛上剩余的砂粒用手刷轻轻刷净，称出每号筛上的筛余量。

（五）结果计算与评定

（1）计算各筛的分计筛余百分率：各号筛的筛余量与试样总质量之比，精确至0.1%。

（2）计算各筛的累计筛余百分率：该号筛的分计筛余百分率加上该号筛以上各分计筛余百分率之和，精确至0.1%。

（3）计算砂的细度模数，精确至1%。

（4）以两次测值的平均值作为试验结果。如各筛的筛余量和底盘中粉砂质量的总和与原试样质量相差超过试样量的1%，或两次测试的细度模数相差超过0.2，应重新试验。

（5）根据各号筛的累计筛余百分率测定值绘制筛分曲线。

四、砂的含泥量试验

（一）试验目的

检测砂的含泥量评定砂的质量。

（二）主要仪器设备

（1）烘箱：控制温度（105±5）℃。

（2）天平：称量1000g，感量0.1g。

（3）方孔筛：孔径为75μm和1.18mm筛各1只。

（4）容器：在淘洗试样时，保持试样不溅出（深度大于250mm）。

（5）搪瓷盘、毛刷等。

（三）试样制备

按规定取样，并将试样用四分法缩分至约1100g，置于温度为（105±5）℃的烘箱中烘干至恒重，冷却至室温，分为大致相等的两份备用。

（四）试验步骤

（1）滤洗：称取试样500g置于容器中，注入清水，使水面约高出试样面150mm，充分拌匀后，浸泡2h。然后用手在水中淘洗砂样，使尘屑、淤泥和黏土与砂粒分离，并使之悬浮或溶于水中。将筛子用水湿润，将1.18mm的筛套在75μm的筛子上将浑浊液缓缓倒入套筛，滤去粒径小于75um的颗粒。在整个过程中严防砂粒丢失，再次向筒中加水，重复淘洗过滤，直到筒内洗出的水清澈。

（2）烘干称量：用水冲洗留在筛上的细颗粒，将75μm的筛放在水中，使水面略高出砂粒表面，来回摇动，以充分洗除粒径小于75μm的颗粒。仔细取下筛余的颗粒，与筒内已洗净的试样一并装入搪瓷盘，置于温度为（105±5）9℃的烘箱中烘干至恒重。冷却至室温后，称其质量，精确至0.1g。

五、砂的泥块含量试验

（一）试验目的

测定砂的泥块含量，评定砂的质量。

（二）仪器设备

（1）烘箱：控制温度（105±5）℃。

（2）天平：称量1000g，感量0.1g。

（3）方孔筛：孔径为600μm和1.18mm筛各1只。

（4）容器：在淘洗试样时，保持试样不溅出（深度大于250mm）。

（5）搪瓷盘、毛刷、铁铲等。

（三）试样制备

按规定取样，并将试样缩分至约1100g，置于温度为（105±5）℃的烘箱中烘干至恒重。冷却至室温，筛除粒径小于1.18mm的颗粒，分为大致相等的两份备用。

（四）试验步骤

（1）称取试样200g，精确至0.1g。将试样倒入淘洗容器中，注入清水，使水面高于试样表面约150mm，充分搅拌均匀后，浸泡24h。然后在水中用手碾碎泥块，再把试样放在600μm筛上，用水淘洗，直至容器内的水目测清澈。

（2）将保留下来的试样小心地从筛中取出，装入浅盘后，放在干燥箱中于（105±5）℃下烘干至恒量，待冷却至室温后，称出其质量，精确至0.1g。

第六节　水工混凝土用粗骨料（石）性能检测

一、粗骨料——石子

粗骨料一般指粒径大于4.75mm的岩石颗粒，有卵石和碎石两大类。卵石是由自然条件作用形成的岩石颗粒，分为河卵石、海卵石和山卵石；碎石由天然岩石（或卵石）经破碎、筛分而得。按卵石、碎石的技术要求将卵石，碎石分为Ⅰ类、Ⅱ类、Ⅲ类。Ⅰ类宜用于强度等级大于C60的混凝土；Ⅱ类宜用于强度等级C30～C60及有抗冻、抗渗或其他要求的混凝土；Ⅲ类宜用于强度等级小于C30的混凝土（或建筑砂浆）。

卵石则多为圆形，表面光滑，与水泥的黏结较差；碎石多棱角，表面粗糙，与水泥黏结较好。当采用相同混凝土配合比时，用卵石拌制的混凝土拌和物流动性较好，但硬化后强度较低；而用碎石拌制的混凝土拌和物流动性较差，但硬化后强度较高。配制混凝土选用碎石还是卵石，要根据工程性质、当地材料的供应情况、成本等各方面综合考虑。

为了保证混凝土的强度和耐久性，对卵石和碎石的各项指标做了具体规定，主要有以下几个方面。

（一）有害杂质含量

粗骨料中的有害杂质主要有黏土、淤泥、硫酸盐及硫化物和一些有机杂质等，其对混凝土的危害作用与细骨料中的相同。另外，粗骨料中还可能含有针状（颗粒长度大于相应粒级平均粒径的2.4倍）和片状（厚度小于平均粒径的0.4倍）颗粒，针状、片状颗粒易折断，其含量多时，会降低新拌混凝土的流动性和硬化后混凝土的强度。

（二）强度和坚固性

（1）强度。

为了保证混凝土具有足够的强度，所采用的粗骨料应质地致密，具有足够的强度。碎石或卵石的强度，可用压碎指标和岩石立方体强度两种方法表示。对于经常性的生产质量控制，常用压碎指标值来检验石子的强度。但在选择采石场，或对粗骨料强度有严格要求，或对质量有争议时，宜用岩石立方体强度做检验。

压碎指标是将一定质量气干状态下粒径为10～20mm的石子装入一定规格的圆桶内，在压力机上均匀加荷到200kN，然后卸荷后称取试样质量，再用孔径为2.36mm的筛筛除被压碎的碎粒，称取试样的筛余量。

岩石立方体强度，是用母岩制成50mm×50mm×50mm的立方体（或直径与高均为50mm的圆柱体），浸泡水中48h，待吸水饱和后测得的极限抗压强度。岩石立方体抗压强度与设计要求的混凝土强度等级之比，不应低于1.5。同时，火成岩试件的强度不宜低于80MPa，变质岩不宜低于60MPa，水成岩不宜低于30MPa。

（2）坚固性。

石子的坚固性是指石子在气候、环境变化和其他物理力学因素作用下，抵抗破碎的能力。坚固性试验是用硫酸钠溶液浸泡法检验，试样经5次干湿循环后，其质量损失应满足相应的要求。

（三）大粒径和颗粒级配

（1）最大粒径。

粗骨料中公称粒级的上限称为该粒级的最大粒径。例如，当采用5~40mm的粗骨料时，此骨料的最大粒径为40mm。骨料的粒径越大，其总表面积越小，包裹其表面所需的水泥浆量减少，可节约水泥；在和易性和水泥用量一定的条件下，能减少用水量而提高强度和耐久性。

正确合理地选用粗骨料的最大粒径，要综合考虑结构物的种类，构件截面尺寸，钢筋最小净距和施工条件等因素。《混凝土质量控制标准》（GB50164-2011）规定，骨料的最大公称粒径不得大于构件截面最小尺寸的1/4，同时不得大于钢筋间最小净距的3/4。对于混凝土实心板，最大粒径不宜超过板厚的1/3且不得大于40mm；对于大体积混凝土，粗骨料的最大公称粒径不宜小于31.5mm，高强混凝土最大公称粒径不宜大于25mm；对于泵送混凝土，碎石的最大粒径与输送管内径之比，不宜大于1∶3，卵石不宜大于1∶2.5。粒径过大，对运输和搅拌都不方便，容易造成混凝土离析、分层等质量问题。

（2）颗粒级配。

粗骨料的级配原理与细骨料基本相同，也要求有良好的颗粒级配，以减小空隙率，节约水泥，提高混凝土的密实度和强度。

粗骨料的颗粒级配也是通过筛分试验来测定的，用一套孔径分别为2.36mm、4.75mm、9.5mm、16.0mm、19.0mm、26.5mm、31.5mm、37.5mm、53.0mm、63.0mm、75.0mm和90.0mm的筛进行筛分，称得每个筛上的筛余量，计算出分计筛余百分率和累计筛余百分率（分计筛余百分率和累计筛余百分率的计算与细骨料相同）。

连续粒级是石子粒级呈连续性，即颗粒由大到小，每级石子占一定的比例。连续粒级的石子颗粒间粒差小，配制的混凝土和易性好，不易发生离析现象。连续粒级是粗骨料最理想的级配形式，目前在建筑工程中最为常用。

单粒粒级是人为剔除某些粒级颗粒，从而使粗骨料的级配不连续，又称间断粒级。单粒粒级较大粒径骨料之间的空隙直接由比它小很多的小粒径颗粒填充，使空隙率达到最小，密实度增加，可以节约水泥。但由于颗粒粒径相差较大，混凝土拌和物容易产生离析现象，导致施工困难，一般工程中少用。单粒级配一般不单独使用，常用于组合成连续粒级，也可与连续粒级配合使用。

二、一般规定

（一）石料检验批的确定

（1）国家标准《建设用卵石、碎石》（GB/T 14685—2022）中规定的检验批：使用单位应按砂同分类、类别公称粒级及日产量每600t为一批，不足600t亦为一批；日产量超过2000t，按1000t为一批，不足1000t亦为一批；日产量超过5000t，按2000t为一批，不足2000t亦为一批。

（2）行业标准《普通混凝土用砂、石质量及检验方法标准》（JGJ 52—2006）中规定的检验批：

采用大型工具（如火车、货船或汽车）运输的，应以400m³或600t为一验收批；采用小型工具（如拖拉机等）运输的，应以200m³或300t为一验收批；不足上述量者应按一验收批进行。

石子在运输、装卸和堆放过程中，应防止颗粒离析、混入杂质，并应按产地、种类和规格分别堆放。碎石或卵石堆放高度不宜超过5m，对单粒粒级或最大粒径不超过20mm的连续粒级，堆料高度可增加到10m。

（3）行业标准《水工混凝土施工规范》（SL 677—2014）规定：粗骨料应按同料源、同规格碎石每2000t为一批，卵石每1000t为一批。

（二）取样方法

（1）在料堆上取样时，取样部位应均匀分布。取样前，应先将取样部位表层铲除，再从不同部位抽取大致等量的石子15份（在料堆顶部、中部和底部均匀分布的15个不同部位取得）、组成一组样品。

（2）从皮带运输机上取样时，应用接料器在皮带运输机机尾的出料处定时抽取大致等量的石子8份，组成一组样品。

（3）从火车、汽车、货船上取样时，应从不同部位和深度抽取大致等量的石子16份，组成一组样品。

（三）取样数量

对于每一单项试验，应不小于最少取样的数量。需做几项试验时，如确能保证试样经一项试验后，不致影响另一项试验的结果，可用一组试样进行几项不同的试验。根据需要确定，若做全项检验，应不少于50kg。

（四）试样处理

（1）试样的缩分。将每组样品置于平板上，在自然状态下拌混均匀，并堆成锥体，然后沿互相垂直的两条直径把锥体分成大致相等的4份，取其对角的两份重新拌匀，再堆成锥体，重复上述过程，直至缩分后的材料量略多于进行试验所必需的量。

（2）碎石或卵石的含水率、堆积密度、紧密密度检验所用的试样，不经缩分，拌匀后直接进行试验。

（五）试样的包装

每组试样应采用能避免骨料散失及防止污染的容器包装，并附卡片标明试样编号、产地、规格、质量、要求检验项目及取样方法。

（六）试验环境

实验室的温度应保持在（20±5）℃。

三、石子颗粒级配试验

（一）试验目的

通过筛分试验测定碎石或卵石的颗粒级配，以便选择优质粗骨料，达到节约水泥和改善混凝土性能的目的，并作为混凝土配合比设计和一般使用的依据。

（二）主要仪器设备

（1）试验筛：孔径分别为2.36mm、4.75mm、9.50mm、16.0mm、19.0mm、26.5mm、31.5mm、37.5mm、53.0mm、63.0mm、75.0mm及90.0mm的方孔筛，并附有筛底和筛盖。

（2）台秤：称量10kg，感量1g。

（3）烘箱：控制温度（105±5）℃。

（4）摇筛机。

（5）搪瓷盘，毛刷等。

（三）试样准备

按规定取样，将试样缩分到规定的数量，烘干或风干后备用。

（四）试验步骤

（1）按规定数量称取试样一份，精确至1g，将试样倒入按筛孔大小从上到下组合的套筛（附筛底）上。

（2）将套筛置于摇筛机上筛10min，取下套筛，按筛孔大小顺序再逐个用手筛，筛至每分钟通过量小于试样总量的0.1%为止。通过的颗粒并入下一号筛中，并和下一号筛中的试样一起过筛，直至各号筛全部筛完。对粒径大于19.0mm的颗粒，筛分时允许用手拨动。

（3）称出各筛的筛余量，精确至1g。

筛分后，若各筛的筛余量与筛底试样之和超过原试样质量的1%须重新试验。

（五）结果计算与评定

（1）计算各筛的分计筛余百分率（各号筛的筛余量与试样总质量之比），精确至0.1%。

（2）计算各筛的累计筛余百分率（该号筛的分计筛余百分率加上该号筛以上各分计筛余百分率之和），精确至1%。

（3）根据各号筛的累计筛余百分率，评定该试样的颗粒级配。

四、石子含泥量试验

（一）试验目的

测定石子的含泥量，评定石子的品质。

（二）主要仪器设备

（1）烘箱：控制温度（105±5）℃。

（2）台秤（天平）：称量10kg，感量1g。

（3）方孔筛：孔径为75μm及1.18mm的筛各1只。

（4）容器：要求淘洗试样时，保持试样不溅出。

（5）搪瓷盘、毛刷等。

（三）试样准备

按规定取样，将试样缩分到规定的数量，放在烘箱中于（105±5）℃下烘干至恒量，待冷却至室温后，分为大致相等的两份备用。

（四）试验步骤

（1）称取规定数量的试样一份，精确至1g。将试样放入淘洗容器中，注入清水，使水面高于试样上表面150mm，充分搅拌均匀后，浸泡2h，然后用手在水中淘洗试样，使尘屑、淤泥和黏土与石子颗粒分离，把浑水缓缓倒入1.18mm及75μm的套筛上（1.25mm筛放在75μm筛上面），滤去粒径小于75um的颗粒。试验前筛子的两面应先用水润湿。在整个试验过程中应小心防止粒径大于75um的颗粒流失。

（2）向容器中注入清水，重复上述操作，直至容器内的水目测清澈。

（3）用水淋洗剩余在筛上的细粒，并将75μm筛放在水中（使水面略高出筛中石子颗粒的上表面）来回摇动，以充分洗掉粒径小于75um的颗粒，然后将两只筛上筛余的颗粒和清洗容器中已经洗净的试样一并倒入搪瓷盘中，置于烘箱中于（105±5）℃下烘干至恒量，待冷却至室温后，称出其质量精确至1g。

五、石子泥块含量试验

（一）试验目的

测定石子的泥块含量，评定石子的品质。

（二）主要仪器设备

（1）烘箱：控制温度（105±5）℃。
（2）台秤（天平）：称量10kg，感量1g。
（3）方孔筛：孔径为2.36mm及4.75mm的筛各1只。
（4）容器：要求淘洗试样时，保持试样不溅出。
（5）搪瓷盘、毛刷等。

（三）试样准备

按规定取样，将试样缩分到规定的数量，放在烘箱中于（105±5）℃下烘干至恒量，待冷却至室温后，筛除粒径小于4.75mm的颗粒，分为大致相等的两份备用。

（四）试验步骤

（1）称取规定数量的试样一份，精确至1g。将试样倒入淘洗容器中，注入清水，使水面高于试样上表面。充分搅拌均匀后，浸泡24h。然后用手在水中碾碎泥块，再把试样放在2.36mm筛上，用水淘洗，直至容器内的水目测清澈。

（2）保留下来的试样小心地从筛中取出，装入搪瓷盘后，放在烘箱中于（105±5）℃下烘干至恒量，待冷却至室温后，称出其质量，精确至1g。

六、石子表观密度试验

（一）试验目的

通过试验测定石子的表观密度，为评定石子质量和混凝土配合比设计提供依据；石子的表观密度可以反映骨料的坚实、耐久程度，因此，是一项重要的技术指标。

（二）主要仪器设备

（1）天平或液体天平：称量应满足试样数量称量要求，感量不大于最大称量的0.05%。

（2）吊篮：由耐锈蚀材料制成，直径和高度为150mm左右，四周及底部用1～2mm的筛网编制或具有密集的孔眼。

（3）溢流水槽：在称重水中质量时能保持水面高度一定。

（4）烘箱：能控温在（105±5）℃。

（5）温度计。

（6）标准筛。

（7）其他：盛水容器（如搪瓷盘）、刷子、毛巾等。

（三）试验步骤

（1）按规定取样数量，风干后筛除小于4.75mm的颗粒，然后洗刷干净，分为大致相等的两份备用。

（2）取试样一份装入吊篮，并浸入盛水的容器中，水面至少高出试样50mm。浸泡24h后，移放到称量用的盛水容器中，并用上下升降吊篮的方法排除气泡（试样不得露出水面）。吊篮每升降一次约1s，升降高度30～50mm。

（3）测定水温后（此时吊篮应全浸在水中），准确称出吊篮及试样在水中的质量，精确至5g，称量时盛水容器中水面的高度由容器的溢流孔控制。

（4）提起吊篮，将试样倒入浅盘，放在干燥箱中于（105±5）℃下烘干至恒量，待冷却至室温后，称出其质量，精确至5g。

（5）称出吊篮在同样温度水中的质量，精确至5g。称量时盛水容器的水面高度仍由溢流孔控制。

七、石子针状、片状颗粒含量试验

（一）试验目的

测定粒径大于4.75mm碎石或卵石中针状、片状颗粒的总含量，用于评价粗骨料的形状，推测抗压碎能力，以评定其工程性质。

（二）主要仪器与设备

（1）针状规准仪和片状规准仪。
（2）天平：称量2kg，感量1g。
（3）台秤：称量10kg，感量5g。
（4）磅秤：称量50kg，感量10g。
（5）标准套筛：孔径分别为4.75mm、9.50mm、16.0mm、19.0mm、26.5mm、31.5mm及37.5mm的方孔筛。
（6）卡尺、搪瓷盘、料斗等。

（三）试样制备

试验前，将试样在室内风干至表面干燥，并用四分法缩分至规定的数量，称量，然后筛分成规定的粒级备用。

（四）试验步骤

（1）按规定的粒级选用规准仪，逐粒对试样进行鉴定，凡颗粒长度大于针状规准仪上相对应间距者，为针状颗粒。厚度小于片状规准仪上相应孔宽者，为片状颗粒。
（2）粒径大于37.5mm的碎石或卵石可用卡尺鉴定其针状片状颗粒，卡尺卡口的设定宽度应符合规定。
（3）称量由各粒级挑出的针状颗粒和片状颗粒的总质量。

八、压碎指标试验

（一）试验目的

测定碎石或卵石抵抗压碎的能力，以间接地推测其相应的强度。

（二）主要仪器设备

（1）压力试验机：量程300kN，示值相对误差2%。
（2）压碎指标测定仪（圆模）。
（3）天平：称量10kg，感量1g。
（4）方孔筛：孔径分别为2.36mm、9.50mm及19.0mm的筛各1只。
（5）其他：直径10mm垫棒，长500mm圆钢。

（三）试样准备

标准试样一律应采用9.50～19.0mm的颗粒，并在气干状态下进行试验。试验前，先将试样筛去9.50mm以下及19.0mm以上的颗粒，再用针状规准仪和片状规准仪剔除其针状和片状颗粒，然后称取每份3kg的试样3份备用。

（四）试验步骤

（1）置圆模于底盘上，取试样1份，分2层装入圆模内。每装完1层试样后，在底盘下面垫放一直径为10mm的圆钢，将筒按住，左右交替颠击地面各25下。第2层颠实后，试样表面距盘底的高度应控制在100mm左右。

（2）整平筒内试验表面，把加压头装好（注意应使加压头保持平整），放到试验机上，开动压力试验机，按1kN/s速度均匀地加荷至200kN并稳荷5s，然后卸荷，取出加压头，倒出试样，用孔径为2.36mm的筛筛除被压碎的细粒，称出留在筛上的试样质量，精确至1g。

第七节 混凝土钢筋强度与钢筋保护层厚度检测

一、钻芯法检测混凝土抗压强度

（一）钻芯法检测结构混凝土抗压强度原理

结构混凝土强度的钻芯法检测是使用专用钻机直接从结构上钻取芯样，并根据芯样的抗压强度推定结构混凝土抗压强度的一种半破损现场检测方法。该方法是用钻机直接在待测混凝土上钻取芯样，然后进行抗压试验，并以芯样抗压强度值换算成立方体抗压强度值。由于钻芯法的测定值就是圆柱状芯样的抗压强度，即参考强度或现场强度，它与立方体试件抗压强度之间，除需要进行必要的形状修正外，无须进行某种物理量与强度之间的换算，因此，普遍认为这是一种较为直观、可靠的方法。

必须指出，钻芯法与其他方法比较，虽然更为直观和可靠，但它毕竟是一种半破损的方法，试验费用也较高，一般不宜把钻芯法作为经常性的检测手段。近年来，国内外都主张把钻芯法与其他非破损方法结合使用，利用半破损方法来提高非破损方法的可靠性。把这两者结合使用，是钻芯法发展的必由之路。

钻芯法的关键问题是：如何用适当的机具钻取合格的芯样，并考虑各种影响因素，如何将芯样强度换算成立方体强度及结构混凝土的特征强度。

（二）钻芯法的适用范围和基本要求

钻芯法一般用于对留置试块强度不足或对试块强度有怀疑时；因原材料条件、施工工艺等因素而造成质量事故；混凝土受各种的物理或化学侵蚀，需了解其侵蚀程度；对老结构物进行安全鉴定。因此，和其他方法一样，检测人员必须详细了解工程情况，以利于检测后的分析评定。

由于强度太低的混凝土钻芯时芯样极易损伤，所以钻芯法一般不宜用于强度低于10MPa的混凝土。

钻芯的位置应选择在结构受力较少，没有钢筋或预埋铁件的部位。而且应考虑取样的代表性。取芯的数量应视检测的要求而定，可分为以下两种情况。

（1）为了对已知的质量薄弱部位进行验证性检测，这时，取芯的位置和数量可由已知质量薄弱部位的大小确定。检测结果仅代表取芯位置的质量，而不应据此对整个构件或结构物强度作出总体评价。

（2）为了对某一构件的混凝土强度作出评估，这时，在该构件上的取芯个数一般不少于3个，对较小的构件可不少于2个。

（三）芯样强度及混凝土推定强度

当芯样试件各项尺寸及端面条件等均满足上述要求后，即可进行抗压试验，芯样的抗压强度可按下式计算：

$$R_{\omega r} = \frac{4p\alpha}{\pi d^2} \tag{5-7}$$

式中：$R_{\omega r}$——芯样在试验龄期时的抗压强度（MPa），精确至0.1MPa；

P——芯样破坏荷载（N）；

d——芯样直径（mm），精确至0.5mm；

α——高径比修正系数。

根据试验证明，直径为100mm和150mm，高径比为1的标准芯样抗压强度，与边长为150mm的立方体抗压强度相当。因此，基本上可用标准芯样的抗压强度代替立方体强度。

当采用钻芯法检测单个构件或单个构件的局部区域时，可取芯样试件混凝土强度换算值中的最小值作为其代表值。

二、水工结构钢筋保护层厚度检测

（一）钢筋保护层厚度检验的基本要求

钢筋保护层厚度检验的结构部位和构件数量，应符合下列要求。

（1）钢筋保护层厚度检验的结构部位，应由监理（建设）、施工等各方根据结构构件的重要性共同选定。

（2）对梁类、板类构件，应各抽构件数量的2%且不少于5个构件进行检验；当有悬挑构件时，抽取的构件中悬挑梁类、板类构件所占比例均不宜小于50%。

（3）对选定的梁类构件，应对全部纵向受力钢筋的保护层厚度进行检验；对选定的板类构件，应抽取不少于6根纵向受力钢筋的保护层厚度进行检验。对每根钢筋，选有代表性的部位测量1点。

（4）钢筋保护层厚度的检验，可采用非破损或局部破损的方法，也可采用非破损的方法并用局部破损方法进行校准。当采用非破损方法检验时，所使用的检测仪器应经过计量检验，检测操作应符合相关规程的规定。

（5）钢筋保护层厚度检验的检测误差不应大于1mm。

（6）钢筋保护层厚度检验时，纵向受力钢筋保护层厚度的允许偏差，对梁类构件为+10mm，-7mm；对板类构件为+8mm，-5mm。

（7）对梁类、板类构件纵向受力钢筋的保护层厚度应分别进行验收。

（二）钢筋保护层厚度检测

结构实体钢筋保护层厚度验收合格应符合下列规定。

（1）当全部钢筋保护层厚度检验的合格点率为90%及以上时，钢筋保护厚度层的检验结果应判为合格。

（2）当全部钢筋保护层厚度检验的合格点率小于90%但不小于80%时，可再抽取同种数量的构件进行检验；当按两次抽样总和计算的合格点率为90%及以上时，钢筋保护层厚度的检验结果仍应判为合格。

（3）每次抽样检验结果中不合格点的最大偏差均不应大于：梁类构件为+15mm，-10mm；对板类构件为+12mm，-7mm。

第八节　混凝土性能试验

一、混凝土拌和物室内拌和方法

（一）试验目的

为室内试验提供混凝土拌和物。

（二）主要仪器设备

（1）混凝土搅拌机：容量50～100L，转速18～22r/min。
（2）拌和钢板：平面尺寸不小于1.5m×2.0m，厚5cm左右。
（3）磅秤：称量50～100kg，感量50g。
（4）台秤：称量10kg，感量5g。
（5）天平：称量1000g，感量0.5g。
（6）盛料容器和铁铲等。

（三）试验步骤

1.人工拌和

（1）人工拌和在钢板上进行，拌和前应将钢板及铁铲清洗干净，并保持表面润湿。
（2）将称好的砂料、胶凝材料（水泥和掺和料预先拌均匀）倒在钢板上，用铁铲翻拌至颜色均匀，再放入称好的石料与之拌和，至少翻拌3次，然后堆成锥形。将中间扒成凹坑，加入拌和用水（外加剂一般先溶于水），小心拌和，至少翻拌6次，每翻拌一次后，用铁铲将全部拌和物铲切一次。拌和从加水完毕时算起，应在10min内完成。

2.机械拌和

（1）机械拌和在搅拌机中进行。拌和前应将搅拌机冲洗干净，并预拌少量同种混凝土拌和物或水胶比相同的砂浆，使搅拌机内壁挂浆后将剩余料卸出。

（2）将称好的石料、胶凝材料、砂料、水（外加剂一般先溶于水）依次加入搅拌机，开动搅拌机搅拌2~3min。

（3）将拌好的混凝土拌和物卸在钢板上，刮出黏结在搅拌机上的拌和物，用人工翻拌2~3次，使之均匀。

3.计量

材料用量以质量计。称量精度：水泥、掺和料、水和外加剂为±0.3%，骨料为±0.5%。

（1）在拌和混凝土时，拌和间温度保持在（20±5）℃。对所拌制的混凝土拌和物应避免阳光照射及吹风。

（2）用以拌制混凝土的各种材料，其温度应与拌和间温度相同。

（3）砂、石料用量均以饱和面干状态下的质量为准。

（4）人工拌和一般用于拌和较少量的混凝土；采用机械拌和时，一次拌和量不宜小于搅拌机容量的20%，也不宜大于搅拌机容量的80.9%。

二、混凝土拌和物坍落度试验

（一）目的及适用范围

混凝土拌和物坍落度试验的目的是测定混凝土拌和物的坍落度，以评定混凝土拌和物的和易性。必要时，也可用于评定混凝土拌和物和易性随拌和物停置时间的变化。

适用于骨料最大粒径不超过40mm、坍落度为10~230mm的混凝土拌和物。

（二）主要仪器设备

（1）坍落度筒：用2~3mm厚的铁皮制成，筒内壁光滑，底部内径（200±2）mm，顶部内径（100±2）mm，高度（300±2）mm的截圆锥形筒。

（2）捣棒：直径16mm、长650mm，一端为弹头形的金属棒。

（3）300mm钢尺、40mm孔径筛、装料漏斗、馒刀、小铁铲、温度计等。

（三）试验步骤

（1）按"混凝土拌和物室内拌和方法"拌制混凝土拌和物。若骨料粒径超过40mm，应采用湿筛法剔除。

注：湿筛法是对刚拌制好的混凝土拌和物，按试验所规定的最大骨料粒径选用对应的孔径筛进行湿筛，筛除超过规定粒径的骨料，再用人工将筛下的混凝土拌和物翻拌均匀的方法。

(2)将坍落度筒冲洗干净并保持湿润，放在测量用的钢板上，双脚踏紧踏板。

(3)将混凝土拌和物用小铁铲通过装料漏斗分三层装入筒内，每层体积大致相等。底层厚约70mm，中层厚约90mm。每装一层，用捣棒在筒内从边缘到中心按螺旋形均匀插捣25次。插捣深度：底层应穿透该层，中、上层应分别插进其下层1~20mm。

(4)上层插捣完毕，取下装料漏斗，用镘刀将混凝土拌和物沿筒口抹平，并清除筒外周围的混凝土。

(5)将坍落度筒徐徐竖直提起，轻放于试样旁边。当试样不再继续坍落时，用钢尺量出试样顶部中心点与坍落度筒高度之差，即为坍落度值，精确至1mm。

(6)整个坍落度试验应连续进行，并应在2~3min完成。

(7)若混凝土试样发生一边坍陷或剪坏，则该次试验作废，应取另一部分试样重做试验。

(8)测记试验时混凝土拌和物的温度。

（四）试验结果处理

(1)混凝土拌和物的坍落度以mm计，取整数。

(2)在测定坍落度的同时，可目测评定混凝土拌和物的下列性质。

①棍度。根据做坍落度时插捣混凝土的难易程度分为上、中、下三级。上：表示容易插捣；中：表示插捣时稍有阻滞感觉；下：表示很难插捣。

②黏聚性。用捣棒在做完坍落度的试样一侧轻打，若试样保持原状而渐渐下沉，表示黏聚性较好；若试样突然坍倒部分崩裂或发生石子离析现象，表示黏聚性不好。

③含砂情况。根据镘刀抹平程度分多、中、少三级。多：用镘刀抹混凝土拌和物表面时，抹1~2次就可使混凝土表面平整无蜂窝；中：抹4~5次就可使混凝土表面平整无蜂窝；少：抹面困难，抹8~9次后混凝土表面仍不能消除蜂窝。

④析水情况。根据水分从混凝土拌和物中析出的情况分多量、少量、无量三级。多量：表示在插捣时及提起坍落度筒后就有很多水分从底部析出；少量：表示有少量水分析出；无：表示没有明显的析水现象。

注：本试验可用于评定混凝土拌和物和易性随时间的变化，如坍落度损失。此时，可将拌和物保湿停置规定时间（如30min、60min、90min、120min等），再进行上述试验（试验前将拌和物重新翻拌2~3次），将试验结果与原试验结果进行比较，从而评定拌和物和易性随时间的变化。

（五）试验注意事项

（1）人工拌和时，应先湿润拌板和拌铲。

（2）做坍落度试验前，应湿润坍落度筒底板、捣棒。

（3）从开始装料到提起坍落度筒，整个过程应在150s内完成。提筒要垂直平稳，应在5~10s完成。

（4）环境条件：（20±5）℃。所拌制的混凝土拌和物避免阳光照射及吹风。

三、混凝土拌和物维勃稠度试验

（一）目的及适用范围

混凝土拌和物维勃稠度试验的目的是测定混凝土拌和物的维勃稠度，用以评定混凝土拌和物的工作性，适用于骨料最大粒径不超过40mm的混凝土。测定范围为5~30s。

（二）主要仪器设备

（1）维勃稠度仪。由以下几部分组成。

①容量筒：内径（240±3）mm、高（200±2）mm、壁厚3mm、底厚7.5mm的金属圆筒，筒两侧有手柄，底部可固定于振动台上。

②坍落度筒：无踏脚板，其他规格与混凝土拌和物坍落度试验有关规定相同。

③圆盘：要求透明平整（可用无色有机玻璃制成），直径（230±2）mm，厚（10±2）mm，圆盘、滑杆及配重组成的滑动部分总质量为（2750±50）g。滑杆上有刻度，可测读混凝土的坍落度。

④振动台：台面长380mm、宽260mm，振动频率为（50±3.3）Hz，空载振幅为（0.5±0.1）mm。

（2）捣棒、秒表、馒刀、小铁铲等。

（三）试验步骤

（1）按"混凝土拌和物室内拌和方法"制备试样，骨料粒径大于40mm时，用湿筛法剔除。

（2）用湿布将容量筒、坍落度筒及漏斗内壁润湿。

（3）将容量筒用螺母固定于振动台台面上。把坍落度筒放入容量筒内并对中，然后把漏斗旋转到筒顶位置并把它坐落在坍落度筒的顶上，拧紧螺丝，以保证坍落度筒不能离开容量筒底部。

（4）按"混凝土拌和物坍落度试验"中的试验步骤规定将混凝土拌和物装入坍落度筒。上层插捣完毕后将螺丝松开，漏斗旋转90°，用镘刀刮平顶面。

（5）将坍落度筒小心缓慢地竖直提起，让混凝土慢慢坍陷把透明圆盘转到坍陷的混凝土锥体上部，小心下降圆盘直至与混凝土面接触，此时，可从滑杆上刻度读出坍落度数值。

（6）开动振动台，同时用秒表计时，当透明圆盘的整个底面都与水泥浆接触时（允许存在少量闭合气泡），立即卡停秒表，关闭振动台。

（7）记录秒表上的时间精确至0.58秒。

（四）试验结果处理

由秒表读出的时间（s）即为混凝土拌和物的维勃稠度值。

注：若测得的维勃稠度值小于5s或大于30s，则该拌和物具有的稠度已超出本仪器适用范围。

四、混凝土试件的成型与养护

（一）试验目的

混凝土试件的成型与养护试验的目的是为室内混凝土性能试验制作试件。

（二）主要仪器设备

（1）试模：试模最小边长应不小于最大骨料粒径的3倍。试模拼装应牢固，不漏浆，振捣时不得变形。尺寸精度要求：边长误差不得超过1/150，角度误差不得超过0.5°，平整度误差不得超过边长的0.05%。

（2）振动台：频率（50±3）Hz，空载时台面中心振幅（0.5±0.1）mm。

（3）捣棒：直径为16mm，长650mm，一端为弹头形的金属棒。

（4）养护室：标准养护室温度应控制在（20±5）℃，相对湿度95%以上。在没有标准养护室时，试件可在（20±3）℃的饱和石灰水中养护，但应在报告中注明。

（三）试验步骤

（1）制作试件前应将试模清擦干净，并在其内壁上均匀地刷一薄层矿物油或其他脱模剂。

（2）按"混凝土拌和物室内拌和方法"拌制混凝土拌和物。当混凝土拌和物骨料最大粒径超过试模最小边长的1/3时，大骨料用湿筛法筛除。

（3）试件的成型方法应根据混凝土拌和物的坍落度而定。混凝土拌和物坍落度小于90mm时宜采用振动台振实，混凝土拌和物坍落度大于90mm时宜采用捣棒人工捣实。采用振动台成型时，应将混凝土拌和物一次装入试模，装料时应用抹刀沿试模内壁略加插捣，并使混凝土拌和物高出试模上口，振动应持续到混凝土表面出浆为止（振动时间一般为30s左右）。采用捣棒人工插捣时，每层装料厚度不应大于100mm，插捣应按螺旋方向从边缘向中心均匀进行。插捣底层时，捣棒应达到试模底面；插捣上层时，捣棒应穿至下层20~30mm。插捣时捣棒应保持垂直，同时，还应用抹刀沿试模内壁插入数次。每层的插捣次数一般每100cm²，不少于12次（以插捣密实为准）。成型方法需在试验报告中注明。

（4）试件成型后，在混凝土初凝前1~2h，需进行抹面，要求沿模口抹平。

（5）根据试验目的不同，试件可采用标准养护或与构件同条件养护。确定混凝土强度等级或进行材料性能研究时应采用标准养护。在施工过程中作为检测混凝土构件实际强度的试件，如决定构件的拆模、起吊、施加预应力等，应采用与构件同条件养护。

（6）采用标准养护的试件，成型后的带模试件宜用湿布或塑料薄膜覆盖，以防止水分蒸发，并在（20±5）℃的室内静置24~48h，然后拆模并编号。拆模后的试件应立即放入标准养护室中养护。在标准养护室内试件应放在架上，彼此间隔1~2cm，并应避免用水直接冲淋试件。

（7）采用与构件同条件养护的试件，成型后应覆盖表面。试件的拆模时间可与实际构件的拆模时间相同，拆模后试件仍须同条件养护。

五、混凝土立方体抗压强度试验

（一）试验目的

混凝土立方体抗压强度检验的目的是测定混凝土立方体试件的抗压强度。

（二）主要仪器设备

（1）压力机或万能试验机：试件的预计破坏荷载宜在试验机全量程的20%~80%。试验机应定期校正，示值误差不应超出标准值的1%。

（2）钢制垫板：尺寸比试件承压面稍大，平整度误差不应大于边长的0.02%。

（3）试模：150mm×150mm×150mm的立方体试模为标准试模。

（三）检验步骤

（1）按混凝土拌和物室内拌和方法及混凝土试件的成型与养护的有关规定制作试件。

（2）到达试验龄期时，从养护室取出试件，并尽快试验。试验前需用湿布覆盖试件，防止试件干燥。

（3）试验前将试件擦拭干净，测量尺寸，并检查其外观，当试件有严重缺陷时，应废弃。试件尺寸测量精确至1mm，并据此计算试件的承压面积。如实测尺寸与公称尺寸之差不超过1mm，可按公称尺寸进行计算。试件承压面的不平整度误差不得超过边长的0.05%，承压面与相邻面的不垂直度不应超过±1°。

（4）将试件放在试验机下压板正中间，上下压板与试件之间宜垫以钢垫板，试件的承压面应与成型时的顶面相垂直。开动试验机，若上垫板与上压板即将接触时有明显偏斜，应调整球座，使试件受压均匀。

（5）以0.3~0.5MPa/s的速度连续而均匀地加荷。当试件接近破坏而开始迅速变形时，停止调整油门，直至试件破坏，记录破坏荷载。

第六章 水电站金属结构安装检测

第一节 金属结构安装的试验

水工金属结构质量检测主要涉及闸门、启闭机和钢管三大组件部分。闸门是一种活动的挡水结构,是泄水和引水等建筑物中的主要组成部分,其功能是封闭水工建筑物的孔口,起挡水作用,并按需要全部或局部开启这些孔口,以调节上下游水位,泄放流量,放运船只、木排、竹筏,排除沉沙、冰块以及其他漂浮物。一般闸门由下面几个主要部分组成:活动部分(由面板、构架、支承行走部件、吊具、止水部件等组成)、埋设部分(包括支承行走埋设件、止水埋设件、护砌埋设件等)和启闭设备(包括动力装置、制动装置、连接装置、支承及行走装置等)。闸门按工作性质可分为工作闸门、事故闸门和检修闸门;按门叶材料可分为钢闸门、钢筋混凝土闸门、木闸门及铸铁闸门等;按构造特征可分为梁式闸门、平面闸门、屋顶闸门、弧形闸门、扇形闸门和圆筒闸门等。

闸门的启闭设备直接影响闸门的安全运行,也关系着电站大坝和厂房的安全及水能的有效利用。而影响闸门启闭力的因素主要有闸门自重、摩擦力、静水作用力、动水作用力以及因启闭加速度引起的惯性力。常用的启闭机有卷扬式、螺杆式和液压式3种。根据启闭机是否能够移动,其又分为固定式及移动式。压力钢管是水电站的输水结构物,水流通过进水口、隧洞、调压室或渠道、压力前池等引水建筑物后,经压力钢管输入厂房的水轮机蜗壳中,压力钢管主要由管体、支承结构和运行、维护所需要的各种附件所组成。

水工金属结构的各部件尺寸应符合设计图纸,其允许的偏差在规范中均有明确规定,在检查验收中应遵照执行。

对于工厂加工制造的结构(如闸门),不能整体或分节制造,出厂前应进行整体组装检查。整体到货的闸门在安装前应对各项尺寸复验。构件画线和检查所用钢尺和各种测量工具应经过校验。所用样板,其误差不应大于0.5mm。

钢尺测量跨度时,根据跨度和拉力值不同对测值进行修正。

金属结构工程检测包括设备的原材料、焊材、焊接件、紧固件、焊缝、螺栓球节点、涂料等材料和工程全部规定的试验检测内容，主体结构工程检测、见证取样检测、钢材化学成分分析、涂料检测、建筑工程材料、防水材料检测、节能检测等成套检测技术。

（1）对于工程所用的金属材料（包括黑色金属材料和有色金属材料等）主要采用进厂检验的方式控制，检验员根据合同、标书及相应的技术规范检验，检验其厚度、外观、数量等，并核查钢厂出具的材料质量证明书中的各项技术参数，如机械性能、化学元素成分等是否符合相关技术标准。检验人员记录检测数据，如无材料质量证明书、标号不清、数据不全等问题，原则上要退货，产品的全部材料均应符合设计图样或合同有关规定要求。

（2）需要试验的物资，根据下列方法进行检验和试验。

①无损检测。利用声、光、磁和电等特性，在不损害或不影响被检对象使用性能的前提下，检测被检对象中是否存在缺陷或不均匀性，给出缺陷的大小、位置、性质和数量等信息，进而判定被检对象所处技术状态（如合格与否、剩余寿命等）的所有技术手段的总称。

根据受检制件的材质、结构、制造方法、工作介质、使用条件和失效模式，预计可能产生的缺陷种类、形状、部位和方向，选择适宜的无损检测方法。

射线和超声检测主要用于内部缺陷的检测；磁粉检测主要用于铁磁体材料制件的表面和近表面缺陷的检测；渗透检测主要用于非多孔性金属材料和非金属材料制件的表面开口缺陷的检测。

铁磁性材料表面检测时，宜采用磁粉检测。涡流检测主要用于导电金属材料制件表面和近表面缺陷的检测。当采用两种或两种以上的检测方法对构件的同一部位进行检测时，应按各自的方法评定级别；采用同种检测方法按不同检测工艺进行检测时，如检测结果不一致，应以危险大的评定级别为准。

射线检测。射线检测就是利用射线（X射线、Y射线、中子射线等）穿过材料或工件时的强度衰减，检测其内部结构不连续性的技术。穿过材料或工件时的射线由于强度不同，在感光胶片上的感光程度也不同，由此生成内部不连续的图像。射线检测主要用于金属、非金属及其工件的内部缺陷的检测，检测结果准确度高、可靠性好。胶片可长期保存，可追溯性好，易于判定缺陷的性质及所处的平面位置。但射线检测也有其不足之处：难于判定缺陷在材料、工件内部的埋藏深度；对于垂直于材料、工件表面的线性缺陷（如垂直裂纹、穿透性气孔等）易漏判或误判；同时，射线检测需严密保护措施，以防射线对人体造成伤害；检测设备复杂，成本高。射线检测只适用于材料、工件的平面检测，对于异型件及T型焊缝、角焊缝等检测就无能为力了。

超声波检测。超声波检测就是利用超声波在金属、非金属材料及其工件中传播时，材料（工件）的声学特性和内部组织的变化对超声波的传播产生一定的影响，通过对超声波受影响程度和状况的探测，了解材料（工件）性能和结构变化的技术。超声波检测和射线检测一样，主要用于检测材料（工件）的内部缺陷。检测灵敏度高、操作方便、检测速度快、成本低且对人体无伤害，但超声波检测无法判定缺陷的性质，检测结果无原始记录，可追溯性差。超声波检测同样具有射线检测无法比拟的优势，它可对异型构件、角焊缝、T型焊缝等复杂构件检测；同时，也可检测出缺陷在材料（工件）中的埋藏深度。

磁粉检测。磁粉检测是利用漏磁和合适的检测介质发现材料（工件）表面和近表面的不连续性的方法。磁粉检测作为表面检测，具有操作灵活、成本低的特点，但磁粉检测只能应用于铁磁性材料、工件（碳钢、普通合金钢等）的表面或近表面缺陷的检测，对于非磁性材料、工件（如不锈钢、铜等）的缺陷则无法检测。磁粉检测和超声波检测一样，检测结果无原始记录，可追溯性差，无法检测到材料、工件深度缺陷，但不受材料、工件形状的限制。

渗透检验。渗透检验就是利用液体的毛细管作用，将渗透液渗入固体材料、工件表面开口缺陷处，再通过显像剂渗入的渗透液吸出到表面显示缺陷的存在的检测方法。渗透检验操作简单、成本很低，检验过程耗时较长，只能检测到材料、工件的穿透性、表面开口缺陷，对仅存于内部的缺陷就无法检测。

TOFD检测。TOFD原理是当超声波遇到诸如裂纹等的缺陷时，将在缺陷尖端发生叠加到正常反射波上的衍射波，探头探测到衍射波，可以判定缺陷的大小和深度。当超声波在存在缺陷的线性不连续处，如裂纹等处出现传播障碍时，在裂纹断点处除了正常反射波以外，还要发生衍射现象。衍射能量在很大的角度范围内放射出，并且假定此能量起源于裂纹末端，这与依赖于间断反射能量总和的常规超声波形成鲜明的对比。

②理化检测。对水工金属结构所使用的钢材力学性能进行检测，如拉伸、弯曲、冲击、硬度等；对水工金属结构所使用的紧固件力学性能进行检测，如抗滑移系数、轴力等；对水工金属结构所使用的钢材进行金相分析，如显微组织分析、显微硬度测试等；对水工金属结构所使用的钢材进行化学成分分析；对水工金属结构表面涂装所用的涂料进行检测；对水工金属结构安装以及卸载过程中关键部位的应力变化进行测试与监控。

一、闸门的试验项目及试验方法、标准

（一）平面闸门静平衡试验

将闸门吊离地面100mm，通过滚轮或滑块的中心测量闸门上、下游与左、右方向的倾斜。

一般单吊点平面闸门的倾斜不应超过门高的1/1000，且不大于8mm，超过时应予配重。

（二）闸门在无水情况下全行程试验

（1）试验前应检查自动脱挂钩梁脱钩是否灵活可靠；充水阀在行程范围内的升降是否自如，在最低位置时止水是否严密；同时，还须清除门叶上和门槽内所有杂物并检查吊杆的连接情况。

（2）闸门启闭过程中应检查滚轮、支铰等转动部位运行情况，闸门升降过程有无卡阻，启闭设备左右两侧是否同步，止水橡皮有无损伤。

（3）闸门全部处于工作部位后，应用灯光或其他方法检查止水橡皮的压缩程度，不应有透光或间隙。如闸门为上游止水，则应在支承装置和轨道接触后检查。

（4）闸门在承受设计水头的压力时，通过任意1m长止水橡皮范围内漏水量不应超过0.1L/s。

（三）拦污栅试验

栅体吊入栅槽后，应做升降试验，检查栅槽有无卡阻情况，检查栅体动作和各节的连接是否可靠。

二、启闭机的试验项目及试验方法、标准

（一）固定卷扬式启闭机试验

1.电气设备的试验要求

接电试验前应认真检查全部接线并符合图样规定，整个线路的绝缘电阻必须大于 $0.5M\Omega$ 才可以开始接电试验。试验中各电动机和电气元件温升不能超过各自的允许值，试验应采用该机自身的电气设备。试验中若触头等元件有烧灼者，应予更换。

2.无负荷试验

启闭机无负荷试验共上下全行程往返3次，检查并调整下列电气和机械部分。

（1）电动机运行应平稳，三相电流平衡度不超过±10%，并测出电流值。

（2）电气部分应无异常发热现象。

（3）检查和调试限位开关，使其动作稳定可靠。

（4）高度指示准确反映行程，到达上下极限位置，主令开关能发出信号并自动切断电源，使启闭机停止运转。

（5）所有机械部件运转时，均不应有冲击声和其他异常声音，钢丝绳在任何部位，均不得与其他部件相摩擦。

（6）制动闸瓦松闸时应全部打开，间隙应符合要求，并测出松闸电流值。

（7）对快速闸门启闭机，利用直流松闸时，应分别检查和记录松闸直流电流值和松闸持续2min时电磁线圈的温度。

3.负荷试验

启闭机的负荷试验，应在设计水头工况下进行，先将闸门在门槽内无水或静水中全行程上下升降两次；对于动水启闭的工作闸门或动水闭静水启的事故闸门，还应在设计水头动水工况下升降两次；对于快速闸门，应在设计水头动水工况下机组导叶开度100%甩负荷工况下，进行全行程的快速关闭试验。

负荷试验时应检查下列电气和机械部分。

（1）电动机运行应平稳，三相电流平衡度不超过±10%，并测出电流值。

（2）电气部分应无异常发热现象。

（3）所有保护装置和信号应准确可靠。

（4）所有机械部件运转时，均不应有冲击声，开放式齿轮啮合工况应符合要求。

（5）制动器应无打滑、无焦味、无冒烟现象。

（6）荷重指示器读数能准确反映闸门在不同开度下的启闭力值，误差不得超过±5%。

（7）高度指示器能准确反映闸门的开度及行程，到达极限位置，主令开关能发出信号并切断电源。

（8）对于快速闸门启闭机，快速闭门时间不得超过设计允许值，宜为2min。快速关闭的最大速度不得超过5m/min；电动机（或调速器）的最大转速一般不得超过电动机额定转速的两倍。

（9）离心式调速器的摩擦面，其最高温度不得超过200℃；采用直流电源松闸时，电磁线圈的最高温度不得超过100℃。

在上述试验结束后，机构各部分不得有破裂、永久变形、连接松动或损坏，电气部分应无异常发热现象等影响性能和安全质量问题的出现。

（二）液压启闭机试验

（1）试验前门槽内的一切杂物应清除干净，保证闸门和拉杆不受卡阻；机架应牢固，对采用焊接固定的应检查焊缝是否达到要求，对采用地脚螺栓固定的，应检查螺母是否松动；电气回路中的单个元件和设备均应调试完毕。

（2）油泵第一次启动时，应将油泵溢流阀全部打开，连续空转30~40min，油泵不应有异常现象。

（3）油泵空转正常后，在监视压力表的同时，将溢流阀逐渐旋紧使管路系统充油，充油时应排出空气，管路充满油后，调整油泵溢流阀，使油泵在其工作压力的25%、

50%、75%和100%的情况下分别连续运转15min,应无振动、杂音和温升过高等现象。

(4) 上述试验完毕后,调整油泵溢流阀,使其压力达到工作压力的1.1倍时动作排油,应无剧烈振动和杂音。

(5) 油泵阀组的启动阀应在油泵开始转动后3~5s动作,使油泵带上负荷,否则,应调整弹簧压力或节油孔的孔径。

(6) 无水时,应先手动操作升降闸门一次,以检验缓冲装置减速情况和闸门有无卡阻现象,并记录闸门全开时间和油压值。

(7) 调整主令控制器凸轮片,使其电气接点接通、断开时,闸门所处的位置应符合图纸要求,但门上充水阀的实际开度应调至小于设计开度30mm以上。调整高度指示器,使其指针能正确指出闸门所处的位置。

(8) 第一次快速关闭闸门时,应在操作电磁阀的同时,做好手动关闭阀门的准备,以防闸门过速下降。

(9) 将闸门提起,在48h内,闸门因活塞油封和管路系统漏油而产生的沉降量不应大于200mm。

(10) 手动操作试验合格,方可进行自动操作试验。提升和关闭闸门一次试验时,准备记录闸门提升、快速关闭、缓冲的时间和当时库水位及油压值,其快速关闭的时间应符合设计规定。

(三) 门机试验

1.试验前的检查

(1) 检查所有机械部件、连接部件、各种保护装置及润滑系统等的安装、注油情况,其结果应符合要求,并清除轨道两侧所有杂物。

(2) 检查钢丝绳端的固定应牢固,在卷筒、滑轮中缠绕方向应正确。

(3) 检查电缆卷筒、中心导电装置、滑线、变压器以及各电机的接线是否正确,是否存在松动现象,并检查接地是否良好。

(4) 对于双电机驱动的起重机构,应检查电动机的转向是否正确;双吊点的起重机构应使两侧钢丝绳尽量调整到等长。

(5) 行走机构的电动机转向是否正确。

(6) 用手转动各机构的制动轮,使最后一根轴(如车轮轴、卷筒轴)旋转1周,不应有卡阻现象。

2.电气和机械部分检查

空载试运转起升机构和行走机构应分别在行程内往返三次,并检查下列电气和机械部分。

（1）电动机运转应平稳，三相电流应平衡。

（2）电气设备应无异常发热现象，控制器的触头应无烧灼的现象。

（3）限位开关、保护装置及连锁装置等动作应正确可靠。

（4）大、小车行走时，车轮不允许有啃轨现象。

（5）大、小车行走时，导电装置应平稳，不应有卡阻、跳动及严重冒火花现象。

（6）所有机械部分运转时，均不应有冲击声和其他异常声音。

（7）运转过程中，制动闸瓦应全部离开制动轮，不应有任何摩擦。

（8）所有轴承和齿轮应有良好的润滑，轴承温度不得超过65℃。

（9）在无其他噪声干扰的情况下，各项机构产生的噪声，在司机座测量（不开窗）测得的噪声不得大于85dB。

3.静荷载试验

静荷载试验的目的是检验启闭机各部件和金属结构的承载能力。

起升额定荷载（可逐渐增至额定荷载），检查门机性能应达到设计要求。卸去荷载，使小车分别停在主梁跨中和悬臂端，定出测量基准点，再分别逐渐起升1.25倍额定荷载，离地面100~200mm，停留不少于10min然后卸去荷载，检查门架是否有永久变形。如此重复三次，门架不应再产生变形。将小车开至门机支腿处，检查实际上拱值和上翘值应不小于：跨中0.7L/1000，悬臂端0.7L/350（L为跨距，mm）。最后使小车仍停在跨中或悬臂端，起升额定荷载检查主梁挠度值（由实际上拱值和上翘值算起）不大于跨中L/700，悬臂端L/350在上述静荷载试验结束后，启闭机各部件不能有破裂、连接松动或损坏等影响性能和安全的质量问题出现。

4.动荷载试验

动荷载试验的目的是检查启闭机构及其制动器的工作性能。

提起1.1倍额定荷载做动荷载试验。试验时按设计要求的机构组合方式应同时开动两个机构，作重复的启动、运转、停车、正转、反转等动作延续至少1h。各机构应动作灵敏，工作平稳可靠，各限位开关、安全保护连锁装置、防爬装置应动作正确可靠，各零部件应无裂纹等损坏现象，各连接处不得松动。

5.荷载试验用的试块，一般采用专用试块，如混凝土试块

6.凡未在制造厂进行试验的启闭机，出厂前应符合下列要求

（1）总体预装。小车（除钢丝绳、吊钩外），支腿与下横梁，支腿与主梁，运行机构等，应分别进行预组装，检查零部件的完整性和几何尺寸的正确性，并标有预装标记。支腿与主梁如不进行预组装，则应采取可靠的工艺方法，保证其几何尺寸的正确性。

（2）空运转试验。对运行机构是在将车轮架空的情况下进行试验，对起升机构则是在不带钢丝绳及吊钩的情况下进行试验。进行空运转试验时，应分别开动各机构，作正、

反方向运转，试验累计时间各30min以上，各机构运转正常。

三、钢管试验

（一）基本规定

（1）明管和岔管宜做水压试验，水压试验压力值应不小于1.25倍正常工作情况最高内水压力，也不小于特殊工作情况最高内水压力。当整条钢管作用水头范围过大而必须进行分段水压试验时，为尽可能地减少试验分段，试验管段末端试验压力可适当降低，顶端试验压力可适当提高，提高范围以保证镇墩稳定为限。

（2）明管或岔管试压时，应缓缓升压至工作压力，保持10min；对钢管进行检查，情况正常，继续升至试验压力，保持5min，再下降至工作压力，保持30min，并用0.5~1.0kg小锤在焊缝两侧各15~20mm处轻轻敲击，整个试验过程中焊缝和管体应无渗水和其他异常情况。

（二）岔管水压试验

（1）下列岔管应做水压试验。
①首次使用新钢种制造的岔管。
②新型结构的岔管。
③高水头岔管。
④高强钢制造的岔管。

（2）一般常用岔管是否需做水压试验按设计技术文件规定执行。

（3）岔管水压试验宜在工厂进行，当条件允许时宜对重要岔管同时进行应力应变量测。只有当岔管整体尺寸过大导致运输困难时才考虑在现场进行组装并进行水压试验。

（三）明管水压试验

（1）明管水压试验可根据压力水头的大小做整条或分段水压试验。分段长度和试验压力按设计技术文件执行。

（2）明管安装后，做整体或分段水压试验的确有困难，应当采用的钢板性能优良、低温韧性高，施工时能严格按评定的焊缝工艺施焊，纵、环焊缝按100%无损探伤，应焊后对热处理的焊缝进行了热处理，并经上级主管部门批准可以不做水压试验。

（3）单节明管如符合，上条规定也可不做水压试验。

（4）试压时水温应在5℃以上。

（四）伸缩节和进入孔密封装置水压试验

该项试验与明管水压试验同时进行，当出现漏水情况时，应通过压紧压环或盖板使其不漏水，当调整无效时则应更换止水材料。若采用波纹管接头或活动管接头替代伸缩节，其管接头的水压试验应在工厂进行。

第二节　闸门安装的检测

一、闸门安装前的准备

（一）技术资料

（1）设计图样和技术文件，设计图样包括总图装配图、零件图、水工建筑物图及闸门与启闭机关系图。

（2）闸门出厂合格证。

（3）闸门制造验收资料和质量证书。

（4）发货清单。

（5）安装用控制点位置图。

（6）闸门安装必须按设计图样和有关技术文件进行，如有修改应有设计修改通知书。

（二）测量仪器

（1）精度为万分之一的钢卷尺。

（2）J2型经纬仪。

（3）S3型水准仪。

（三）测量要求

闸门安装所用量具和仪器应定期由法定计量部门予以检定。用于测量高程和安装轴线的基准点及安装用的控制点均应明显、牢固和便于使用。

二、拦污栅安装的检测

（1）栅体运到现场后，应对其各项尺寸进行复测。

（2）栅体间连接应牢固可靠。

（3）拦污栅栅体在栅槽内升降应灵活、平稳、无卡阻现象。

三、平板闸门安装的检测

（1）门体运到现场安装前，应对门体做单件或整体复测，各项尺寸其允许公差与偏差应符合设计图纸的规定。

（2）闸门的滚轮或滑道支承组装时，应以止水座面为基准面进行调整，所有滚轮或滑道应在同一平面内，其平面度允许公差为：当滚轮或滑道的跨度小于或等于10m时，应不大于2.0mm；跨度大于10m时，应不大于3.0mm。每段滑道至少在两端各测一点同时滚轮对任何平面的倾斜应不超过轮径的2/1000。

（3）滑道支承与止水座基准面的平行度允许公差为：当滑道长度小于或等于500mm时，应不大于0.5mm；当滑道长度大于500mm时，应不大于1.0m；相邻滑道衔接端的高低差应不大于1.0mm。

（4）同侧滚轮或滑道的中心线偏差应为±2.0mm。

（5）在同一横断面上，滑道支承或滚轮的工作面与止水座面的距离允许偏差为±1.5mm。

（6）闸门吊耳孔的纵横向中心线的距离允许偏差为±2.0mm；吊耳、吊杆的轴孔应各自保持同心，其倾斜度应不大于1/1000。

（7）平面闸门的整体组装：

①一般平面闸门无论整体或分节，安装前应进行整体组装（包括滚轮、滑道支承等部件的组装），检查结果应符合本节中有关规定，且其组合处的错位应不大于2.0mm。

②检查合格后，应在组合处打上明显的标记、编号，并设置可靠的定位装置。

③平面闸门验收应在自由状态下进行，如节间系焊接连接的，则节间允许用连接板连接，但不得强制组合。

④节间如采用焊接，则应采用已经评定合格的焊接工艺，按本章第七节的有关规定进行焊接和检验，焊接时应采取措施控制变形。

⑤节间如采用螺栓连接，则螺栓应均匀拧紧，节间橡皮的压缩量应符合设计要求。

（8）反向滑块至滑道或滚轮的距离（反向滑块自由状态）允许偏差合格为±12.0mm，优良为28mm；检验工具为钢丝线、钢板尺；检验位置和方法为通过反向滑块面、滚轮面或滑道面拉钢丝线测量。

（9）两侧止水中心距离和顶止水至底止水边缘距离允许偏差为±3.0mm；检验工具为钢尺；检验位置和方法为每米测一点。

（10）止水橡皮顶面平度允许偏差为±2.0mm；检验工具为钢丝线、钢板尺；检验位置和方法为通过止水橡皮顶面拉线测量，每0.5m测一点。

（11）止水橡皮与滚轮或滑道面距离允许偏差合格为2mm；优良为±1.0mm；检验工具为钢丝线、钢板尺；检验位置和方法为通过滚轮顶面或通过滑道面（每段滑道至少在两端点各测一点）拉线测量。

（12）一、二类焊缝内部焊接、门体表面清除和局部凹坑焊补、焊缝对口错位、焊缝外观质量等应符合有关规定。

（13）门体防腐蚀表面处理、涂料涂装和金属喷镀应符合本章第七节中的有关规定。

四、弧形闸门安装的试验与检测

（一）一般规定和要求

（1）门体应在制造厂进行整体组装，经检查合格，方可出厂。

（2）除安装焊缝两侧外，门体防腐蚀工作均应在制造厂完成，如设计另有规定，则应按设计要求执行。

（3）门体运到现场后，应对门体作单件或整体复测，各项尺寸应符合设计图纸规定。

（4）门体如系分节到货，则焊接前应编制焊接工艺措施，焊接时应监视变形，焊接后门体尺寸应符合设计图纸。

（二）质量检查项目和评定标准

1.圆柱形、球形和锥形铰座安装

（1）铰座中心对孔口中心的距离：用钢丝线、垂球、钢尺、钢板尺检查。偏差在±1.5mm内为合格，偏差在±1.0mm内为优良。

（2）铰座桩号：用钢丝线、垂球、钢尺、钢板尺检查。偏差在±2.0mm内为合格，在±1.5mm内为优良。

（3）铰座高程：用钢丝线、垂球、钢尺、钢板尺检查。偏差在±2.0mm内为合格，偏差在±1.5mm内为优良。

（4）铰座轴孔倾斜度：用钢丝线、垂球、钢尺、钢板尺检查。偏差在±1.0mm内。

（5）两铰座轴线相对位置的偏移：用钢丝线、垂球、钢尺、钢板尺检查。偏差在±12.0mm内为合格，偏差在±1.5mm内为优良。

2.门体安装

（1）支臂中心与铰链中心吻合值：用钢尺、钢板尺检查。潜孔式偏差在±12.0mm内为合格，潜孔式偏差在±1.5mm内为优良；露顶式偏差在±2.0mm内为合格，露顶式偏差在±1.5mm内为优良。

（2）支臂中心至门叶中心的偏差：用钢尺、钢板尺检查。潜孔式偏差在±1.5mm内；露顶式偏差在±1.5mm内。

（3）铰轴中心至面板外缘曲率半径：用钢尺、钢板尺在门叶两端各测1点，中间至少测2点。潜孔式偏差在±14.0mm内；露顶式偏差在±8.0mm内为合格，在±6.0mm内为优良。

（4）两侧曲率半径相对差：用钢尺、钢板尺检查。潜孔式偏差在±13.0mm内；露顶式偏差在±5.0mm内为合格，在±4.0mm内为优良。采用突扩式门槽的高水头弧门（包括偏心铰弧门）偏差在±13.0mm内，其偏差应与门叶面板外弧的曲率半径偏差方向一致，侧止水座基面至弧门外弧面的间隙偏差应不大于3.0mm，同时，两侧半径的相对差应不大于1.5mm。

3.止水橡皮安装

（1）止水橡皮的物理机械性能应符合要求。

（2）止水橡皮的螺孔位置应与门叶或止水压板上的螺孔位置一致，孔径应比螺栓直径小1.0mm，并严禁烫孔。当均匀拧紧螺栓后，其端部至少应低于止水橡皮自由表面8.0mm。

（3）止水橡皮表面应光滑平直，不得盘折存放。其厚度允许偏差为±1.0mm，其余外形尺寸的允许偏差为设计尺寸的2%。

（4）止水橡皮接头可采用生胶热压等方法胶合，胶合接头处不得有错位、凹凸不平和疏松现象。

（5）止水橡皮安装后，两侧止水中心距离和顶止水中心至底止水底缘距离的允许偏差为±3.0mm，止水表面的平面度为2.0mm。闸门处于工作状态时，止水橡皮的压缩量应符合图样规定，其允许偏差为-1.0~+2.0mm。

（6）止水橡皮实际压缩量和设计压缩量：用钢板尺沿止水橡皮长度检查，偏差在-1.0~+2.0mm。

4.支臂两端连的接板和抗剪板安装

（1）支臂两端的连接板和铰链主梁接触：用塞尺检查接触良好。

（2）抗剪板和连接板接触：用塞尺检查顶紧。

第三节　门槽安装的检测

一、门槽安装前的准备

（1）技术资料。

①设计图样和技术文件，设计图样包括总图、装配图、零件图、水工建筑物图及闸门与启闭机关系图。

②闸门出厂合格证。

③闸门制造验收资料和质量证书。

④发货清单。

⑤安装用控制点位置图。

⑥闸门安装必须按设计图样和有关技术文件进行，如有修改应有设计修改通知书。

（2）测量仪器。

①精度为万分之一的钢卷尺。

②J2型经纬仪。

③S3型水准仪。

闸门安装所用量具和仪器应定期由法定计量部门予以检定。

（3）用于测量高程和安装轴线的基准点及安装用的控制点均应明显、牢固和便于使用。

（4）预埋在一期混凝土中的锚栓或锚板，应按设计图样制造，由土建施工单位预埋。土建施工单位在混凝土开仓浇筑之前应通知安装单位对预埋的锚栓和锚板位置进行检查、核对。

（5）埋件安装前，门槽中的模板等杂物必须清除干净。一、二期混凝土的结合面应全部凿毛，二期混凝土的断面尺寸及预埋锚栓和锚板的位置应符合图样要求。

二、拦污栅栅槽安装的检测

（1）活动式拦污栅埋件安装的允许偏差，应符合如下规定。

①底槛桩号允许偏差合格为±15.0mm，优良为±14.0mm；检验工具为钢丝线、垂球、钢板尺、水准仪；检验位置为两端各测1点，中间测1~3点。

②底槛高程允许偏差合格为±15.0mm，优良为±14.0mm；检验工具为钢丝线、垂球、钢板尺、水准仪；检验位置为两端各测1点，中间测1~3点。

③底槛对孔口中心允许偏差合格为±5.0mm，优良为±4.0m；检验工具为钢丝线、垂球、钢板尺、水准仪；检验位置为每米至少测1点。

④主轨对栅槽中心线允许偏差为18mm；检验工具为钢丝线、垂球、钢板尺、水准仪；检验位置为每米至少测1点。

⑤反轨对栅槽中心线允许偏差为1mm；检验工具为钢丝线、垂球、钢板尺、水准仪；检验位置为每米至少测1点。

⑥主、反轨对孔口中心线允许偏差合格为±15.0nm，优良为±14.0mm；检验工具为钢丝线、垂球、钢板尺、水准仪；检验位置为每米至少测1点。

⑦倾斜设置的拦污栅的倾斜角度允许偏差为±10° 检验工具为经纬仪。

（2）固定式拦污栅埋件安装时，各横梁工作表面应在同一平面内，其工作表面最高点或最低点的差值不应大于3.0mm。

三、平板闸门门槽安装的检测

（一）一般规定和要求

（1）埋件安装调整好后，应将调整螺栓与锚栓或锚板焊牢，确保埋件在浇筑二期混凝土的过程中不发生变形或移位。若对埋件的加固另有要求，应按设计图样要求予以加固。

（2）埋件工作面对接接头的错位均应进行缓坡处理，过流面及工作面的焊疤和焊缝余高应铲平磨光，凹坑应补焊平并磨光。

（3）埋件安装完，经检查合格，应在5~7d浇筑二期混凝土。如过期或有碰撞，应予复测，复测合格，方可浇筑混凝土。混凝土一次浇筑高度不宜超过5.0m，浇筑时，应注意防止偏击并采取措施捣实混凝土。

（4）埋件的二期混凝土拆模后，应对埋件进行复测，并作好记录。同时，检查混凝土面尺寸，清除遗留的钢筋和杂物，以免影响闸门启闭。

（5）工程挡水前，应对全部检修门槽和共用门槽进行试槽。

（二）平面闸门埋件安装

平面闸门埋件安装的允许公差与偏差，应符合如下要求。

1.底槛

（1）底槛对门槽中心线在工作范围内允许偏差为±5.0mm。

（2）底槛对孔口中心线在工作范围内允许偏差为±5.0mm。

（3）底槛高程允许偏差为±5.0mm。

（4）底槛面对门楣中心的距离允许偏差为+3.0mm。

（5）底槛工作表面一端对另一端的高差。

①当闸门宽度≥10000m时，其允许偏差为≤3.0nm；

②当闸门宽度<1000m时，其允许偏差为≤2.0mm。

（6）底槛工作表面波状不平度在工作范围内允许偏差为≤2.0mm。

（7）底槛工作表面组合处的错位在工作范围内允许偏差为≤1.0mm。

（8）底槛工作表面扭曲度：

①当工作范围内表面宽度小于100mm时，其允许偏差为≤1.0nm；

②当工作范围内表面宽度在100~200mm时，其允许偏差为≤1.5mm；

③当工作范围内表面宽度大于200mm时，其允许偏差为≤2.0mm。

2.门楣

（1）门楣对门槽中心线在工作范围内允许偏差为2mm。

（2）门楣中心与底槛面的距离允许偏差为±3.0mm。

（3）门楣工作表面波状不平度在工作范围内允许偏差为≤2.0mm。

（4）门楣工作表面组合处的错位在工作范围内允许偏差为≤0.5mm。

（5）门楣工作表面扭曲度：

①当工作范围内表面宽度小于100mm时，其允许偏差为≤1.0mm；

②当工作范围内表面宽度在100~200mm时，其允许偏差为≤1.5mm。

3.主轨

（1）主轨（加工）对门槽中心线在工作范围内允许偏差为-1~+2mm；主轨（不加工）对门槽中心线在工作范围内允许偏差为-1~+3mm。

（2）主轨（加工）对门槽中心线在工作范围外允许偏差为-1~+3mm；主轨（不加工）对门槽中心线在工作范围外允许偏差为-2~±5mm。

（3）主轨（加工）对孔口中心线在工作范围内允许偏差为±3mm；主轨（不加工）对孔口中心线在工作范围内允许偏差为+3mm。

（4）主轨（加工）对孔口中心线在工作范围外允许偏差为±4mm；主轨（不加工）对孔口中心线在工作范围外允许偏差为±4mm。

（5）主轨（加工）工作表面组合处的错位在工作范围内，允许偏差为≤0.5mm；主轨（不加工）工作表面组合处的错位在工作范围内，允许偏差为≤1.0mm。

（6）主轨（加工）工作表面组合处的错位在工作范围外，允许偏差为≤1.0mm；主轨（不加工）工作表面组合处的错位在工作范围外，允许偏差为≤2.0mm。

（7）主轨工作表面扭曲度：

①当（加工）工作范围内表面宽度<100mm时，其允许偏差为≤05mm；当（不加工）工作范围内表面宽度<100m时，其允许偏差为≤1.0mm。

②当（加工）工作范围内表面宽度在100～200mm时，其允许偏差为≤1.0mm；当（不加工）工作范围内表面宽度在100～200mm时，其允许偏差为≤2.0mm。当（加工）工作范围内表面宽度>200mm时，其允许偏差为≤1.0m；当（不加工）工作范围内表面宽度>200mm时，其允许偏差为≤2.0mm。工作范围外，允许偏差比工作范围内增加值≤2.0mm。

4.侧轨

（1）侧轨对门槽中心线在工作范围内，允许偏差为±5.0mm；在工作范围外，允许偏差为±5.0mm。

（2）侧轨对孔口中心线在工作范围内，允许偏差为±5.0mm；在工作范围外，允许偏差为±5.0mm。

（3）侧轨工作表面组合处的错位在工作范围内，允许偏差为≤1.0mm；在工作范围外，允许偏差为≤2.0m。

（4）侧轨工作表面扭曲度：

①当工作范围内表面宽度<100mm时，其允许偏差为≤2.0mm；

②当工作范围内表面宽度100～200mm时，其允许偏差为≤2.5mm；

③当工作范围内表面宽度>200mm时，其允许偏差为≤3.0mm；

④工作范围外允许偏差比工作范围内增加值≤2.0mm。

5.反轨

（1）反轨对门槽中心线在工作范围内，允许偏差为30mm；在工作范围外，允许偏差为2～±5mm。

（2）反轨对孔口中心线在工作范围内，允许偏差为±3mm；在工作范围外，允许偏差为±5mm。

（3）反轨工作表面组合处的错位在工作范围内，允许偏差为≤1.0mm；在工作范围外，允许偏差为≤2.0mm。

（4）反轨工作表面扭曲度：

①当工作范围内表面宽度<100mm时，其允许偏差为≤2.0mm；

②当工作范围内表面宽度100～200mm时，其允许偏差为≤25mm；

③当工作范围内表面宽度>200mm时，其允许偏差为≤3.0mm；

④工作范围外允许偏差比工作范围内增加值≤2.0mm。

6.侧止水座板

（1）侧止水座板对门槽中心线在工作范围内，允许偏差为120mm。

（2）侧止水座板对孔口中心线在工作范围内，允许偏差为±3.0mm。

（3）侧止水座板工作表面波状不平度在工作范围内，允许偏差为≤2.0mm。

（4）侧止水座板工作表面组合处的错位在工作范围内，允许偏差为≤0.5mm。

（5）侧止水座板工作表面扭曲度：

①当工作范围内表面宽度<100mm时，其允许偏差为≤1.0mm；

②当工作范围内表面宽度为100~200mm时，其允许偏差为≤1.5mm。

7.护角兼作侧轨

（1）其对门槽中心线在工作范围内，允许偏差为±5mm；其对门槽中心线在工作范围外，允许偏差为±5mm。

（2）其对孔口中心线在工作范围内，允许偏差为±5mm；其对孔口中心线在工作范围外，允许偏差为±5mm。

（3）其工作表面组合处的错位在工作范围内，允许偏差为≤1mm；在工作范围外，允许偏差为≤2mm。

（4）工作表面扭曲度：

①当工作范围内表面宽度<100mm时，其允许偏差为≤2.0mm；

②当工作范围内表面宽度100~200mm时，其允许偏差为≤2.5mm；

③当工作范围内表面宽度>200mm时，其允许偏差为≤3.0mm；

④工作范围外允许偏差比工作范围内增加值≤2.0mm。

8.胸墙

（1）其上部兼作止水对门槽中心线在工作范围内，允许偏差为0.0~±5.0mm。

（2）其下部兼作止水对门槽中心线在工作范围内，允许偏差为0.0~+2.0mm。

（3）其上部不兼作止水对门槽中心线在工作范围内，允许偏差为0.0~+8.0mm。

（4）其下部不兼作止水对门槽中心线在工作范围内，允许偏差为-1.0~+2.0mm。

（5）其工作表面波状不平度兼作止水时，允许偏差-1~+2.0mm；不兼作止水时，其允许偏差为≤4.0mm。

（6）其工作表面组合处的错位在工作范围内，其允许偏差为≤1.0mm。

9.其他

（1）构件每米至少应测1点。

（2）胸墙下部系指和门楣接触处。

（3）门槽工作范围高度：静水启闭闸门为孔口高度，动水启闭闸门为承压主轨高度。

（4）侧轮如为预压式弹性装置，则侧轨偏差按图纸规定。

（5）组合处错位应磨成缓坡。

（6）测量工具为：钢丝线、垂球、钢板尺、经纬仪。

四、弧形闸门门槽安装的检测

（一）一般规定和要求

（1）埋件应在制造厂进行整体组装，经检查合格方可出厂。其中，铰座和铰座钢梁的螺孔应配钻。

（2）除焊缝两侧外，埋件防腐蚀工作应在制造厂完成。

（3）埋件运到现场后，应对埋件作单件或整体复测，各项尺寸应符合设计图纸和埋件出厂规定。

（4）作为安装铰座、侧止水座板、底槛等埋件用的控制点，设置时，应由同一基准点引出，其相互间尺寸应仔细核对，以免出现差错。

（5）埋件安装完毕，应用加固钢筋将其与预埋螺栓或插筋焊牢，以免浇筑二期混凝土时发生位移。

（6）埋件工作面对接接头的错位均应进行缓坡处理，过流面及工作面的焊疤和焊缝余高应铲平磨光，凹坑应补焊平并磨光。

（7）埋件安装完，经检查合格，应在5~7d浇筑二期混凝土。如过期或有碰撞，应予复测，复测合格，方可浇筑混凝土。混凝土一次浇筑高度不得超过5.0m，浇筑时，应注意防止偏击并采取措施捣实混凝土。

（8）埋件的二期混凝土拆模后，应对埋件进行复测，并作好记录。同时，检查混凝土面尺寸，清除遗留的钢筋和杂物，以免影响闸门启闭。

（二）质量检查项目和质量标准

1.埋件安装

（1）底槛。

①桩号：用钢丝线、垂球、钢板尺、水准仪、经纬仪检查。每米至少测1点，偏差在±15.0mm内。

②高程：用钢丝线、垂球、钢板尺水准仪、经纬仪检查。每米至少测1点。

③对孔口中心线距离：用钢丝线、垂球、钢板尺、水准仪、经纬仪检查。在工作范围内，偏差在±5.0mm内。

④工作表面一端对另一端的高差：用钢丝线、垂球、钢板尺、水准仪、经纬仪检

查。闸门宽度<1000m，偏差在±2.0mm内；闸门宽度≥1000m，偏差在±3.0mm内。

⑤工作表面波状不平度：用钢丝线、垂球、钢板尺、水准仪、经纬仪检查。每米至少测1点，偏差在±2.0mm内。

⑥工作表面组合处的错位：用钢丝线、垂球、钢板尺、水准仪、经纬仪检查。偏差在±1.0mm内。

⑦工作表面扭曲：用钢丝线、垂球、钢板尺、水准仪、经纬仪检查。工作范围内表面宽度<100mm，偏差在±1.0mm内；工作范围内表面宽度在100~200mm，偏差在±1.5mm内；工作范围内表面宽度>200mm，偏差在±2.0mm内。

（2）门楣。

安装时门楣一般为最后固定，故门楣位置宜按门叶实际位置进行调整。

①桩号：用钢丝线、垂球、钢板尺、水准仪、经纬仪检查。每米至少测1点。偏差在-1.0~+2.0mm内。

②门楣中心至底槛面的距离：用钢丝线、垂球、钢板尺、水准仪、经纬仪检查。每米至少测1点。偏差在±3.0mm内。

③工作表面波状不平度：用钢丝线、垂球、钢板尺、水准仪、经纬仪检查。每米至少测1点，偏差在±2.0mm内。

④工作表面组合处的错位：用钢丝线、垂球、钢板尺、水准仪、经纬仪检查。偏差在0.5mm内。

⑤工作表面扭曲：用钢丝线、垂球、钢板尺、水准仪、经纬仪检查。工作范围内表面宽度<100mm，偏差在±1.0mm内；工作范围内表面宽度在100~200mm，偏差在±1.5mm内。

（3）侧止水座板。

①对孔口中心线距离：用钢丝线、垂球、钢板尺、水准仪、经纬仪检查。每米至少测1点。潜孔式，在孔口高度内，偏差在±2.0mm内；在孔口高度外，偏差在-2.0~+4.0mm内。露顶式，在孔口高度内，偏差在-2.0~+3.0mm内；在孔口高度外，偏差在-2.0~+6.0mm内。

②工作表面波状不平度：用钢丝线、垂球、钢板尺、水准仪、经纬仪检查。每米至少测1点。潜孔式，偏差在±2.0mm内；露顶式，偏差在±2.0mm内。

③工作表面组合处的错位：用钢丝线、垂球、钢板尺、水准仪、经纬仪检查。潜孔式，偏差在±1.0mm内；侧止水座板如为不锈钢，其组合处错位在±0.5mm内。露顶式，偏差在±1.0mm内。

④侧止水座板和侧轮导板中心线的曲率半径：用钢丝线、垂球、钢板尺、水准仪、经纬仪检查。每米至少测1点。潜孔式，偏差在±5.0mm内；露顶式，偏差在±5.0mm内。

⑤工作表面扭曲：用钢丝线、垂球、钢板尺、水准仪、经纬仪检查。每米至少测1点。潜孔式，孔口高度内表面宽度<100mm，偏差在±1.0mm内；孔口高度内表面宽度在100~200mm，偏差在±1.5mm内；孔口高度内表面宽度>200mm，偏差在±2.0mm内；孔口高度外允许增加数值，在±2.0mm内。露顶式，孔口高度内表面宽度<100mm，偏差在±10mm内；孔口高度内表面宽度在100~200mm，偏差在±1.5mm内；孔口高度内表面宽度>200mm，偏差在±2.0mm内；孔口高度外允许增加数值，在±2.0mm内。

（4）侧轮导板。

①对孔口中心线距离：用钢丝线、垂球、钢板尺、水准仪、经纬仪检查。每米至少测1点。在孔口高度内，偏差在-2.0~+3.0mm内；在孔口高度外，偏差在-2.0~+6.0mm内。

②工作表面波状不平度：用钢丝线、垂球、钢板尺、水准仪、经纬仪检查。每米至少测1点，偏差在±2.0mm内。

③工作表面组合处的错位：用钢丝线、垂球、钢板尺、水准仪、经纬仪检查，偏差在±1.0mm内。

④侧止水座板和侧轮导板中心线的曲率半径：用钢丝线、垂球、钢板尺、水准仪、经纬仪检查。每米至少测1点，偏差在±5.0mm内。

⑤工作表面扭曲：用钢丝线、垂球、钢板尺、水准仪、经纬仪检查。每米至少测1点。孔口高度内表面宽度<100mm，偏差在±2.0mm内；孔口高度内表面宽度在100~200mm，偏差在±2.5mm内；孔口高度内表面宽度>200nm，偏差在±3.0mm内；孔口高度外允许增加数值，在±2.0mm内。

（5）工作范围内各埋件间的距离。

①底槛中心与铰座中心水平距离：用钢尺、垂球、水准仪、经纬仪直接测量或通过计算求得。底槛两端各测1点。潜孔式偏差在±4.0mm内；露顶式偏差在±5.0mm内。

②侧止水座板中心与铰座中心距离：用钢尺、垂球、水准仪、经纬仪直接测量或通过计算求得。侧止水座板两端各测1点，中间每米测1点。潜孔式偏差在±4.0mm内；露顶式偏差在±6.0mm内。

③铰座中心和底槛垂直距离：用钢尺垂球、水准仪、经纬仪直接测量或通过计算求得，铰座两端各测1点。潜孔式偏差在±14.0mm内；露顶式偏差在±5.0mm内。

④两侧止水座板间距离：用钢尺、垂球、水准仪、经纬仪直接测量或通过计算求得，两侧止水座板每米测1点。潜孔式偏差在-3.0~+4.0mm内；露顶式偏差在-3.0~+5.0mm内。

⑤两侧轮导板间距离：用钢尺、垂球、水准仪、经纬仪直接测量或通过计算求得。两侧轮导板每隔2m测1点。潜孔式偏差在-3.0~+5.0mm内；露顶式偏差在-3.0~+5.0mm内。

2.铰座基础螺栓中心安装

铰座基础螺栓中心:用钢尺、垂球或水准仪、经纬仪检查。如各螺栓的相对位置已用样板或框架准确固定在一起,则可测量样板或框架的中心。偏差在±1.0nm内。

3.铰座钢梁安装

(1)铰座钢梁桩号:用钢丝线、钢尺、钢板尺或水准仪、经纬仪检查。允许偏差在±11.5mm内。

(2)铰座钢梁高程:用钢丝线、钢尺、钢板尺或水准仪、经纬仪检查。允许偏差在±1.5mm内。

(3)铰座钢梁中心和孔口中心:用钢丝线、钢尺、钢板尺或水准仪、经纬仪检查。允许偏差在±1.5mm内。

(4)铰座钢梁倾斜度:用钢丝线、钢尺、钢板尺或水准仪、经纬仪检查。允许偏差在钢梁前翼缘的水平投影距离的1/1000内。

4.锥形铰座基础环安装

(1)锥形铰座基础环中心:用钢丝线、垂球、钢板尺或水准仪、经纬仪检查。允许偏差在±1.0mm内。

(2)锥形铰座基础环表面铅垂度:用钢丝线、垂球、钢板尺或水准仪、经纬仪检查。表面为加工时,偏差在±1.0mm内为合格,也可视为优良;表面为未加工面时,允许偏差在±2.0mm内。锥形铰座基础环表面对孔口中心线距离的允许偏差为-1.0~+2.0mm。

第四节　启闭机安装的检测

启闭机因其结构简单、安装简便、价格便宜等优点,被广泛应用于灌区各级渠道上的涵闸及引水枢纽工程的闸门启闭。但目前使用的一些螺杆启闭机没有有效的顶闸事故保护措施,只能起限位作用,在启闭机运行过程中稍有不慎将会发生压弯螺杆、顶碎启闭机端盖、顶断启用机梁使钢筋混凝土梁上缘开裂破坏,严重的会发生启闭机台(梁)位移、旋转、倾覆,甚至造成人员伤亡,电动启闭机还会引起电动机过载而烧毁电机,严重影响工程的安全运用,威胁着操作人员的人身安全。操作人员工作马虎,不按闸门启闭程序先检查,后操作或原操作人员因事请假,代班人员在不熟悉启闭程序和方法时,盲目操作。如将启闭方向反向,当闸门处在关闭状态时开闸,电动启闭时按错按钮或人工启闭时摇反方向,把闭闸的方向误操作为开闸;有的是在闭闸时操作人员思想不集中、闸到下限位置未能即时停机，有的是螺杆的限位螺母、限位标志移位，不起限位作用。电动启闭机还会遇到供电部门在维修电气设备或供电线路时电源相序变动，致使启闭机上的电动机改变了原运转方向，导致启闭机启闭方向的改变，此时，如闸门处在关闭状态时开闸，必将发生顶闸事故。闸门在运行过程中，树木等漂浮物或石块等障碍物被高速水流带到闸底或冲到闸槽中卡住，若此时关闭闸门，当闸门下缘在未接触到闸底之前已被障碍物阻挡产生反力，但螺杆上的限位标志或限位开关还没有到位，不起限位停机或提醒操作人员停机的作用，故操作人员不会停机，启闭机将带动闸门继续下压，当反力超过启闭机或启闭台的承受耐力时，也将发生顶闸事故。

启闭机维修养护是闸门启闭机运行管理的重要内容，启闭机的维护应本着"安全第一，预防为主"原则，必须做到"经常维护，随时维修，养重于修，修重于抢"。维修保养内容技术包括"清洁、紧固、调整、润滑"八字作业。清洁是针对启闭机的外表、内部及制动轮圆周面、电器接点、电磁铁吸合接触面和周围环境，定期进行清洁。启闭机房内外门窗一周清扫一次，场地上的工器具应及时整理，摆放整齐。紧固是对压力油系统中的螺纹管接头、密封用压盖螺栓等进行紧固，防止松动造成漏油；对基础、法兰等各种定位螺栓、高强螺栓、钢丝绳压紧螺栓和吊具连接螺栓进行紧固，如松动会改变被连接零部件的受力和运动情况，并构成事故隐患。调整：第一个方面是对轴瓦与轴颈、滚动轴承的配合间隙、齿轮啮合的顶、侧间隙、制动器闸瓦与制动轮之间的松闸间隙调整；第二个方面是对制动器的松闸行程、离合器的离合行程、安全限位开关的限位行程和闸门启闭位置指示行程进行调整；第三个方面是对转动皮带、链条等松动及弹簧弹力大小的调整；第四个方面是电流、电压、制动力矩、启闭机的流量压力、速度等调整。润滑：启闭设备中有相对运动的零部件，均需保持良好的润滑。维修保养作用：经常进行必要的维护作业可以减少磨损，消除隐患和故障，保持设备始终处于良好的技术状况，以延长使用寿命，减少运行费用，确保启闭机安全可靠地运行。

一、固定卷扬式启闭机安装的检测

（一）固定卷扬式启闭机安装前的检测

固定卷扬式启闭机在安装前，应完成下列检测工作。

（1）按有关合同及标准规定，全面清点及检查到货设备。

（2）减速器应进行清洗检查，减速器内润滑油的油位应与油标尺的刻度相符，其油位不得低于高速级大齿轮最低齿的齿高，亦不应高于两倍齿高。减速器应转动灵活，其油封和结合面处不得漏油。

（3）检查基础螺栓埋设位置，螺栓埋入深度及露出部分的长度是否准确。

（4）检查启闭机平台高程，其偏差不应超过±5mm，水平偏差不应大于0.5/1000。

（5）启闭机的安装应根据起吊中心线找正，其纵、横向中心线偏差不应超过±3mm。

（二）固定卷扬式启闭机的安装检测

1.钢丝绳及卷筒应满足的要求

（1）缠绕在卷筒上的钢丝绳长度，当吊点在下极限时，留在卷筒上的圈数可不小于4圈，其中，2圈作为固定用，另外2圈作为安全圈；当吊点在上极限时，钢丝绳不得缠绕到卷筒光圈部分。

（2）双吊点启闭机，吊距误差应不超过±3mm；钢丝绳拉紧后，两吊轴中心线应在同一水平上，其高差在孔口部分内不超过5mm。对于中高扬程启闭机，全行程以内不超过30mm。

（3）卷筒上缠绕双层钢丝绳时，钢丝绳应有顺序地逐层缠绕在卷筒上，不得挤叠或乱槽，同时，还应进行仔细调整，使两卷筒的钢丝绳同时进入第二层。对于采用自由双层卷绕的中高扬程启闭机，钢丝绳绕第二层时的返回角应不大于2.5°，也不能小于0.5°。对于采用排绳机构的高扬程启闭机，应保证其运动协调，往复平滑过渡。

2.仪表式高度指示器的功能要求

（1）指示精度不低于1%。

（2）应具有可调节定值极限位置、自动切断主回路及报警功能。

（3）高度检测元件应具有防潮、抗干扰功能。

（4）具有纠正、指示及调零功能。

3.复合式负荷控制器的功能应满足的要求

（1）系统精度不低于2%，传感器精度不低于0.5%。

（2）当负荷达到110%额定启闭力时，应自动切断主回路和报警。

（3）接收仪表的刻度或数码显示应与启闭力相符。

（4）当监视两个以上吊点时，仪表应能分别显示各吊点启闭力。

（5）传感器及其线路应具有防潮、抗干扰性能。

4.其他

减速器、开式齿轮、轴承、液压制动器等转动部件的润滑应根据使用工况和气温条件，选用合适的润滑油。

二、液压启闭机安装的检测

（1）液压启闭机运到现场后，根据有关规范、规定及合同对到货设备进行清点及检查，对厂未进行油压试验的元器件，按如下试验。

①加载1.5倍额定工作压力，并大于0.4MPa试压10min，应无渗漏。

②加载1.25倍额定工作压力试压30min，应无渗漏，且压降小于5%额定工作压力。

③对额定工作压力试压12h，应无渗漏，且压降小于5%额定工作压力。

（2）液压启闭机机架的横向中心线与实际测得的起吊中心线的距离不应超过+2mm；高程偏差不应超过±5mm。双吊点液压启闭机，支承面的高差不超过+0.5mm。

（3）机架钢梁与推力支座的组合面不应大于0.05mm的通隙，其局部间隙不应大于0.1mm，深度不应超过组合面宽度的1/3，累计长度不超过周长的20%，推力支座顶面水平偏差不应大于0.2/1000。

（4）安装前应检查活塞杆有无变形，在活塞杆竖直状态下，其垂直度不应大于0.5/1000，且全长不超过杆长的1/4000，并检查油缸内壁有无碰伤和拉毛现象。

（5）吊装液压缸时，应根据液压缸直径长度和质量决定支点或吊点个数，以防止变形。

（6）活塞杆与闸门（或拉杆）吊耳连接时，当闸门下放到底槛位置在活塞与油缸下端盖之间应留有50mm左右的间隙，以保证闸门能严密关闭。

（7）油箱安装。

①卧式油箱水平度不大于L/1000（L为容器长度，mm）；立式油箱不大于H/1000（H为容器高度，mm），且不大于10mm。

②油箱高程偏差应在±10mm内。中心线偏差应在±10mm内。

（8）管道安装。

①管道弯制、清洗和安装均应符合有关规定。管道设置尽量减少阻力，管道布局应清晰合理。

②管道平面位置偏差，每10m内，误差值应在±10mm内，且全长不大于20mm；高程偏差应在±5mm内；排管垂直度不大于2mm/m，且全长不大于15mm；排管平面度不大于5mm；排管间距偏差应在0~±5mm内。

（9）初调高度指示器和主令开关的上下断开接点及充水接点。

三、门式启闭机安装的检测

（一）门架的检测

（1）用水平仪测量主梁跨中的上拱度和悬臂端的上翘度，测量目标离镜头的距离必须在2m以上，且必须在无日照影响的情况下进行。上拱度应控制在主梁跨度的（0.9~1.4）/1000范围内。悬臂端的上翘度应控制在悬臂端长度的（0.9~1.4）/350范围内。

（2）在距离上盖板100mm的腹板处测量主梁的水平弯曲度，其值应控制在主梁跨度的1/1000以内。

（3）测量主梁上盖板的水平倾斜度，其值应控制在主梁翼缘板宽的1/200以内，但最大不得超过20mm。

（4）测量主梁腹板的垂直偏斜度，其值应控制在主梁高度的1/500以内。

（5）测量上部结构的对角线差，两个对角线的差值应小于5m。

（6）测量门机支腿在跨度方向的垂直度，其值应控制在门腿高度的1/2000以内，倾斜方向应互相对称。

（7）测量门腿的高差值，两条支腿，从车轮工作踏面算起到支腿上法兰平面的高度相对差应小于8mm。

（二）小车轨道的检测

（1）当轨距小于或等于2.5m时，小车轨距公差值应控制在±2mm以内；当轨距大于2.5mm时，小车轨距公差值应控制在±3mm以内。

（2）同一截面上小车轨道的高低差检测：当轨距≤2.5m时，高低差应≤3mm；当轨距>2.5m时，高低差应≤5mm。

（3）小车轨道中心线与轨道梁腹板中心线的位置偏差检测：对偏轨箱形梁，当腹板厚度小于12mm时，小车轨道中心线与轨道梁腹板中心线的位置偏差应≤6mm，当腹板厚度≥12mm时，小车轨道中心线与轨道梁腹板中心线的位置偏差应不大于腹板厚度的一半；对单腹板梁及桁架梁，小车轨道中心线与轨道梁腹板中心线的位置偏差应不大于腹板厚度的一半。

（4）小车轨道中心线直线度的检测：对轨道居中的对称箱形梁，小车轨道中心线直线度的偏差≤3mm。当小车架带走台时，轨道只需向走台侧凸曲。

（5）小车轨道与大车主梁上翼缘贴合度的检测：小车轨道应与大车主梁上翼缘板紧密贴合，当局部间隙大于0.5mm，且长度超过200mm时，应加垫板垫实。

（6）小车轨道接头处的检测：小车轨道接头处的高低差≤1mm；小车轨道接头处的侧向错位≤1mm；小车轨道接头处的间隙不得大于2mm。

（7）小车轨道在侧向的局部弯曲检测：小车轨道在侧向的局部弯曲，在任意2m长的范围内不大于1mm。

（三）大车轨道的检测

（1）大车车轮应与轨道面接触，不应有悬空现象。

（2）钢轨铺设前，应进行检查，合格后方可铺设。

第六章 水电站金属结构安装检测

（3）吊装轨道前，应确定轨道安装的基准线、轨道实际中心线与基准偏差。当跨度≤10m时，基准偏差≤2mm；当跨度>10m时，基准偏差≤3mm。

（4）轨距偏差的检测：当跨度≤10m时，轨距偏差应在±3mm以内；当跨度>10m时，轨距偏差应在±5mm内。

（5）轨道的直线度检测：轨道的纵向直线度偏差不应超过轨道总长的1/1500。

（6）轨道的高程差检测：同一根轨道在全长范围内的最高点与最低点之差不应大于2mm；同一断面两平行轨道的高程差，当跨度≤10m时，其高程差≤5mm；当跨度>10m时，其高程差≤8mm。

（7）轨道接头处的检测：两平行轨道的接头位置应错开，其错开距离不应等于前后车轮的轮距。接头用连接板连接时，接头处的侧向错位及高低差均不得大于1mm，接头间隙不应大于2mm。

（8）轨道安装符合要求后，应全面检测各螺栓的紧固情况。

（9）轨道上的车挡在门机安装前应装妥，轨道同一端头的车挡与门机上的缓冲器均应接触，如有偏差应及时调整。

（四）机构的检测

（1）门机跨度的检测：当门机跨度≤10m时，其跨度偏差应在±5mm内，且两侧跨度的相对差不大于5mm；当跨度大于10m时，其跨度偏差应在±5mm内，且两侧跨度的相对差≤8mm。测量所用的工具应符合有关规范的要求。

（2）车轮的垂直偏斜度检测：车轮的垂直偏斜度应不大于测量高度的1/400。

（3）车轮的水平偏斜度检测：车轮的水平偏斜度应不大于测量长度的1/1000，且同一轴线上一对车轮的偏斜方向应相反。

（4）同一轨道上车轮的同位差检测：当同一轨道上有两个车轮时，两车轮的同位差应≤2mm；当同一轨道上有三个或三个以上车轮时，车轮的同位差应≤3mm；在同一平衡梁上车轮的同位差不得大于3mm。

（五）电气设备的检测

（1）在操作室内的电气设备应无裸露的带电设备部分，在小车和走台上的电气设备应装备防雨罩，电气设备的安装底架必须牢固，其垂直度不大于12/1000，设备前应留500mm以上的通道。

（2）电阻箱叠置时不得超过4架，否则应另用支架固定，并采取相应的散热措施。电阻线引出线应予以固定。

（3）穿线用的钢管应清除内壁锈渍、毛刺并涂以防锈涂料，管子的弯曲半径应大于其直径的5倍。穿线管只允许锯割并用管箍接头。管内导线不准有接头，管口要有护线嘴保护。

（4）单个滑线固定器、导电器等应能承受交流电压2kV/min的耐压试验。

（5）电气设备接地的检测：全部电气设备不带电的外壳或支架应可靠地接地，若用安装螺栓接地，应保证螺栓接触面接触良好。小车与门架、门架与轨道之间应有可靠的接地连接。

四、桥式启闭机（或起重机）安装检测技术

（一）一般规定和要求

（1）桥式启闭机出厂前，应进行整体组装和试运转，经检查合格后方可出厂。

（2）桥式启闭机运到现场后，应对开式齿轮的侧、顶间隙和齿轮啮合接触点百分数，轴瓦和轴颈间的顶、侧间隙以及顶梁上的拱度、旁弯度等进行复测。必要时，应对设备进行分解、清扫、检查。

（3）桥式启闭机电气设备安装、试验质量等级评定根据水利部颁发的水利水电基本建设工程质量等级评定标准，即《水电水利基本建设工程 单元工程质量等级评定标准 第5部分：发电电气设备安装工程》（DL/T 5113.5—2012）中的有关规定。

（二）无负荷试验

无负荷试验运转时，电气和机械部分应符合下列要求。

（1）电动机运行平稳，三相电流平衡。

（2）电气设备无异常发热现象。

（3）限位装置、保护装置及连锁装置等动作正确、可靠。

（4）控制器接头无烧损现象。

（5）当大、小车行走时，滑块滑动平稳，无卡阻、跳动及严重冒火花现象。

（6）所有机械部件运转时，无冲击声及其他异常声音，所有构件连接处无松动、裂纹和损坏现象。

（7）所有轴承和齿轮应有良好的润滑，机箱无渗油现象，轴承温度不得大于65℃。

（8）运行时，制动闸瓦应全部离开制动轮、无任何摩擦。

（9）钢绳在任何条件下不与其他部件碰剐，定、动滑轮转动灵活，无卡阻现象。

（三）静负荷试验

静负荷试运转应符合下列要求。

（1）电气和机械部分应符合相关规定。

（2）升降机构制动器能制止住1.25倍额定负荷的升降，且动作平稳、可靠。

（3）小车停在桥架中间，吊起1.25倍额定负荷，停留10min卸去负荷，小车开到跨端，检查桥架变形，反复三次后，测量主梁实际上拱度不应大于0.8L/1000（L为跨度）。

（4）小车停在桥中间，起吊额定负荷，测量主梁下挠度不应大于L/700（L为跨度）。

（四）动负荷试验

动负荷试运转应符合下列要求。

（1）电气和机械部分应符合相关规定。

（2）升降机构制动器能够制止住1.1倍额定负荷的升降，且动作平稳、可靠。

（3）行走机构制动器能刹住大车及小车，同时，不使车轮打滑或引起振动和冲击。

五、螺杆式启闭机安装检测技术

（一）一般规定和要求

（1）螺杆式启闭机出厂前，应进行整体组装和试运转，经检查合格后方可出厂。

（2）螺杆式启闭机运到现场后，应对其主要零部件按现行有关规范要求进行复测，必要时，应对设备进行分解、清扫、检查。

（3）螺杆式启闭机电气设备安装试验质量等级评定及标准见《水电水利基本建设工程 单元工程质量等级评定标准 第5部分：发电电气设备安装工程》（DL/T 5113.5—2012）中的有关规定。

（二）无负荷试运转

无负荷试运转时，电气和机械部分应符合下列要求。

（1）手摇部分应转动灵活、平稳，无卡阻现象，手、电两用机构的电气闭锁装置应可靠。

（2）行程开关动作灵敏、准确，高度指示器指示准确。

（3）转动机构运转平稳，无冲击声和其他异常声音。

（4）电气设备无异常发热现象。

（5）机箱无渗油现象。

（三）静负荷试运转

启闭机连接闸门后，做水压全程启闭试验，应符合下列要求。

（1）电气和机械部分应符合无负荷试运转的有关要求。

（2）对于配有超载保护装置的螺杆式启闭机，该装置的动作应灵敏、准确、可靠。

六、油压启闭机安装检测技术

（一）一般规定和要求

（1）油压启闭机出厂前应进行整体组装和试验，经检查合格后方可出厂。

（2）油压启闭机运到现场后，根据规范规定并结合到货设备具体情况，对其本体和油压元件进行检查、分解、清洗、试压。

（3）油压启闭机电气装置安装试验质量标准按《水电水利基本建设工程·单元工程质量等级评定标准 第5部分：发电电气设备安装工程》（DL/T 5113.5—2012）中的有关规定，电气接点压力表的电气接点整定值应符合现行有关规范或设计图纸规定。

（4）油桶和油箱的渗油试验和管路安装质量按《水电水利基本建设工程 单元工程质量等级评定标准·第4部分：水力机械辅助设备安装工程》（DL/T 5113.4—2012）中的有关规定。

（二）试运转

试运转应符合下列要求。

（1）无负荷试运转30~40min，油泵无异常现象。

（2）在25%、50%、75%、100%的工作压力下分别连续运转15min和在1.1倍额定压力下动作排油时，应无剧烈震动、杂音、泓升过高等现象。

（3）主令控制器动作准确、可靠，高度指示器指示准确。

（4）快速关闭时间符合设计图纸要求。

第五节　钢管安装的检测

一、钢管安装元件的检测

压力钢管安装前，应对直管、弯管、渐变管、岔管、伸缩节、进入孔、支座进行检测，经检验合格后方能出厂运至安装现场。

二、埋管安装

（1）钢管支墩应有足够的强度和稳定性，以保证钢管在安装过程中不发生位移和变形。

（2）埋管安装中心的极限偏差都符合规定。

（3）始装节的里程偏差为±5mm。弯管起点的里程偏差为±10mm。始装节两端管口垂直度偏差为+3mm。

（4）钢管安装后，管口圆度（指相互垂直两直径之差的最大值）偏差不应大于5D/1000，最大不应大于40mm，至少测量2对直径。

（5）环缝焊接除图样有规定外，应逐条焊接，不得跳越，不得强行组装。管壁上不得随意焊接临时支承或脚踏板等构件，不得在混凝土浇筑后再焊接环缝。

（6）拆除钢管上的工卡具、吊耳、内支撑和其他临时构件时，严禁使用锤击法，应用碳弧气刨或氧—乙炔火焰在其离管壁3mm以上切除，严禁损伤母材。切除后钢管内壁（包括高强钢钢管外壁）上残留的痕迹和焊疤应再用砂轮磨平，并认真检查有无微裂纹。对高强钢在施工初期和必要时应用磁粉或渗透探伤检查，如发现裂纹应用砂轮磨去，并复验确认裂纹已消除为止。同时，应改进工艺，使不再出现裂纹，否则应继续进行磁粉或渗透探伤。

（7）钢管安装后，必须与支墩和锚栓焊牢，防止浇筑混凝土时位移。

（8）钢管内、外壁的局部凹坑深度不超过板厚10%，且不大于2mm，可用砂轮打磨，平滑过渡，凹坑深度超过2mm的应按第六节的有关要求进行补焊。

（9）灌浆孔应在钢管厂卷板后钻孔，并按预热和焊接等有关工艺焊接补强板。堵焊灌浆孔前应将孔口周围积水、水泥浆、铁锈等清除干净，焊后不得有渗水现象。高强钢钢板上不宜钻灌浆孔，如确需钻孔，则在堵焊高强钢灌浆孔前应预热并按堵焊工艺堵焊，堵焊后应用超声波和磁粉或渗透探伤，抽查个数的比例≥5%，不允许出现裂纹。

（10）土建施工和钢管安装时，未经允许不得在钢管管壁上焊接任何构件。

三、明管安装

（1）鞍式支座的顶面弧度，用标准样板（样板长度见规范有关规定）检查其间隙不应大于2mm。

（2）滚轮式和摇摆式支座支墩垫板的高程和纵、横向中心的偏差为±5mm，与钢管设计轴线的平行度不应大于2/1000。如垫板高程偏差如图样另有规定，则应按图样规定执行。

（3）滚轮式和摇摆式支座安装后，应能灵活动作，不应有任何卡阻现象，各接触面应接触良好，局部间隙不应大于0.5mm。

（4）环缝的压缝、焊接和内支撑、工具卡、吊耳等的清除检查以及钢管内、外壁表面凹坑的处理、焊补应遵守本节埋管安装中的有关规定。

四、焊后消除应力热处理

（1）当设计要求对高强钢钢管、岔管的组装焊缝进行局部焊后消除应力热处理时，在热处理前应做严格试验，确定热处理规范，热处理后钢材性能应满足设计要求，不得出现回火脆性和再热裂纹。

（2）局部热处理后，均应提供热处理曲线。采用同一焊接工艺焊接的同一牌号钢材的钢管和岔管，用同一规范进行热处理。做局部热处理后，至少应提供一次热处理后消应效果和硬度测定记录。

第六节　焊缝检测

焊缝按其所在部位的荷载性质、受力情况和重要性分为一类焊缝、二类焊缝以及三类焊缝3种类别。凡在动载荷或静载荷下承受拉力，按等强度设计的对接焊缝、组合焊缝或角焊缝，或者破坏后会危及人身安全或导致产品功能失效造成重大经济损失的焊缝均属一类焊缝；凡在动载荷或静载荷下承受压力，按等强度设计的对接焊缝、组合焊缝或角焊缝，或者失效或破坏后可能影响产品局部正常工作的焊缝均属二类焊缝；除上述一、二类以外的其他焊缝均属三类焊缝。水工金属结构涉及的常见一类焊缝有：组成闸门主梁、边梁、臂柱的腹板及翼缘板的对接焊缝；闸门及拦污栅吊耳板、吊杆的对接焊缝；闸门主梁腹板与边梁腹板和翼缘板连接的组合焊缝或角焊缝；主梁翼缘板与边梁翼缘板连接的对接焊缝；转向吊杆的组合焊缝及角焊缝；人字闸门端主隔板与主梁腹板及端板的组合焊缝；钢管管壁纵缝，厂房内明管（指不埋于混凝土内的钢管，下同）环缝，凑合节合拢环缝；岔管管壁纵、环缝，岔管分叉处加强板的对接焊缝，加强板与管壁相接处的对接和角接的组合焊缝；闷头与管壁的连接焊缝；启闭机主梁、端梁、滑轮支座梁，卷筒支座梁的腹板和翼板的对接焊缝；启闭机支腿的腹板和翼板的对接焊缝和主梁连接的对接焊缝；液压缸分段连接的对接焊缝和缸体与法兰的连接焊缝；活塞杆及卷筒分段连接的对接焊缝；吊耳板的对接焊缝。涉及的常见二类焊缝有：闸门面板的对接焊缝；拦污栅主梁、边梁的腹板、翼缘板对接焊缝；闸门主梁、边梁、臂柱的翼缘板与腹板的组合焊缝及角焊缝；闸门吊耳板与门叶的组合焊缝或角焊缝；主梁、边梁与门叶面板的组合焊缝或角焊缝；臂柱与连接板的组合焊缝或角焊缝；钢管管壁环缝；人孔颈管的对接焊缝，人孔颈管与顶盖和管壁的连接焊缝；支承环对接焊缝和主要受力角焊缝；启闭机主梁、端梁、支座梁、支腿的角焊缝；启闭机主梁与端梁连接的角焊缝和支腿与主梁连接的角焊缝；吊耳板连接的角焊缝。

（1）焊接各类焊缝所用的焊条、焊丝、焊剂应与所施焊的钢材相匹配。

（2）焊接件组装完毕，经检查合格，方可施焊。施焊前，应将破口及其两侧10~20mm范围内的铁锈、溶渣、油垢、水迹等清理干净。

（3）焊接材料应按相关要求进行保管和烘焙。

（4）所有焊缝均应进行外观检测，外观质量应符合：一类焊缝不允许有裂纹、表面夹渣、表面气孔和角焊缝厚度不足；二类焊缝不允许有裂纹、表面夹渣，表面气孔在每米范围内允许有3个≤1.0nm直径的气孔，但间距需≥20mm，每100mm焊缝长度内缺陷总长度≤25mm。

（5）无损检测人员必须持有国家有关部门签发的并与其工作相适应的资格证书。评定焊缝质量应由Ⅱ级或Ⅱ级以上的检测人员担任。

（6）焊缝内部缺陷探伤可选用射线或超声波探伤中的一种进行；表面裂纹检测可选用渗透或磁粉探伤。

（7）焊缝无损探伤长度占全长的百分比应不少于规定，如图样、设计文件另有规定，则按图样、设计文件规定执行。

（8）无损探伤应在焊接完成24h以后进行。

（9）焊缝局部无损探伤如发现不允许缺陷时，应在其延伸方向或可疑部位做补充检查；如补充检查不合格，则应对该条焊缝进行全部检查。

（10）焊缝发现有不允许的缺陷时，应进行分析，并找出原因，制定返修工艺，按有关规定进行返修处理。返修后的焊缝仍应进行探伤检查。

（11）经探伤发现有不允许的缺陷时，应按下面的方法进行处理。

①焊缝内部或表面发现有裂纹时，应进行分析，找出原因，制定措施后，方可补焊。

②焊缝内部缺陷应用碳弧气刨或砂轮将缺陷清除并用砂轮修磨成便于焊接的凹槽，焊补前要认真检查。如缺陷为裂纹，则应该用磁粉或渗透探伤，确认裂纹已经消除，方可补焊。

③返修后的焊缝，应用射线探伤或超声波探伤复查，同一部位的返修次数不宜超过2次，超过2次后焊补时，应制定可靠的技术措施，并经施工单位技术负责人批准，方可施焊，并作出记录。

④管壁表面凹坑深度大于板厚10%或超过2mm的，焊补前应用碳弧气刨或砂轮将凹坑刨成和修磨成便于焊接的凹槽，再进行补焊，焊补后应用砂轮将焊补处磨平，并认真检查，有无微裂纹。对高强钢还应用磁粉或渗透检查。

⑤在母材上严禁有电弧擦伤，焊接电缆接头不许裸露金属丝，如有擦伤应用砂轮将擦伤处打磨处理，并认真检查有无微裂纹，对高强钢在施工初期和必要时应用磁粉或渗透检查。

第七节 防腐检测

（1）安装前应对焊缝两侧检查是否涂装了不影响焊接性能的车间底漆。

（2）安装后应对焊接区进行表面处理，涂刷相应的涂料，达到规定的厚度。

（3）因起吊、碰撞等原因造成涂层局部损伤时，应按原防腐方案涂刷相应的涂料，达到规定的厚度。

（4）因起吊、碰撞等原因造成金属喷涂层局部损伤时，应按原施工工艺予以修补。条件不具备时，应涂刷相应的涂料修补，然后再涂面漆。

（5）涂装前应对表面预处理的质量进行检查，合格后方能进行涂装；涂装过程中，应用湿膜测厚仪及时测定湿膜厚度。

（6）每层防腐涂层涂装前应对前一层进行外观检查，如发现漏涂、流挂、皱纹等缺陷应及时进行处理。涂装结束后，应进行涂膜的外观检查，达到表面光滑、颜色一致、无皱皮、起泡、流挂、漏涂、针孔等缺陷。水泥浆涂层厚度应基本一致，粘着牢固，不起粉状。

（7）涂层厚度应用磁性测厚仪测定，85%以上测点的厚度应达到设计厚度，没有达到设计厚度的测点，其最低厚度不能小于设计要求值的85%。

（8）涂层与基材的黏结性能应用切划涂层，再粘贴撕拉高强胶带的方法检查，涂层应无剥落。

（9）《水工金属结构防腐蚀规范》（SL 105—2007）同样适用于工地进行的防腐处理质量检验。

（10）构成涂层系统的所有涂料应由同一涂料制造厂生产。表面预处理与涂装之间的间隔时间尽可能缩短。潮湿环境在4h内涂装完毕，晴天不应超过12h，各层间的涂覆间隔时间按厂方的规定执行。

（11）金属热喷涂厚度不小于设计值，设计无规定时，最小局部厚度满足如下要求：内河建筑物：不小于160μm；沿海挡潮建筑物：不小于200μm；金属热喷涂封闭后加涂面漆时，金属热喷涂厚度：不小于120μm。

第七章　农村饮水工程安全运行管理

第一节　农村饮水工程安全运行管理基本理论研究

一、农村安全饮水工程的基本特征

（一）农村饮水工程的内容

工程项目管理的目的是充分地运用各种管理手段和方法确保工程项目在预算内高质量地实施并按时完成，并为项目受益者带来预期的收益，满足或超出项目各利害关系方对项目的要求和期望。工程项目管理是建立体制机制、项目组织实施手段与项目管理规律的一门科学，研究的内容主要包括管理思想、运行机制以及项目管理的措施手段等。研究的对象是如何实现工程项目管理的总目标，这个总目标主要是保证工程能够良性运行并高效地发挥作用。

从我国现状来看，水行业的企业都是以当地的水利资源为依托的。如果所依托的水资源及其相关资源比较丰富，相应的水行业企业会有比较好的发展潜力，也会收获较好的效益。一般由政府部门负责水资源的开发，这就导致了水资源开发企业对所经营的业务的垄断性。同时，水利是国民经济的基础，属于国家政策中优先发展照顾的产业，这就导致了水行业企业对政府的依赖性。旧的供水工程的管理体制存在严重不足，水管理企业的经营管理水平也不高，限制了农村安全饮水工程发挥其应有的效用。实际上，工程项目的妥善管理是工程建设顺利运行的重要条件。现代项目管理理论已经是一门比较成熟的学科，建立了关于项目管理实践的广泛的知识体系。然而，对工程项目采取什么样的管理模式，需要充分了解工程的特征。农村饮水安全工程运行管理体制不健全的原因就是沿袭了计划经济时代的管理体制和运行机制，对农村安全饮水工程这种准公共产品的界定尚缺乏理论基础研究。

整个农村饮水工程包含以下内容：一是设计用水量的确定、设计水质和水压标准的确定、农村饮用水工程水源的选择和保护、节约用水措施;二是供水模式的选择、工艺流程设计和选择以及水处理工艺设计要求;三是水处理设备的选择、混凝剂与助凝剂的选择和投加、消毒方法的选择和投加;四是安全运行管理模式、水厂自动化管理供水系统的安全运行管理和农村自来水厂水质检测。

(二)农村饮水工程的特点

1.农村饮水安全建设涉及的具体问题更突出

(1)水资源紧缺问题突出。持续大规模农村饮水安全建设可利用水源点日趋减少,水量难以保证,特别是水质性缺水问题非常严峻,导致工程建设成本越来越高。

(2)资金缺口问题突出。部分市、县配套资金难以足额及时到位,直接影响了工程建设进度、标准及质量。

(3)水源保护问题突出。由于工程规模小、效益差、产权不明晰,群众饮水安全意识较薄弱,水质检测服务体系不健全,导致了水源保护责任主体缺位。

(4)建设后管理问题突出。管理普遍存在工程产权不明晰、责任不落实、服务不到位、电价费用高、经费无着落等问题。

2.工程管理过程中组织特殊性

由于供水工程涉及规划、设计、实施、管理等多方面内容,专业化分工比较强,需要众多部门和单位集体参与。为了确保项目有序、按计划进行,项目的各参与单位必须密切配合,以项目合同作为合作纽带,制定严密的组织制度,做到分工明确、权责清晰。在项目的实施过程中,各参与方要互相协调,这样才能有效迅速地解决实施过程中遇到的各种问题。

3.安全饮水工程系统的复杂性

组织的特殊性决定了安全饮水工程的规模大、涉及面广、资金投入多、技术难度高。项目需要不同的学科知识,不同的技术决定了不同的分工。项目跨越了多个部门组织,各个单位在施工管理过程中的相互影响和制约决定了整个系统的协调性有待加强。同时,供水工程项目易受所在地域的资源、气候、地质条件等因素的影响和制约,当地政府的政策以及社会氛围、经济条件和文化环境对项目的影响也比较大。

(三)农村安全饮水工程运行管理的理论基础

1.公共产品理论

公共产品也称公共商品、公共物品或公共品,通俗地讲就是指那些按照私人市场的观点来看待的公共事务;准确地说就是用于满足社会公共消费需要的物品或劳务。公共产品有狭义和广义之分。狭义的公共产品是指纯公共产品,而现实生活中大量的物品是基于两者之间的，不能简单地将其定义为纯公共产品或纯私人物品，经济学上通常将其统称为准公共产品。广义上所说的公共产品包括了纯公共产品和准公共产品。作为目前西方行政学的核心理论，公共产品理论成为新政治经济学的一项基本理论，也是现代公共行政学的基石。它也被广泛应用到处理政府与市场关系等问题中，为政府职能转变、构建公共财政收支、公共服务市场化等方面的研究提供了理论支持。

2.公共产品的特点

公共物品是指某个人对该种产品的消费不会影响甚至减少其他人对该产品的消费，这个概念成为现代经济对公共产品理论研究的开端。Musgrave等在此理论基础上做了充分的研究工作，进一步完善了公共产品理论，并且提出了公共产品的两大特性：消费的非竞争性与非排他性。例如公共安全、国防等属于典型的由国家提供的纯公共物品，该国的居民都能享用这些物品，而且居民数量的增加一般也不会影响其他居民享受该物品提供的相关服务。与纯公共物品相反的另一种物品，是同时具有消费的竞争性和排他性的纯私人物品。由于消费的竞争性，两个或更多的消费者不能同时使用或占有一件纯私人物品；同时由于消费者的排他性，同一件物品很容易从代价上或者用技术的手段将其他消费者排除在外。

（1）非排他性。

非排他性意味着对某物品的消费不可能排除其他人。公共产品的非排他性主要包括消费过程中的非排他性，其是指在消费该产品的过程中某个人无法阻止或者排除其他人消费这类产品，同时，即使非常不愿意消费这一产品，也无法排斥对这类产品的消费。

（2）非竞争性。

非竞争性是指增加消费者的边际成本为零，也就是说增加额外的消费不会影响其他消费者的消费水平。一方面，这类公共产品的边际生产成本为零。某种产品的边际生产成本为零意味着即使增加公共消费者，公共产品的提供者也并不增加生产成本。另一方面，这类公共产品的边际拥挤成本也为零，这同时意味着每个消费者在对这类公共产品消费的过程中不会对其他消费者对该种产品消费的数量和质量等方面产生明显的影响。

（四）公共产品的应用贡献

1.从财政学角度来分析

公共产品虽然服务的对象是人民，但是它的存在给市场经济体制带来的问题较为严重。因为公共产品同时具有非排他性和非竞争性的双重特性，人们在消费公共产品的过程中往往会产生一种"搭便车"的投机心理，每个人都想少付甚至不付任何成本同时只享受公共产品带给自己的便利。即使生产某种公共产品的成本低于带给人们的利益，私人往往也不太会主动生产这种产品并提供给公众。因此承担此职能的机构只能是政府，但是政府面临的问题是如何确定公共产品的价值,赋予公共产品主观价值。运用边际效用价值论可以妥善解决这个问题,使社会上能有统一的货币尺度来比较公共产品的供应费用与运用效用之间的关系。为了正确地处理公共产品的收费与其生产和供应成本的关系,公共产品理论还提出,应该遵循效用—费用—税收之间的流通关系,公共产品的税收是人们在享用公共产品给自己带来的利益的同时付出的相应成本,也就是公共产品的"税收价格"。根据公共产品理论和市场经济的相关规律,政府在为公共产品提供必要的外部条件的同时,还必须为其在市场经济条件下的正常运行充分地发挥补缺和调节的作用。与公共产品相关的资金筹集、财政收入和分配支出等活动,不再是一般简单意义上的产品分配,而是进行资源的合理配置和市场需求调节的过程。因此,政府应该主动为社会提供更多的公共产品,从而成为公共经济活动的中心。

2.从经济学角度来分析

公共产品理论一个重要的发展方向就是公共选择理论,作为现代微观经济学的重大突破,公共选择理论主要采用经济学的相关理论探讨分析政府在选择公共产品时所应做出的正确决策。公共选择一般会有代议制、直接民主、集权式决策、公民投票等方式,因此公共选择理论属于非市场决策。基于公共选择理论,可以将政府本身视为一种特殊生产或产品供应部门,由它来实施公共产品的生产并负责提供。这种理论与其他理论最大的区别就是将对公共产品的消费和选择还原为一个社会利益冲突问题,而不是将其看成一个最优化社会福利函数的问题,这其实也是这种理论的优势。公共选择理论不同于政治学,它隶属于经济学范畴,因为公共选择理论是汲取现代经济学的相关知识,基于现代经济学的理论并采用其方法来研究集体选择问题。虽然它在字面上看是"公共选择",但其选择的实质是基于个人理性建立的个人选择。

3.从现实意义角度来分析

从广义上来说,"制度""政策"也应该属于公共产品的范畴。在中国当今的经济社会转型过渡时期,运用公共产品理论来研究分析制度的改革变迁,通过研究政府的职能行为及计算公共产品的生产效率,分析"公共选择"与市场两种不同的资源配置方式,具有很强的现实意义。

公共产品的理论总体来说需要研究解决以下几个问题:

(1)如何看待国家职能的问题。

由于政府是公共产品的主要提供者,因此公共产品理论首先应该分析研究的主要问题是"政府能够并且应该干什么"。

(2)公共经济问题。

从经济学的角度来说,公共产品的属性依然是经济学"产品"。这就和其他普通消费品一样,也存在供给与消费的问题。政府有介入公共产品的机会是因为这种产品单纯地依靠市场无力供给，所以一旦市场缺位，这种地方也必然会成为存在公共产品的地方。因此，只有在严格的市场失效的情况下，政府才能作为第三方介入。

（3）公共产品的提供与主观价值问题。

受社会意识形态的影响，我们无法完全从经济学的角度来衡量公共产品的价值，其价值标准必须以人们的主观评价来制定，这就从社会学的角度赋予了公共产品无形的政治价值和社会价值。因此，从这方面来讲，公共产品还是必须由政府提供来满足群众对该种产品的需求。

（4）"搭便车"问题。

由于公共产品具有非排他性和非竞争性，那就必然会存在"搭便车"问题。从社会角度分析，在公共产品的供应过程中，政府应该向公众免费提供；但是从效率角度分析，免费提供公共产品又会导致没有足够的资金来源支付其生产成本。这时为了规范公共物品的消费，就需要由政府相关部门出台合适适合的公共措施。

（5）公共产品的帕累托效率问题。

根据帕累托最优原则的理论，在提供公共产品时，政府在考虑合理配置社会资源的同时，也要充分考虑如何能够在公共产品领域内部有效地利用各种资源。

通过上述五个方面的分析可以发现，公共产品理论从表象上看是研究公共产品的供给问题，实质上则是研究政府在公共产品的提供与管理服务方面的职能问题。

二、服务型政府理论

服务型政府是指一个政府应该为全社会提供必要的公共产品和服务。其核心是在财政转移支付的导向以及公共产品的财政预算上，要做到真正为了老百姓的利益、关注老百姓的需要、关心老百姓的愿望。要真正把资金用于关心社会的弱势群体，用到让人们安居乐业、生活幸福、心情舒畅的事业上来，使其切实地惠及千百万老百姓。政府必须下决心把资金投入提高人民群众的生活质量、义务教育、降低劳动力失业率、技能培训、社会福利和社会保障、公共基础设施建设、环境保护、社会安全和秩序、公共医疗等方面，这关乎千家万户的生活命脉。一个服务型政府应该把所有这些作为核心内容和最基本的组成部分。它的好坏直接决定着我们党和政府执政的物质基础，决定着人心向背，决定着党和政府在人民群众中的威信，这也是关乎国家稳定、发展和繁荣的战略产业。建立服务型政府，就是从这些方面入手，将其作为财政转移支付和公共财政支出的基本方向，切实通过预算这一硬约束正确使用公共财政。

政府的主要职能表现在市场监管、经济调节、公共服务、社会管理等方面，它以民主行政为基本理念，以政府公共性服务为理论基础。服务型政府的内涵有三个基本的要素：一是建设服务型政府的目标。它的目的不是实现政府自身的利益，而是实现公民利益，也就是说公民利益的最大化是服务型政府一切工作的出发点和落脚点。二是政府提供的产品与服务都是与公民的需求相对应的，即公民的利益和群众的需要是政府在提供产品与服务时处于决定地位性的，并且不带有强制性。三是权力主体具有多元性。在管理社会事务时，政府不是国家唯一的权力主体，其他社会机构或团体如果得到了民众的广泛认可和支持，也能成为管理社会事务的权力中心。

服务型政府与管理型政府的主要区别表现在政府的职能、政府的施政理念与管理手段、政府的行为目标以及服务的优越性等方面，其中最为关键的一点表现在政府的职能方面，二者在这方面表现出很大的差别。

（一）政府在社会活动中扮演的角色和承担的职能不同

在经济发展的过程中，政府不再担当权威的审批者角色，而是为公共产品或社会活动提供市场经济的相关服务，从全局的角度为经济的建设与发展提供有力、有效的宏观调控，建立推动市场经济持续、快速、健康发展的稳定、有序、和谐的社会环境。政府作为公共产品服务和社会活动的提供者，其主要的职能全部体现为"以服务为导向"，政府行为的目标是"提供公共产品和公共服务"。

（二）政府施政的思路和方式不同

管理型政府的目的是监督、控制和支配民众的社会行为，其主要思路是管理和控制，政府行为要靠下达命令来实现。传统的管理型政府的管理理念是监督、支配和管控，因此，管理型政府在社会活动中经常会采取下达行政命令的方式对民众的各项事务进行强制性管理。服务型政府的管理理念是为人民服务，服务型政府的一切职能都是从人民的立场出发，为人民群众提供优质的服务。

（三）发展的目标不同

管理型政府为实现社会行为致力于追求良好的政治秩序，服务型政府的奋斗目标则促进整个社会的和谐发展并推动其进步。传统的管理型政府很难通过控制和支配个人的行为来建立和谐稳定的社会秩序，因为一个长期和谐稳定的社会秩序的形成，一方面要依靠公民的自治能力，另一方面还要依靠相互之间的互助精神。强制力在构建和谐的社会秩序方面无济于事。在政治秩序稳定的基本目标下，服务型政府同时还要致力于建立一个公平公正、充满活力、安定有序、人与自然和谐相处的社会。例如，对供水工程的管理是为了确保饮水的有效供给，并提供相关服务，其管理水平的高低、服务质量的好坏直接关系到在农村地区实施公共性质产品的有效性，关系到公众利益的保护。

农村饮水安全工程有两大属性。首先，是公益性，这是农村饮水安全工程划分为公共产品范畴的基本特征，具有很强的公共性和非营利性。其次，是兼顾排他性、竞争性这两个双重特性。由于当具有两个或多个供水主体时，即供水主体多元化时，公民对水的消费是具有竞争性的，因此从这个意义上来说农村安全饮水工程其实是一种准公共产品。作为政府和相关管理部门，只有大力加快解决农民群众饮水安全问题，才能保障农民的身体健康，改善农民的生活水平。农村饮水安全对于农业的发展、农村村貌的改善、农民生活水平的提高来讲，是重要的社会公共基础设施，也是农村公共卫生体系建设的重要主体。从这个意义上来说，它是一种公益性和公共性的项目。

三、新公共服务理论

新公共管理理论自诞生以来，以美国著名的科学家罗伯特丹哈特为代表的公共管理学者对其进行了反思，批判了新公共管理理论的精髓和企业家政府理论的缺陷，发展建立了一种全新模式的公共管理理论，在学术界也将其称为新公共服务理论。

新公共服务理论的主要观点是社会管理者在管理公共组织和执行公共政策时应该本着为公民服务的思想并主动承担为公民服务的义务，通过适当向公民放权来管理社会事务。他们在工作中担当的角色既不应该是政府的掌舵者，也不应该是社会活动的划桨者，而是应该设置一些公共机构来整合社会力量和完善公众对社会工作的回应力。

管理者和公民具有共同的利益和责任，那就是公共利益，这也是大家的奋斗目标，而不是社会活动的副产品。根据新公共服务理论的观点，在建立并实现社会愿景目标的过程中不是仅仅依靠选举来产生行政官员或者委任政治领导人，政府的作用是能够把更多的公众聚集在一起并且自由和坦诚地进行对话，共同商讨并选择社会的发展方向。新公共服务理论提出只有通过集体的努力和协作的过程，才能够制定出符合大众需求的政策和方案，进而才可以最有效和最负责任地实施社会活动和公共事务。为了实现一个共同的社会愿景，在特定的实施程序执行过程中，仍然需要大众的积极、广泛参与，在方案政策贯彻实施过程中，各方面的力量要集中起来并朝着理想的目标努力。政府通过参与培训公民技能和提供公民教育课程，能培养出更多的公民领袖，这样就可以激发民众看待公共事务的责任感和实现社会目标的自豪感。

新公共服务理论提出并建立了更适合现代公共社会和公共管理实践需要的理论观点，它成为一个更加关注民主价值和公共利益的新的理论选择；这个理论保留了传统公共行政学的合理内容，承认新公共管理理论在某种程度上的合理性以及其对提高当代公共管理效率具有重要的实践价值。但是同时它也抛弃了该理论中关于企业家政府理论的固有缺陷，并且将效率和生产力置于社会公共利益更广泛的框架下，这也在一定程度上改进了其他传统的公共管理理论，替代了现在占主导地位的公共行政管理模式。新公共服务理论有助于建立基于与公众的对话协商和公共利益的公共服务管理。新公共服务理论认为，一种基于共同价值观的对话是在对公共利益的关注的前提下产生的。政府人员应当尽最大努力加深公民之间相互信任的关系，发扬公民的互助精神，加强人与人之间的合作，并对大众的需求及时作出反应。在向公民提供公共服务的过程中，政府应该坚决做到公平公正。因此，新公共服务理论鼓励公民积极参与社会活动，积极履行自己的公民义务，并且主张政府应体现对民众诉求的人文关怀。因此，在管理农村安全饮水工程的运行事务过程中，政府应该本着"服务"的基本理念和"为民"的社会价值观，加快建立并完善长效的服务体系和管理体制，特别是要把传统思想的农民引导成为积极参与公共事务的公民，注重提高公民参与公共事务的热情和政府在民生等各方面的反应映。

第二节　农村饮水工程安全的属性

一、农村饮水安全工程的属性

农村供水的主要任务是在实现农村人畜日常用水需求的基本目标下保障农民的饮水安全。可靠的水源和安全水质直接影响着人们的身心健康和生活质量，关系着全面建成小康社会的宏伟目标的实现。实践证明，水利设施条件好的地区农村经济发展比较快，农民的生活质量和幸福指数比较高；水利设施条件差特别是群众饮水困难的地区，经济的发展受到严重的阻碍。饮用水的水资源开发和利用是具有潜在竞争性的，因为当水资源一定的情况下，每一个人对水资源的消费和使用都会直接影响或减少其他用户的使用，因此从这个角度来讲它是属于准公共物品的；从另一个角度来说，污染的防污治污效果不是排他性的，因此它又具有纯公共物品的特征。

二、农村公共产品的性质

农村公共产品是以满足农村社会需求为目的的一类社会产品。农村公共产品没有或者不能够完全由市场供应，它还需要政府的支持和供应。农村公共产品相对于一般的产品或其他公共产品还具有以下特殊的性质：首先，相对宽泛性的范畴。因为农民属于弱势群体，农业具有弱质性，所以农业技术的提高和农村社会经济发展更多地需要依靠更广泛的公共产品的支持。因此广义的农村公共产品除了纯公共产品外还有准公共产品，它有着更为广泛的外延。其次，存在高成本和低收益的经营限制。相对于城市，村庄的人口密度分布低并且布局较为宽松，这就使得农村公共产品的建设成本相对人口密集的城市要高，日常经营管理的费用开销也比较大，而产品的使用效率相对偏低。农村安全饮水工程极大地提高了农民的生活水平和生活质量，提高了农村风貌和农业生产条件，促进了农村社会的稳定，缩小了城乡之间的差距。目前，中国农村的经济水平普遍偏低，农民的消费能力也相对有限，使得市场干预的经济收益较低，从而大大降低了私人投资者建设农村饮水工程的积极性，需要政府大力支持这种公共设施的建立，这也在客观上将农村安全饮水工程划为公共产品的范畴。

三、农村饮水安全工程的运行机制

农村饮水安全工程的构建能否有效地作用于农村饮水系统，取决于政府管制机制与市场调节机制这两个主要方面，这也是农村饮水安全工程有效运行的主要途径。其中，农村饮水安全工程较强的公益性决定了政府管制是工程运行的保障与关键。要成功解决缺水问题，就必须建立一种既能遵循现代市场经济规律，又符合供水持续发展要求的水价收费机制，因此市场调节是农村安全饮水工程有效运行的核心。然而，无论是政府管制效力的发挥，还是市场调节作用的发挥，都离不开二者的有效联动，这才是农村安全饮水工程运行的有力保证。

四、农村饮水工程运行管理模式

我国的农村安全饮水工程数量较多，分布地域较广，规模大小不一，形式多样，管理相对复杂，有着多样化的工程运行管理模式。按照供水工程的主要特点、资金筹集方式和工程的受益情况等方面的标准来划分，目前我国各地区农村饮水的管理主要存在以下四种运行模式。

（一）供水机构专门管理模式

由供水机构对饮水工程进行专业化管理的运行模式是一种集中式的供水工程，由供水源头直接到用户龙头。这种模式一般由县或乡镇自来水厂组织，依照"同源、同网、同质、同价"的原则，统一管理供水工程的施工建设并负责建设后的工程运行。这种模式适用于城乡供水管网延伸到村的工程，可由当地政府和距离城乡较近的村庄沟通并与供水公司签订长期供水合同，双方按照合同规定共同规划并管理供水工程日常运行。很多距离城乡较近的村庄以及部分城区供水公司和乡镇供水厂普遍采取这种建设管理模式。

（二）集体管理模式

对于单村或几个联村的小型集中式供水工程，一般是由村民形成一个组织，该组织的村民负责工程的正常运行的维修管理工作，这就是所谓的集体管理模式。有的集中供水工程的建设资金由国家拨款和村民集体筹资，项目的建设实施和建设后的管理由村集体负责，管理的方式一般有三种：第一种方式是村委会组建供水管理团队或者农民用水管理小组，该团队或小组直接负责项目的实施及运行等管理工作。农村用水小组的管理主体落实清晰，产权管理的运行机制相对比较灵活，收费到位，资金有保障，较好地解决了供水工程管理"缺位"的问题，也保证了维修的经费和人员管理的配备。第二种方式是由村民小组或村委会委任管理者或管理单位，一般会推荐项目所在村中办事可靠、作风公正、责任感强，且在水资源管理方面经验丰富的村民，负责工程的日常管理和维护以及供水的设施。第三种方式是村民小组或村委会组织公开招标，将供水工程租赁或承包给在当地有广泛的群众基础、信誉度高并且愿意从事这项公益事业的私企来建设和管理。这样保证了投资者和管理者的权限划定清楚，明确了各自的责任分工，项目的管理过程中可以有效地保证资金来源，各地更多地使用这种模式。

（三）层次化管理模式

层次化管理模式简单地说就是将前两种方式进行合成，由专业供水机构管理集中供水工程的主管道以及入村总表以上的工程，由村级供水协会或供水管理团队采用村民集体模式负责入村入户的总表以下的管道以及用户的龙头的管理工作。所有权与经营权的具体职责明确，二者能够做到各司其职。村级供水管理小组明确了管理的职责和权限，具体负责村内的供水网络的管理、水费的收缴和供水管道的保养维修，并且按照制定出的规章制度和用水公约向供水专门管理机构申请用水，并缴纳相应的水费。这种模式理论上来讲可以提高供水规模和扩大供水范围，并且可以更加方便灵活地逐步实施村级延伸管网的改造，节约资源成本，提高供水企业效率。

（四）村民自管模式

村民自管模式通常是几户或单户村民自建、自有、自管、自用的机制，多用于分散式供水工程。供水工程由村民自己负责施工，工程的运行由村民自己负责管理，国家和政府发放一定资金补贴，水利等相关部门给予技术方面的指导和培训。项目建成投入运行后的使用权归项目所在地区的受益村民所有，由他们自己负责供水工程的运行管理、日常维修等相关工作。采用这种模式的供水工程具有相对较低的建设标准，其管理维护的手段也相对比较简单，适合于村级小型饮水项目，通常只有人口较少的地区使用这种模式。

以上从种类上归纳为四种模式，事实上，各地近年来根据自身项目管理的条件，将各种模式进行融合，使其相互补充、取长补短，积累了很多实践经验。

五、农村安全饮水工程运行管理模式的制度重构

公共产品项目管理是在工程的规划、实施、运行这三个阶段所进行的管理活动,它的领域涉及工程项目管理的诸多方面。由于公共产品的资金投入来源和公共产品相对于一般产品的特殊属性,对于公共产品的管理有着有别于其他工程管理的特点。

农村安全饮水工程作为一种农村公共产品,决定了其管理活动应该在公共产品理论的框架下进行。由于政府在公共产品中应该本着服务的态度,所以其管理行为应该符合服务型政府理论和新公共服务理论的具体要求。农村安全饮水工程运行管理模式的改革应该在这三种基本理论的指导下作出合理的制度安排。要实现农村安全饮水工程高效运行管理的目的,关键在于政府转变自身角色职能,并改革相关配套制度以适应管理对象,因为某一项制度安排所发挥的效率极大地依赖于其他相应制度。这就需要从政府角色职能的转变、决策监管机制的转变、运行管理机制的转变、产权责任机制的转变等方面进行制度重构。

(一)政府角色职能的转变

政府在农村安全饮水工程中承担的主导角色是由其公共产品的本质属性决定的。近年来,政府大力推进行政体制改革,其基本理念由"管制"转变为"服务",政府类型相应地从管制型政府过渡到服务型政府,这也充分体现了公共服务理论的核心价值。随着服务型政府理念和新公共服务理论的逐步深入,政府管理理念的转变带来了公共产品提供主体的多元化,政府履行责任的方式发生了变化。现在越来越注重根据不同的产品特点和属而采取不同的主体服务模式,参与公共产品管理和服务的主体已经不再只有政府相关部门,越来越多的非营利性组织、私人机构和其他各种社会团体及个人也参与进来。

公共产品提供和运行的多元化并不是指政府放弃或者减少提供公共服务的责任,而是意味着在提供公共服务的过程中履行责任的方式发生了变化。政府的职能不能既是生产者又是提供者,也不能是过去那种全能型的"划桨者",应该及时转变为承担组织安排、统筹兼顾各方利益、提供制度规则、引导民间投资和综合协调发展方向的"掌舵者",并且要发挥介于政府与企业之间的、以公益目的为组织取向的各类社会团体的作用。政府在这方面的任务就是培育市场和非营利性组织,提高民众的参与意识,营造良性发展的合作氛围,以激发更多的民间组织和社会团体参与农村公共产品提供和管理的热情。

(二)决策监管机制的转变

农村公共产品的决策机制应从单中心体制向多中心体制转变,形成政府监管、群众监督、民意决策的模式。农村安全饮水工程的实施关系到农民的身体健康和生活水平,是有着重要现实意义的公共服务基础设施。供水工程的运行管理工作的重要性甚至要超过建设

工作。水行政主管部门要根据当地的实际情况，制定并推行适合当地供水工程正常运行的管理办法和实施规则，在农村安全饮水工程的管理中建立健全系统的群众参与项目建设管理的机制，增强项目管理的透明度，把项目的知情权、决策权和管理参与权让渡给受益村民，增强群众管理使用供水的自觉性。

（三）运行管理机制的转变

对于农村安全饮水工程这一公共产品的治理模式，应该从内向型的区划行政向区域公共管理方向转变。区域公共管理的空间范畴不是以行政区划为标准，而是基于公共物品、公共事务、公共问题、公共利益为标准的同质性场合。区域公共管理的主体多元化，包括政府、社会团体、私人组织等，管理主体之间针对公共事务通过平等积极的交流进行协商和调解。要淘汰官僚体制机制的区划行政，逐步接纳吸收市场、伙伴和自组织等多元公共产品管理机制，通过合作的方式管理公共事务，提供公共产品，实现公共利益。

（四）产权责任机制的转变

明晰产权，落实责任，建管分离，明确管理主体，落实管理责任。农村安全饮水工程的产权管理，要实现所有权、使用权和管理权的合理界定与科学组合。目前，我国广大的农村地区集体经济长期存在，农民群众的集体思想根深蒂固，个人和集体的产权边界长期以来都比较模糊。现在市场经济因素的影响还较小，市场经济思想的渗入还比较缓慢，没有从根本上扭转农民群众长期以来的模糊概念。以政府有关部门投资为主的建设规模相对较大的供水工程，主体工程的产权应属国家，可由工程所在地的水利行政主管部门负责行使管理权，或者由按建设规定组建的工程项目法人负责管理。由政府财政补助、群众自筹经费及社会招募资金共同投资建设的集中式供水工程，可根据各方投资比例确定各自拥有产权的比例，同时按照股份制或者股份合作制的要求建立具有独立法人资格的供水管理单位或者公司，由其来负责工程的规划建设和建设后的投入运行及使用管理。由政府财政拨款、群众自筹经费及群众出力修建的单村供水工程，产权一般归工程项目所在的村集体所有，由村民小组或村委会集体根据本村的实际需要决定管理模式，实行自主管理。由政府财政补助、单户或联户村民集资修建的分散供水工程，产权归修建工程的用水户私人所有，实行"自建、自用、自有、自管"的运行使用管理机制。私人或私企投资以股份制形式修建的供水工程由投资者负责管理。

工程项目管理的涉及面很广，其中包括概算管理、预算编制、施工图审查、施工技术、材料管理、设计、质量安全、管理制度及统筹安排等，这些都对工程项目最终目标的实现有着直接的影响。工程界广泛流传的"三分建设，七分管理"之说就体现了项目建设后运行管理的重要性。当前，农村安全饮水工程在运行管理过程中面临的突出问题还是工程的运行机制和使用管理模式问题，有必要根据农村安全饮水工程的自身特点，构建工程良性运行机制。管理模式是指管理系统的机构和组成方式，它包括以下几个方面：采用什么样的组织形式？这些形式怎么组成有机的系统？采用什么手段和措施实现管理任务？对农村安全饮水工程的管理可用到以下基本理论：公共产品理论、服务型政府理论、新公共服务理论。政府及相关部门应明确其在公共产品的生产和服务的提供中的职责范围及所要发挥的职能效用，提高政府服务的意识和办事效率，努力弥补市场在公共产品提供中作用失灵的缺陷，科学规划社会公共资源。饮水工程的管理服务涉及工程维修养护、技术咨询、水质检验、人员培训等多个方面，仅靠政府和工程管理单位很难实现工程的高效运行，因此必须加强社会化服务体系的建设。

第三节 农村饮水工程运行安全管理模式的评价组成

为了使管理者对现有农村饮用水工程运行管理模式有一个总体把握，并进一步辅助决策者做出各种决策。经调研，针对农村饮水工程运行管理提出村管、乡镇统管和供水协会等三种管理模式。建立有效的运行管理模式的评价体系是非常必要的。饮水工程的运行管理机制宜结合项目管理的特点以及自身的经济、地域状况，建立一套科学、简便、实用的评价指标体系，使之可以具备同域可参照、同期可比较、同质有标准的优点，从而保证评价结果的权威性和公正性。

农村饮水工程运行管理模式评价指标体系目前还缺乏规范的标准。以中国国家饮水安全标准为基础，建立的指标体系应当系统性地涵盖经济发展、社会效益、生态环境等方面的因素，并要使之科学合理地反映农村经济发展状况，满足当代农村社会的需要。农村饮水工程运行管理模式的选择同样除了考虑经济效益，由于其具有公共产品的特性，因此还要考虑社会效益、生态效益、环境效益等因素。评价指标体系的建立是个多目标、多元化、多准则的决策问题，运用层次分析法可以有效地解决这一问题。

一、农村饮水工程运行管理模式评价指标体系的构建

（一）评价的基本原则

1.系统性

系统性是指评价指标体系应力求全面反映项目的综合情况，以保证评价的全面性和可

靠性。

2.科学性

评价指标一定要以科学为依据，概念必须明确，并能客观、真实、合理地反映项目的运行结果。

3.实用性

评价指标要有较强的可操作性，指标的含义具有明确性和易懂性，所需量化指标的相关资料搜集方便，尽量能够用现有方法和模拟进行求解。评价指标体系应当具有层次清晰、指标精练、方法简捷等特点，这样才会具有更强的实际应用价值和推广价值。

4.独立性

各评价指标之间应当相互补充、相互协调，充分考虑指标之间的相关性，避免指标之间的重复与冲突，建立最优化的评价指标体系。

（二）评价体系类别

1.经济效益评价体系

经济效益评价体系包括直接经济效益和间接经济效益两个方面。直接经济效益是指投资项目从事生产经营服务活动所获得的收益；间接经济效益是指投资项目从事生产经营服务活动，为其他企事业单位和个人提供劳务而使其他单位和社会大众所获得的收益。

2.社会效益评价体系

社会效益评价体系主要反映项目的建设对社会发展和实现国家目标的贡献的影响，一般包括三个层次：一是与国家的关系，包括政治、国防实力、经济发展战略、政策和法规的导向；二是与劳动者的关系，包括劳动者文化与科技素质、劳动熟练程度、劳动强度、就业率、职业变化等；三是与人民群众的关系，包括对人民生活水平及幸福指数的影响等。

3.环境影响评价体系

对自然环境的影响是对公共产品项目实施评价的一个重要指标。具体包括两个方面：一是对资源的影响，包括资源的开发和利用、资源的丰富性和可持续性等；二是对环境系统的影响，包括大气的污染情况、水污染情况、水土流失、森林、湖泊、动植物保护等。

4.分配效益评价体系

公共产品分配的首要基本原则是公平性，这不仅是一个经济问题，也是一个社会问题。在对公共投资项目绩效评价中，从公共分配政策的角度出发，增加一个关于收入分配的分析是必要的，以便能正确处理好政府、企业和个人之间的利益关系。

5.可持续发展评价体系

可持续发展评价体系是以可持续发展为基本目标,依据一定基本原则进行设置的一组具有典型代表意义且能全面反映可持续发展各要素(经济、科技、社会、生态、环境等)及子要素状况特征的指标体系。

二、农村饮水工程运行管理模式评价指标设计

从经济效益、社会效益、环境影响、分配效益和可持续发展五个方面,对农村饮水工程运行管理模式进行评价。具体指标设计如下。

(一)经济效益评价指标

从经济的角度来分析项目对所属行业和所在区域产生的经济收益,主要可以从以下三个方面来分析:

(1)经济净现值(ENPV):经济净现值是衡量某一项目对国民经济作出贡献的绝对指标。

(2)经济内部收益率(EIRR):经济内部收益率与经济净现值不同,它是衡量项目对国民经济作出贡献的相对指标。

(3)投资净效益率:它是一个静态指标,用来考察项目单位投资对国民经济所作出的年净贡献。它其实就是年净效益或平均效益与项目总投资的比值。

(二)社会效益评价指标

从社会发展的角度出发,分析某一项目对国家或地方推动实现社会发展目标所作出的贡献和影响,主要涵盖以下四个方面的内容:

(1)就业影响:这一指标直接反映的是就业率,也可以用单位投资就业人数来衡量,即新增就业人数与项目总投资的比值。

(2)生活质量水平:这一指标主要考察项目对人民的收入和生活水平的影响,以及对教育、卫生、营养、文娱体育活动等方面的提高情况。

(3)所在地区的发展:它是指项目对项目所在地的社会发展方面的影响,包括文化氛围、娱乐生活、社会福利、社会治安等。

(4)社会适应性:分析项目是否符合一个地区乃至国家发展的需要,项目文化是否与社会价值观一致,项目技术是否被大众接受,项目是否存在社会风险以及风险程度等。

(三)环境影响评价指标

环境影响评价指标主要考察环境管理决策、规定对项目的实施产生的实际效果,以及

项目对该地区环境质量的提高、生态的保护等方面的影响，可从以下四个方面来考虑：

（1）项目的污染控制：评价项目排放的"三废"即废气、废水、废渣是否符合环境部门颁布的排放标准，项目在环境保护方面的管理和监测是否得到有效落实等。

（2）项目对环境质量的影响：分析项目的建设和运行过程中对当地环境影响较大的若干种污染物，考察各自的影响程度，主要通过环境质量指数体现。

（3）项目对资源的影响：评价项目对自然资源如各种能源、水、土地等的需求及其在资源的开发和保护方面的作用。

（4）项目对生态平衡的影响：这一指标涵盖项目的建设对自然界中所有资源的影响导致的生态的变化，如土壤退化、气候恶化、植被破坏等。

（四）分配效益评价指标

分配效益评价指标主要考察已建成并投入运行的项目，对项目的建设和运行的实际投入产出比例进行计算并对其作出评价，主要有以下两个指标：

（1）实际投资利润率：实际投资利润率是年平均实际利润额与实际投资总额的比值。

（2）实际投资回收期：它是指项目投入运行后产生的净收益抵偿项目建设和运行实际投资总额所需要的时间。

（五）可持续性评价指标

可持续性评价指标主要可以从以下四个方面来分析：

（1）管理组织的可持续性：该指标从项目机构工作人员的管理能力、办事效率、项目运行制度建设和技术人员的配备等方面来分析项目的持续性。

（2）项目的科技进步性：该指标包括项目规划设计的独特性和项目建设所采用技术的先进性两个方面。

（3）项目的可改造性：是指更新项目的设施等耗费的资金成本和改造项目的技术可行性。

（4）项目的可维护性：指项目投入运行期间，工程设施维护的难易程度和维修费用的高低，项目引进新技术时与既定设施配套的难易程度。

三、层次分析法基本原理

项目管理指标体系主要是为了使安全管理从事后处理型向自主控制型转变，在大型工程建设项目的安全管理模式评价中起着至关重要的作用，作为安全管理领域的新方法，它极大地提高了对事故发生的控制能力。农村饮水工程安全管理指标体系是一个多层次、多因素的系统，由于一些性能指标没有量化标准，并且无法避免要使用主观判断进行评价，因此尽可能使用复杂决策技术。尽管这些技术还是基于主观判断，但系统方法的使用大大减小了主观偏差。对农村安全饮水工程运行管理模式的评价涉及社会、经济、环境、管理等众多领域，是一个由诸多因素相互关联、相互影响、相互制约构成的复杂系统。层次分析法（AHP）则为研究农村安全饮水工程运行管理模式，提供了一种新的、简捷的、实用的决策方法。

层次分析法是美国运筹学家匹兹堡大学教授萨蒂（T.L.Saaty），在美国国防部研究电力分配课题时，应用网络系统理论和多目标综合评价后进行决策分析。这种方法的本质是将定性分析转化为定量分析，特点是在对复杂的决策问题、影响因素及各因素之间的内在关系及相互影响等进行深入分析的基础上，利用较少的定量信息建立做出决策的数学模拟，从而为多目标、多准则或无结构特性的复杂决策问题提供可靠简便的决策方法。

四、层次分析法的步骤和方法

通常按照以下两个步骤运用层次分析法构造评价指标体系的模拟。

（一）建立层次结构模拟

应用层次分析法解决实际问题时，首先要做的就是明确分析决策的问题，对其层次化分析形成有条理性的递阶层次结构。将决策的目标、考虑的因素（决策准则）和决策对象按它们之间的相互关系分为最高层、中间层和最低层，绘出层次结构图。最高层是指决策的目的、要解决的问题；最低层是指决策时的备选方案；中间层是指考虑的因素、决策的准则。对于相邻的两层，称高层为目标层，低层为因素层。在安全饮水工程运行管理模式的选择中，希望通过选择最优的管理模式，合理配置资源，使工程的运行能够发挥最大效益，所以决策目标可定为"合理选择管理模式，使综合效益最高"。

为了实现项目的决策目标，需要考虑五个指标准则：经济效益、社会效益、环境效益、分配效益和可持续性原则。通过深入思考，取前三个为主要准则进行层次化分析。每一个准则都有各自的影响因素，这些因素隶属于主要准则，因此放在下一层次考虑。

根据项目主要考虑的准则，需要找出为了实现项目的决策目标，在这些准则的基础上可以采取什么方案。项目运行大部分采用三种管理模式，即村管模式、乡镇统管模式和供水协会模式，这三种模式作为措施层元素放在递阶层次结构的最下层。显然这三个方案与所有的准则都相关。

（二）构造判断矩阵并赋值

判断矩阵即元素的成对比较形成的矩阵。构造判断矩阵的步骤一般如下所述：只有向下隶属关系的元素也称作准则,每一个准则作为判断矩阵的位于左上角第一个元素,隶属于它的各个元素依次排列在其后的第一行和第一列。

下一步是判断矩阵各个元素的确定。针对判断矩阵的重要性标度准则,对各个元素两两比较看哪个更重要,相对重要程度有多高。

在确定各层次、各因素之间的权重时,如果只是定性的结果,则常常不容易被别人接受,因而 Santy 等提出一致矩阵法,也就是说不把所有因素放在一起比较,而是两两相互比较。对此时采用相对尺度,以尽可能减少性质不同的诸因素相互比较的困难,以提高准确度。判断矩阵是表示本层所有因素针对上一层某个因素的相对重要性的比较。

农村安全饮水工程运行管理的探讨是现阶段农村供水工程研究的一个热点,建立有效的运行管理评价模式对农村安全饮水工程正常发挥其功效具有非常重要的意义。在总结分析多目标评价方法的基础上,结合农村安全饮水工程运行管理的特点,针对前期提出的几种管理模式用层次分析法对其进行评价。从经济、社会、环境和管理等角度,将定量分析和定性分析相结合,将评价指标转化为量化指标,建立一套相对完整的管理模式评价指标体系,将评价研究的对象作为一个整体系统,运用层次分析法按照分解、比较、判断、综合的步骤进行分析,并最后做出实现项目目标的决策。该方法能解决许多领域用传统的最优化技术无法着手的决策选取问题,因此有着较为广泛的应用。层次分析法成为继机理分析、统计分析之后发展起来的系统分析的重要工具。最后通过层次法的分析选择供水协会为最适合安全饮水工程的运行管理模式,可以改变农村安全饮水工程这种准公益性水利工程运行管理的混乱现状,弥补在适应市场经济时存在的经营性盈亏方面的先天不足。

第八章 农村饮水供水工程系统优化

第一节 农村饮水供水工程水厂选址分析

一、选址问题研究进展

选址问题是经典运筹学问题，有着悠久的研究历史，问题实质是在区域内选择一个最合适的位置，本质是一个资源分配问题，设置不同的选址目标会对结果产生很大影响。通常先构建数学模拟对问题进行表达，再设计相应算法解出来。选址问题从最早的中心、中位、覆盖问题，发展到后来的层级选址、竞争选址、网络选址和多目标选址问题。

经典选址问题指的是中位问题、中心问题和覆盖问题。Alfred Weber提出P-中位问题模拟，主要研究如何使单个仓库到不同用户间的距离最小的问题。Francis、Cabot等研究了基于欧氏距离的P-中位问题，Revelle研究了竞争环境下的中位问题，Drezner研究了动态P-中位问题，Drezner对条件中位问题进行了研究。Hakimi在探讨如何在网络中选取P个设施点，使得任一需求点到距其最近的设施点最大距离最小化，在这个问题的基础上提出了网络中的P-中心问题。P-中位问题、P-中心问题、基于直线距离和欧氏距离的P-中心问题均被证明是NP-困难问题。Roth和Torgas提出了覆盖问题，研究在满足覆盖所有需求点的条件下，寻求建设设施个数或建设成本最小化问题。

覆盖问题很快有了新的发展，渐进覆盖问题被提出来。Berman提出网络上顺序渐进衰减的覆盖问题，单一设施和多设施渐进衰退；Berman假设覆盖成本为距离的单调递增函数，根据成本确定半径和设施数；Eiselt在模拟中考虑服务质量问题，给出最小可接受服务水平概念。万波博士在对覆盖模拟引入渐进覆盖概念，把系统的成本最小化/效用最大化和服务质量最大化作为目标，建立了基于覆盖的多目标公共设施选址模拟。

近年来，在经典选址问题的基础上，又出现了扩展的选址问题，包括分层选址、网络选址、竞争选址、多目标选址等问题。设施环境下的选址，被称为分层选址。Ratick等研究了巴基斯坦科哈医院的选址问题，将成本因素考虑到基于层级的最大覆盖选址模拟中。

庞慧、郑铮、赵巍等在城市公共设施选址中利用层次分析法解决拥有综合多因素影响的加权Voronoi图的权值确定问题。

段刚等在选址问题中考虑了竞争的问题。竞争不仅来自已有的物流配送中心，也来自未来可能出现的竞争者。建立了基于"原有配送中心—新建配送中心—未来加入配送中心"这一框架下的双层规划模拟，为竞争环境下的新建配送中心选址提供决策依据。

Cocking等研究了网络选址问题，该研究借助图论的概念和方法研究网络规划模拟，对布基纳法索努纳地区的医院设施进行研究。Benneyan等采用网络规划研究保健中心专科护理设施的选址问题。谢顺平、冯学智、都金康等提出一种基于网络Voronoi面域图的最大覆盖选址模拟及相应的粒子群优化方法。

Tong等研究农贸市场选址问题，在原P-中位问题模拟基础上，前者考虑个人的迁移活动和综合通勤出行活动。Grubesic等采用传统的空间优化模拟分析研究了"重点航空服务"，空间规划模拟以识别能提供地区全覆盖的最低限度需求的EAS机场数量。Lin等研究了震后临时补给站设置地点的问题，该研究以最小化与减小灾难相关运行成本为目标，结合震后临时补给站特点，建立了一个多决策变量（10个）、多约束（23个）的数学规划模拟。Burkey等采用对比的方法研究了美国四个州的保健中心服务选址问题，使用效率和公平双重标准来定义最佳选址。杨丰梅等研究了多目标竞争选址问题，建立了两类双目标竞争选址模拟，使得费用最小、利润最大、利润率最大，市场份额也最大。在探讨模拟的性质与相互关系的基础上，采用多目标优化技术将这两类双目标竞争选址模拟转化为同一类型的单目标参数整数规划问题进行求解。

由于不同的问题背景，选址问题各不相同，模拟的目标和约束也根据实际的应用不同显示出各种变化，可以根据选址目标函数、决策的约束条件和空间特点总结出选址问题的四个特点：

（1）备选设施的数量：单个或者多个。

（2）备选设施的供应能力：有限量或者无限量。

（3）连续或离散的决策问题：设施在区域内的任意位置还是在有限数量的位置被选择。

（4）参数确定问题：选址模拟的各参数是随机数还是确定数。

农村供水工程的选址，是在从各可选位置中，选择适宜的位置，作为水厂的地址，当采用的供水模式不同时，水厂选址也会发生备选设施数量的变化。以上关于选址问题的总结符合农村供水工程水厂选址问题的特点，农村供水工程水厂选址可以视为备选设施数量不确定、设备供应能力有限量的参数确定型离散设施选址问题。农村供水工程净水厂通过管网与取水点和用水点相连，是网络设施的选址问题，水厂空间布局必须考虑管网的协同优化。

国内外的学者已经提出了很多解决选址问题的模拟和方法，但研究更多集中于以下几种设施：一是物流配送中心，二是公共服务设施，三是应急设施。更多选址问题研究集中在城市公共基础设施或公共服务设施问题上，专门针对农村基础设施选址特别是供水设施选址的研究并不多见。

二、水厂地址筛选常用评价方法

水厂地址筛选是指在综合分析水厂影响因素和约束条件的基础上，初步选定水厂地址的目标区域，并确定水厂的备选地址，进而在此基础上考虑合适的选址目标决策函数；对其所有备选地址进行评价，选择出最优地址作为最终水厂地址。水厂备选地址的评价因素和评价方法直接决定了备选地址的排序和最终选择，因此，选取合理的评价因素和评价方法是水厂地址筛选的关键技术。近年来，国内外学者对选址评价方法进行了大量研究，并取得了部分成果。这些选址评价方法可以概括为三类：基于数学理论的选址评价方法、基于智能原理的选址评价方法和基于多方法集成的选址评价方法。

（一）基于数学理论的选址评价方法

1.层次分析法

层次分析法是一种简便、灵活和实用的决策分析方法，这种决策方法首先分析决策的有关因素，通过将因素分解成目标层、准则层和方案层，组成层次结构模拟，然后按照层次分析方法，获得底层因素对于目标层的重要性权值，为决策者判断提供依据。国内外大量学者运用层次分析法构建选址评价模拟，进而筛选最佳地址。

杜大仲等首先选择28个水源保护的关键因子构建水源地选址评价体系，采用资料分析和专家问卷调查的方式确定影响因子的权重值，对影响因子进行分级和分值量化，通过对影响因子进行分级、分值量化和加权计算建立层次分析法的评价数学模拟，从而为选址评估提供依据。

许强等在分析影响海洋牧场选址因素的基础上，采用层次分析法构建海洋牧场选址评价的层次结构模拟，利用专家调查法构建判断矩阵，然后进行一致性检验，对影响因素进行层次单排序和总排序，以便获得各备选地址的权重值。

Sehnaz Sene将层次分析法与GIS相结合对土耳其的贝伊谢希尔湖下游地区的垃圾填埋场选址进行社会、环境与技术的综合评价与选择。首先采用层次分析法对所选定的标准进行评价并利用GIS将其绘制在地图上，由此收集数据确定垃圾填埋场的最优选址。

与资料类似，刘李霞等综合利用层次分析法和GIS技术的优点，将两种方法相结合构建公共服务设置选址模拟，并对层次分析法进行了改进，使其更适用于GIS的数据结构。

曹勇锋等首先采用重心法对垃圾转运站进行初始选址，得出备选地址，然后运用层次分析法构建备选地址的层次结构模拟，对备选地址进行筛选，确定最佳选址方案。

王威、苏经宇等在综合考虑备选避震疏散场所条件，采用优劣解距离方法对城市避震疏散场所选址和避难人员分配问题进行多准则决策的基础上，建立了综合多准则决策的避震疏散场所优化方案的时间满意覆盖模拟，对可行性方案进行综合评价。

Gholamreza Sayyadi和Anjali Awasthi提出了基于层次分析法的多准则决策分析方法，并采用该方法对蒙特利尔地区步行街的选址问题进行技术、经济、环境、社会的综合评价，采用灵敏度分析确定各级指标的权重，进而给出了步行街的最佳地址。

虽然层次分析法是选址评价中常用的方法，但该方法也有局限性，当影响选址的因素过多时，其权重难以确定，由于层次分析法中的两两比较通常用1～9来表明其相对重要性，当影响因素过多时，其重要程度的判断就会出现困难，甚至可能对层次单排序和总排序的一致性产生影响。

2.模糊综合评价法

模糊综合评价法是研究在模糊环境下或者在模糊系统中进行决策的数学理论与方法，目标是把决策域中的对象在模糊环境下进行排序，或者按某些限制条件从决策域中选择最优对象。模糊综合选址评价法根据模糊数学的隶属度理论把定性评价转化为定量评价，即用模糊数学对受到多种因素制约的选址问题作出一个总体的评价。它具有结果清晰、系统性强的特点，能较好地解决模糊的、难以量化的设施选址问题。

任永昌采用模糊决策分析法解决物流配送中心选址问题，根据选址影响因素建立相应的指标体系，采用判断矩阵分析的方法确定各个影响因素的权重系数，构建因素指标矩阵和模糊矩阵，得到各种备选方案的决策结果。范丽芳将层次分析法和模糊综合评价法的优点融合到一起，针对物流配送中心选址的特点，将模糊综合评价法中的相对隶属度用于AHP中的多方案指标合成，提出模糊AHP，提高了决策的效率。

周爱莲也研究了物流中心选址方案评价问题，以物流中心特点为基础，考虑管理的动态性和物流选址方案各个评价指标信息，引入三角模糊数作为物元特征量值，提出基于模糊物元可拓的AHP评价方法，这种方法能够对不确定性的各种模糊性指标信息和与之对应的确定性精确指标信息进行合理和有效的描述。

Cagri Tolga提出了将模糊多准则决策方法与模糊实物期权价值理论相结合的综合评价方法来解决超市的选址问题，将模糊实物期权价值理论应用于选址问题，并把选址问题的财政指标与多准则特性综合起来进行选址评价与决策。

姚洪权采用模糊综合评价法对水泥粉磨站这类设施选址进行研究，建立了多层次的模糊评价模拟，选用的评价指标有自然环境因素、经营环境因素、基础设施状况和其他因素四类。

3.多目标决策评价法

多目标决策的目的是对多个相互矛盾的目标进行科学、合理的选优，并做出决策。当选址评价的目标较多时，应该采用多目标决策评价法对备选地址进行评价分析。

张铱莹研究应急服务设施选址问题，以应急系统综合可靠性的多目标构建应急服务设施选址和资源配置模拟，以保证应急资源优化管理，该模拟针对应急资源的科学选址和合理配置问题，寻求最低的应急管理成本和最大的应急可靠性目标，模拟的约束是有限的应急物资供应时效。

关菲在分析现有物流配送中心选址模拟的基础上，研究了模糊环境下物流配送中心选址的影响因素，最终建立的选址模拟以物流费用最小化和配送中心综合服务水平最大化为目标。

（二）基于智能原理的选址评价方法

1.基于粗糙集理论的评价方法

粗糙集理论是数据分析理论的一种，这种理论用于研究不是非常精确和具备不确切知识的集合理论，以分类机制为前提和基础，首先将分类与空间的等价关系找出来，通过这样的等价关系对空间进行划分；然后保留关键数据信息，对其他无用信息进行简化，从数据间的相关依赖关系入手，最终得出概念分类规划。

刘磊通过分析物流园区选址的影响因素，构建其评价指标体系，并综合运用粗糙集理论与德尔菲法相结合的方法，选择最佳地址方案。张志会、何赟运用粗糙集理论对物流中心选址决策进行研究，首先采用粗糙集理论约简冗余指标，并在分析指标数据自身规律的基础上对各项指标赋予权重；再结合模糊评价法得出评价和决策方案，该方法比主观赋权法更为可靠。

2.基于模糊软集理论的评价方法

模糊软集也是集合理论的一种，主要用于解决不确定性问题，这种方法将模糊集和软集的优点有效地集合在一起，当影响选址的因素难以用确定定量值描述时，采用模糊软集描述更加符合实际情形。

苏子文考虑评价专家的评价，采用模糊软集合对地址备选方案进行综合评价，并用实例验证了该方法的有效性。

Devendra Choudhary和Ravi Shankar在对印度火电厂选址的研究中提出了一种基于TOPSIS的逐步模糊结构对火电厂设施的选址进行评价和最优选择。首先利用模糊层次分析法确定评价指标权重，其次利用TOPSIS对多种备选选址方案进行排序，最后作出评价和最优选择。

（三）基于多方法集成的选址评价方法

1.灰色层次决策方法

幸晓辉对物流中心的影响指标进行评价，采用灰色决策理论得到备选地址的综合效果测度序列，从而得到最佳地址。

2.MODM与FCE结合

李国旗等面对应急物流选址中因素众多且因素无法量化多目标规划的问题，引入模糊决策理论和进化算法。其模拟主要考虑的是时间限制下的最大覆盖和最小的设施建设成本。

3.AHP与FCE结合

方春明提出汽车公司与物流服务商应不断优化供应网络结构来提高物流服务水平和降低物流成本。首先基于欧几里得选址模拟确定备选配送中心的最优位置并建立评价指标体系，再利用AHP与模糊评价法对备选位置进行综合评判，从而为物流网络的中、长期决策提供科学的方法。

戴航等鉴于物流园区规划选址问题的不确定性和模糊性，首先采用AHP法建立了物流园区选址评价指标体系，然后采用模糊综合评价法建立了物流园区选址模拟。

史跃亚为解决机场选址评价指标赋权过于主观的问题，在建立民用机场选址评价模拟过程中，先建立分层的指标评价体系，对各指标采用隶属度函数的方法进行模糊评价，再用基于熵权和AHP法的综合赋权法确定指标权重，以此建立综合赋权法的机场模糊选址评价模拟。

以上选址评价方法为农村供水工程水厂备选地址选择提供了很好的思路，但农村供水项目受经济、社会、生态多种因素影响，已有农村水厂的评价指标体系和影响因素评价标准仍然不全面；已有评价方法应有所改进，避免农村水厂规划过程中容易受到专家和设计人员主观因素影响的问题；农村规划工程的规划过程往往不能有过于复杂的程序，要求备选方法、评价方法方便操作，并有利于计算机的实现。资料将在对现有评价方法和水厂选址实践深入分析的基础上，采用模糊软集的办法，对农村供水工程的水厂选址进行初步筛选，为下一步选址的优化提供备选地址方案。

（四）水厂选址常用模拟比较

根据农村水厂选址的特点，水厂选址的目的是在已经过评价的备选地址方案中选择一个或者多个净水厂的地址，能够在符合基本评价标准的同时，达到系统建设和运营成本最低的目标，并且能符合用水点对于净水质量和数量的要求，水厂设施选址常用以下几种模拟。

1.CFLP选址模拟

CFLP选址模拟，先通过LP（线性规划模拟）确定配送中心市场占有率，以求出需求点的重心，再通过混合整数规划确定设施点位置。CFLP选址模拟适用于设施数已定的情况。

CFLP法的基本原理是通过运筹学的非线性规划模拟对选址问题求解，需要根据实际问题特点，从各个设施设备选址地址中选出使整个系统作用最低的设施集合，模拟非常直观，但是需要事先设定设施的备选地址，适用于已经根据影响因素确定了备选地址后的二次优化决策。CFLP模拟综合了线性运输规划和整数规划的方法，解决设施容量限制的问题，但是模拟的目标函数仅考虑费用最小，求解过程复杂，也很难得到最优解。对于农村供水工程的水厂选址，CFLP模拟存在以下局限性：①CFLP未能考虑到设施与用户区域的距离对系统效率的影响；②模拟没有考虑设施点与供应点之间的关系，农村供水包含输配水两个系统的优化问题，水厂选址要考虑原水和净水的双向协调，需要对方法进一步改进。

2.Baumol-Wolfe选址模拟

Baumol-Wolfe选址模拟考虑存在供应工厂和用户的配送中心选址问题，主要适用多供应点、多用户点和多设施点的选址问题。Baumol-Wolfe选址模拟对物流中心的选址问题给出了新的定义，模拟中存在以下几层基本定义：

（1）选址设施至供需两端的供应成本均与供应量呈线性关系。

（2）用户数量已知，位置已知，规模已知。

（3）设施容量无限制。

（4）设施备选地址已知，成本已知且固定。

在该模拟中，需要求出的是设施的数量、规模和空间位置，目标是使系统运营成本最小化，这里的系统运营成本包括两个部分，即运输成本和存储成本。Baumol-Wolfe选址模拟不再作出存储成本与设施规模呈线性变化的假设，更加贴近工程实际，由于考虑了供需两端的成本，与农村供水系统的水厂选址优化存在一定的相似性，然而该模拟仍然未能考虑供应半径对系统效率的影响，不能直接用于农村水厂选址优化。

3.覆盖选址模拟

覆盖模拟可以作出如下的描述：已知需求点集合和备选设施点集合，在给定服务半径的前提下，分成两类：第一类是可选设施点没有数量限制，以覆盖所有需求点为目标，寻找最少的设施点的配置方式，这类问题被称为LSCP；第二类是服务设施量有限制，寻求有限设施的极大覆盖范围，该类问题被称为MCLP。对于设施点怎样能够覆盖需求点，有多种形式。在LSCP和MCLP应用存在两个问题：一是覆盖半径的确定问题。早期的模拟通常是给出确定的覆盖半径，或者不在确定的覆盖半径范围，为0、1两种选择，这样的二元划分标准，很快得到了发展，出现了变半径模拟和渐进覆盖模拟。二是需求点在所有时间都要求设施点可以提供服务，这对于长期处于工作状态的设施点过于严格。在此情况下，备用覆盖模拟和合作覆盖模拟出现了。以上的扩展模拟都需要对覆盖模拟进行二次优化，嵌套选址优化模拟成为人们关注的对象，人们根据发展后的覆盖模拟设计出了更符合工程实际的目标函数、约束条件以及双层优化的工作过程。

何波、孟卫东通过设计一种嵌套了模拟退火算法的两阶段启发式算法对第一阶段确定回收点的选址—分配—存储决策和第二阶段确定回收中心的选址—运输决策进行嵌套迭代以搜索选址方案的最优解。

万波在基于层级的最大覆盖选址模拟的基础上提出了基于层级模拟的嵌套型公共设施选址模拟，结果表明按效用分配的嵌套型服务系统具有较高的系统效率。

Funda Samanlioglu建立了多目标选址—路径嵌套模拟来决策处置中心与工业危险废品的路径安排，包括回收中心、处理中心、垃圾剩余与工业危险废品路径之间的关系，该数学模拟综合考虑了总体成本最小化、运输风险最小化、总体风险最小化等多个目标。SMengandB CShia以服务设施成本最小化为目标提出基于顾客随机临界距离的集合覆盖模拟，并发展了基于搜索路径的两种算法对模拟进行验证。

何珊珊、朱文海、任晴晴为合理地解决在需求不确定条件下应急物资选址—路径的安排问题，采用相对鲁棒优化方法建立了基于总成本和总时间最优的多目标数学模拟，该多目标鲁棒优化模拟同时实现了该条件下选址—路径方案的最优与鲁棒性的均衡。

陈刚在需求不确定条件下，将上层模拟决策灾区应急物资配送中心的选址、车辆路径安排，下层模拟决策应急物资集散点的选址、应急物资的分配、设计进行嵌套，建立了一个双层嵌套优化模拟，从而构建了一个包含应急物资供应点、集散点、配送中心及受灾点四层结构的应急物资保障系统。

王威、苏经宇等基于最大覆盖选址模拟和"部分覆盖"思想，在建立避震疏散场所服务需求点的时效性评价函数基础上，建立了有限设置避震疏散场所的综合多准则与时间满意覆盖模拟，解决了城市避震疏散场所选址和避难人员分配的问题。杜丽敬、李延晖建立了一个随机型选址—库存—路径嵌套问题优化模拟，在将非线性混合整数规划转化为线性整数集合覆盖模拟的基础上，实现了对整个问题"完全集成"的优化，并分析了运输费用和库存费用对总成本的影响。王道平、徐展、杨岑研究竞争环境下截留设施选址与带时间窗的多中心车辆路径问题。首先在考虑设施覆盖范围衰退的情况下确定截留设施的需求量，然后采用基于聚集度的启发式算法对门店进行分类，借助双层规划法，建立门店选址与车辆路径安排的多目标整数规划模拟。将选址问题与路径优化协同考虑弥补了集合覆盖模拟主观性确定覆盖半径的不足。从以上分析可知，对于农村供水工程水厂选址的优化模拟，覆盖模拟最符合农村供水工程特点，可以作为优化模拟的基础，但是直接使用覆盖模拟进行优化求解仍存在困难，需要考虑经济供水半径的影响。现有资料对于如何确定经济供水半径并没有更多的阐述，是值得研究的问题。考虑经济供水半径的选址嵌套优化应成为解决该问题的有效办法，可以根据已有的关于路径与设施选址配套优化有关的方法和实践中找到思路，从系统协同优化的角度充分考虑了设施选址与路径安排之间的相互依赖性，将水厂选址和管网经济半径进行嵌套，使优化决策更具科学性与合理性。

三、农村区域供水工程系统优化研究综述

（一）区域供水模式研究综述

区域供水系统早在欧美等国得到了很大的应用推广。英国是最早实行供水系统区域化的国家，目前已实现全国范围覆盖，区域供水的立法体系和管理体制十分完善。我国在1982年首次提出区域性供水思路，经过几十年的发展，我国的区域性供水工程在理论与实践上都取得了一定成绩，在一些发达省份，如江苏、浙江、广东等沿海发达地区，区域供水已经发展成了一定规模。该模式对于解决小城镇特别是农村地区供水基础设施建设不足、降低单位制水成本、保护水资源、提高水质保证有着重要的作用。关于区域供水模式的理论研究近年来不断深入，主要集中在以下几个方面：

1.区域供水模式的水资源优化

孙志林根据区域供水特点，构建了多水源、多用户的水资源优化配置模拟，模拟考虑了系统效益、经济水费和区域平衡三个目标，以用户需求量和水源可供水量为约束，采用二次规划法对多目标非线性优化模拟进行求解，证明了模拟的有效性，可以为区域供水的水资源配置特别是缺水地区的水资源配置提供依据。模拟采用的目标和约束条件为资料的研究提供了很好的思路。

He等认为目前的研究整合了水文模拟和土地利用预测模拟，以预测城市化对水文行为和半干旱地区的水资源供应的长期影响，利用半分布式的水文模拟程序模拟用于美国洛杉矶圣克拉拉河流域的土地利用优化和分水岭的土壤以及管道性质分析，为区域供水系统的管理提供了决策支持。

方红远等针对某具体区域供水系统，为研究区域性干旱的历时长短的特性，分别采用模拟统计的方法和概率解的方法进行分析，对比两种方法的计算结果差异，指出了各种方法的特征以及产生差异的原因，研究结果证明在区域供水系统中，供水水库（群）的蓄水状态以及供水水库（群）的水资源运行调度策略对区域内供水目标的实现有着重要作用。

孙万光等建立了动态水资源调配模拟，以水资源调度中的关键变量为基础，对复杂水库群的供水系统进行水资源配置的研究，弥补了原区域供水动态规划降维方法对初始条件过于依赖的不足，提出新的降维算法，能更简单和稳定地逼近全局最优解。

徐得潜与王志峰研究了井群供水系统，将系统运行年份的成本最低作为目标函数，对井群的位置、规模、取水深度和工程基建投资进行函数模拟，并建立了系统优化的模拟，对井群供水系统特点进行了分析，以井群供水系统年运行费用最小为目标函数，综合考虑井群数量、井距、水位降深、造价等因素之间的关系，最终建立并设计了井群供水的水资源系统优化的数学模拟，研究通过具体案例的模拟计算，为实际工程提供了指导。

关于区域供水水资源优化研究是整体系统优化的重要组成部分，已有研究中优化模拟中提到的系统效率、成本、经济水费、区域平衡等模拟的目标，以及用户需求、水源供给、水源不同种类等模拟的约束为整体系统协同优化提供了良好的思路，但是以上的研究未能充分考虑整个工程系统的特点，仍需对用户与水源的协同进行更深入的研究。

2.区域供水模式的系统协同优化设计

黄昉研究了包括多个水源、多个用户且存在多层次水源的大型供水系统的整体优化问题，为避免产生求解过程的"维数灾"，在原有增量动态模拟等基础模拟上，对多个水源进行概化合并，求出结果后再进行分解，将原决策顺序重置，提出有约束非线性优化问题的区域供水实用优用模拟，模拟实现原权重系统模拟和多维增量动态模拟（MODDP）的混合，使系统优化更加简便。李昱以某水库群为研究对象，构建了两个虚拟水库并建立了与之对应的联合调度图，通过分析水源特点和用户供水目标，采用联合使用分水比例法并以补偿调节法作为补充，设置水源补供控制线，构建用水调度模拟，有控制线的分配模拟可以更好地分配目标水库水量，提升系统供水效益。

张雪花研究了华北某多元供水系统，由于系统的供需两方都存在很强的不确定性，ISMOP即不确定随机多目标模拟，模拟以系统经济收益最大和原水消耗最小为目标，以经济、水源、生态和社会条件为约束，以水厂和水源数量以及规模作为决策变量，通过交互式多目标以及不确定的条件约束双层次优化算法对模拟求解，体现了对整体系统优化的可操作性和实用性。

阎立华研究了多水源的分区供水问题，从图论的观点出发，生成配水系统管理流向图邻接矩阵，在此基础上搜索合适水源，结合水力平差计算的技术因素，形成水源供水分界矩阵，从而求解水源合理的供水范围。研究对系优化的可视性和技术经济相结合有很好的指导作用。

Hwang等则通过以几种区域供水系统成分的致命度分析，研究整个系统的弹力性，并认为系统的冗余和强劲对损失的严重程度和功能性有影响，并且恢复时间与资源可获得性和恢复的迅速性有很大关联，建立了美国亚利桑那州Tucson城都市地区的区域供水系统模拟，通过最小化运营成本和线性规划流量分配模拟为用户选择最优流量分配。

林朝阳则结合经验数据，计算某大区域供水系统内合理的夜间最小用水量，及合理的日最小小时用水量与日平均小时用水量的比值，并将其作为评价标准分析数据异常原因，从而有针对性地采取相应措施，有效控制大区域供水系统的产销差率。

王俊峰根据自来水公司的供水情况总结目前国内优化调度系统，主要有经验调度系统和基于计算机的数据统计分析的供水调度辅助决策系统，从而为优化调度提供参考。

潘俊研究多水源条件下的系统多目标优化模拟，模拟将水资源高效利用和水环境质量提高的协调度作为目标，以效益系数和费用系数作为约束，对水资源规划进行优化，协调度概念的引入在系统优化过程中兼顾效率和效益的指标，使方案的求解有更多可持续发展的内涵。

叶楠在某市市级供水体系优化过程中，阐述了水量平衡原理对供水量计算的应用，建立供水平衡模拟，通过对该市两个年度的水量复核，验证水量平衡对区域供水量计算的有效性。

已有关于区域供水工程系统优化模拟的研究、模拟的目标和约束中，更多考虑了用户对水源和水厂的影响，但是研究系统化仍不够，更多是关于城市供水问题的研究，关于农村供水问题研究得较少，并且将水源、水厂和用户一同考虑，把水源、水厂和用户的规模、数量、位置作为一个系统进行研究的更少。

（二）区域供水模式的其他问题

区域供水模式中对于系统优化的模拟是研究的重点，应急供水和供水系统的经济效益分析也受到了人们的关注。

Chou等提出集成了一种区域供水分配系统和一种基于Kynch理论的单维度凝聚力粒子沉降模拟的模拟，以整合洪水所引起的水库浊度对水资源供应的影响，这种模拟能模拟短时期内由洪水引发的高浑浊度和持续性干旱，因此为应急和定期的区域供水设施提供了综合评判的基础。于凤存调查了饮用水水源地突发事故的统计数据，通过分析水源地的突发事故风险，得到可用于应急水源的地表水源、地下水源和特殊情况的域外调水，分析对于降低水源风险、促进城市经济正常运转起到重要作用。李翠梅通过分析应急状态下由于水源污染等突发事件所造成的经济损益和社会效益损失，构建损失测算模拟，通过设计二者结合的综合效益的目标函数来构建应急水源的配置模拟，采用三种效益计算方法求出水资源效益系数，以六个行业的供需水量分析为依据，验证了应急水源综合效益模拟的有效性，并求出了应急状态下的经济和社会效益损失总量。

吴丹等结合模糊灰关联分析和数据包括分析两种方法，对现有供水系统绩效评价指标体系进行了改进，形成更加综合的区域供水指标体系，对提高系统供水效率有很好的促进作用。徐佳等从已完成工程的运行情况出发，构建了农村供水工程三个方面的评价指标体系，包括项目供水能力的保障、项目功能效益和工程的经济效益，以模糊物元AHP和熵权法建立了农村供水工程的效益综合评价体系。

目前，国内外区域供水系统方面的理论研究大都集中于三个问题：一是包括水资源优化在内的水资源优化问题；二是供配水管网的优化问题；三是应急供水问题。现有研究很少从大系统角度对区域供水系统中供水和配水系统进行整体协同优化，在整个复杂的区域供水系统中，如何实现整个系统的资源配置、运输和存储的协同优化问题仍然存在。

第二节　农村饮水供水工程系统协同优化简述

一、农村供水工程

（一）农村供水工程系统组成

农村供水项目由四个分部工程组成，分别是取水工程、输水管网工程、净水厂工程和配水管网工程。

整个供水项目由取水工程将原水经输水管网送入净水厂，经过处理后通过配水管网进入自来水用户。取水工程包含水源及取水构筑物，水源有可能是地表水或地下水，也有可能是几种方案的组合。水厂用于解决从自然界直接获得的水源存在污染物或微量元素超标的情况，通过净水厂的净化，再通过配水管网输送至用水户。整个系统是以水作为物流的客体，水厂是系统的中转点，系统效率提升要在考虑水厂位置的前提下，综合考虑水源、管网、用户的协同优化。

独立供水模式是一个相对独立的供水系统，从更大的区域范围来看，并不能达到整个区域系统供水效率最优，在此背景下，区域供水系统得以迅速发展，原有水源规划、水厂规划、管网优化的各种模拟和算法也由于系统复杂化而需要改进。

（二）农村供水工程规划设计内容

1.供水范围和规模的确定

供水范围和规模的确定是供水工程规划设计的首要步骤，根据供水范围划分供水片区。水厂规模的确定和位置的选择是在农村供水工程项目规划设计阶段两个互相影响的重要环节。供水规模是指供水工程项目所涵盖的地域范围，一般情况下用项目覆盖地域的人口数量表示。供水规模与水厂的投资和运行费用有很大关系，并且是输配水管道的重要决定因素。规模过大造成投资的增加和效益的降低，而过小的规模会造成供水量太小，无法满足供水需求。当水厂规模增加，但运行成本稳定在某一个范围内时，规模经济效益显著。供水规模与管网设计的协同优化是产生最佳投资规模的有效手段。

目前我国农村饮水工程项目，在一定程度上存在设计供水规模偏大的问题，实际供水量只能达到设计供水量的30%，造成制水成本大、总投资增大的问题。出现以上问题与设计有关的原因之一是未考虑供水系统的整体协同优化，水厂选址不适宜，管网布局不合理，甚至出现供水覆盖区域的重合。城市供水工程供水范围与城市总体规划范围一致，与城市不同的是，农村供水项目在很多条件下还没有现成的农村总体规划可以参照，供水规划通常可以依据的主要是《镇（乡）村给水工程技术规程》，在供水范围和区域的设定上有更大的灵活性，加上农村地域广阔，地形复杂，在规划时要慎重考虑。

2.需水量预测

在确定了供水范围和供水规模后，需在此条件下进行需水量预测，用水量的预测应根据村镇总体规划，结合规划期内近期、远期的人口数量，依照近年的生活和生产用水量来进行。与城市的供水设施需要考虑大量工矿企业和公共设施的用水量不同，农村地区更多需要考虑人口因素。其用水量应根据不同地区气候差异和居民生产生活情况来设计，随着生活水平的不断提升，计算和设计的标准也在不断变化。另外，如果预测过高的农村供水工程供水量，则无法在规划年限内收回资金，从而造成投资的浪费；而预测过低则又无法收回资金。特别是在区域供水模式中，需水量的预测结果对于水源、水厂和供配水管网的设计有着非常重要的作用，并会对供水区域的经济发展产生影响。保证供水区域需水量是整个供水工程规划设计要达到的重要目标。

3.给水系统总体规划

农村供水项目的总体布局要根据规划区域内的经济发展状况，用户可以接受的水价，农村的地形、地貌和邻近城市已铺设的供水管网状况，区域内拟规划的水厂个数，不同的供水片区综合考虑。现有的城乡给水系统布置形式有以下几种：

（1）统一给水系统。生活、生产、消防共管的给水系统水质满足《生活饮用水卫生标准》（GB5749-2022），设计统一的给水管网供给用户。该系统生产稳定、可靠，管理方便，能满足用户水质、水量、水压的用水要求，供水安全性较好。

（2）分区给水系统。根据用水区域特点将给水系统分成几个系统，每个系统既可以独立运行，又能保持系统间的相互联系，以便保证供水的安全性和调度的灵活性。根据不同情况布置给水系统，可节约动力费用和管网投资，但设施分散、管理不方便。

（3）分质给水系统。原水经过不同的净化工艺流程处理，供给水质要求不同的客户，可节约药剂费用和运行费用，但操作及维护管理较复杂。

（4）分压给水系统。当地形高差较大，用户对水压要求不同时，需用扬程不同，送水泵分别提供不同压力的水至高压管网和低压管网。减少高压管道和设备用量，减少运营成本，但管线长、一次性投资高、维护管理复杂。

以上四种给水系统既可以采用单水源供水，也可以采用多水源供水，应根据具体情况而定。在单水源供水情况下，只需考虑单个水厂的空间布局，而在多水源的情况下，则要考虑供水系统的组合协同优化问题。

（5）区域给水系统。除上述给水系统外，当用水区域相距较近时，为保证用水区域供水水质安全，而在其共有水源上游统一取水供给各个区域使用，这种给水系统就是前面提到的区域给水系统。区域给水系统不仅可以为中心城市供水，还可以为城市周边的农村地区供水，供水区域的划分则是按照水源分布、地理特征或一定的行政区划来确定的，供水面积小至数十平方千米，大至数千平方千米。此种供水模式将某个区域内的若干个水厂及其配套企业视为一体，统一进行开发和分配水资源，水费因输配水距离和高差不同而有所差异。区域给水系统有两大优势：一是供水成本的降低；二是供水设施的共享。输水水质由水源的类型、数量及水源距用水区的距离决定；区域供水配水管网的走向则根据区域内城镇群的分布形式和原有管网的现状决定；如果存在大型城镇水厂，还可以将这些水厂作为区域供水主体，对乡镇水厂进行保留和改建，使之成为水处理中心、配水中心、加压站或者应急备用供水设施。这样的区域供水工程的设计可以提高中心水厂技术水平和经济效益，规模化的生产有利于节约投资，同时乡镇水厂的补充又可以更加有效地降低水厂出水扬程，从而减少能耗。

4.水源规划

给水水源分为两种：一种是地下水水源，主要由潜水、承压水和泉水组成；另一种是地表水水源，主要由人工水库、湖泊和河流组成。水源选择要把水质和水量作为主要的考虑因素，并结合工程的安全性和经济性，其中安全性主要是指取水、输水和水处理过程的安全性，而经济性则需要综合考虑水处理工艺、工程总投资、制水和后期的管理成本。选择水源时还需要考虑供水项目所在地的地形、地貌、水文、地质及施工的条件。

农村供水工程在选择水源时，首先要调查供水范围及其周边地区可利用的水源，收集水文和已有供水设施资料，对各水源的水质、供水保证率进行论证；其次要从工程总投资、后期维护及运营成本等方面进行技术经济论证，对水源进行初选；最后结合当地居民的生活习惯，并和地方政府沟通，最终确定水源。

5.水厂规划

在整个农村供水工程中，净水厂相当于供水的中转站，与水源、输配水管网、用户直接联系，净水厂位置受到所处位置的地形地势、交通运输状况、取水排水条件、管网布置等条件的制约。由于水厂位置将直接影响供水安全性、可靠性和经济性，因此水厂位置选择在整个工程中占有非常重要的地位。在农村供水项目中，由于供水范围广、地形高差大和后期维护难等问题，在与城市相交的一些农村中，又存在与城市已有供水设备的补充、新老设备的结合和新厂选择等各种问题。在确定其位置时，首先要考虑供水系统的整体布局，全面规划、综合比选，通过经济技术分析最后比较确定。

6.给水管网系统规划

供水系统的重要组成部分除了水源、用户和净水厂以外，还有连接彼此的给水管网，给水管网又被分为输水管网和配水管网，管网投资（包括管道及管道附属设施）占整个供水工程的60%~80%，能耗大，运营和维护过程中的费用也占整个供水成本的30%~40%。供水系统规划管网时，一般仅考虑输水和主要配水干管，农村供水工程中由于供水范围广、管道建设投资和工程量大，因此管线优化成为供水项目规划过程中的又一个重点问题，规模供水半径、管材选择、管道施工方案等需要进行技术和经济的比选。

农村供水工程系统协同优化问题，是对以上几个环节的综合考虑，在系统规划过程中，以水厂选址作为核心，解决水厂选址的方案比选问题，同时考虑最经济供水半径对水厂选址方案的影响并对水厂位置进行优化，考虑区域供水模式的供水系统特点，解决水源、水厂、用户规模和位置的协同优化问题。

二、农村供水工程系统协同优化基本理论

（一）规模经济理论

规模经济理论是西方产业经济学的一个重要问题，主要研究生产随规模扩大时，生产能力、生产成本与生产利润之间的关系。对于规模经济的理解，以及规模经济理论涉及的产业范围，理论界和实践界仍没有一个统一的理解，可以从比较有代表性的三个角度对该理论进行分析。

在农村供水工程中，规模效应普遍存在于工程的取水系统、净水系统、输配水系统和后期运行管理中。供水系统单位总成本和水处理单位成本会随着系统规模增加而减少，规模越大，两种单位成本降速越慢，最终趋于平缓。

大规模供水系统供水单位费用低于小规模供水系统的相应成本指标。单位供水成本与输配水距离存在先降后升的U形下凸函数形式，存在使单位供水成本最低的最经济供水半径。

（二）设施区位理论

区位理论主要用于研究经济行为的空间决策问题和空间经济活动问题，以及在此基础上如何根据经济行为来选择空间。理论包含两个层面的问题：一是关于区位理论问题；二是设施选址问题。理论的内涵也有两个层面：一是经济行为如何进行空间选择；二是空间经济活动如何进行有机组合。前者被学者称为布局区位理论，该理论的前提条件是区位主

体已知，从主体本身的特质出发，分析主体可能会有的空间；后者被称为经营区位理论，在空间特质已知的情况下，根据空间地理特质、经济特质和社会特质等，研究空间与主体的最佳组合方式。设施选址问题主要是根据需要布局设施的具体特点，对所在位置的优势和劣势进行衡量，可视为微观区位问题。问题决策过程会选择成本最低、市场份额最大、提供平等服务等特定的优化目标，确定系统内设施空间布局，需要布局的设施个数可能是单个或者多个的组合。这个问题是经典运筹学问题，涉及管理、地理、经济、数学、计算机、规划等多个学科。

（三）大系统最优化理论

大系统及其最优化理论从20世纪开始成为人们关注的一个领域，理论中融合了多个领域的研究成果，比如数学规划和决策，又如现代控制和系统工程等，多种研究成果的有效组合，使大系统理论被人们广泛应用于水源管理和资源开发等方面。大系统和大问题有关，例如社会经济发展、人口问题、生态问题等，该理论一直受到学者们的广泛关注，也成为系统工程发展到一个新阶段的重要标志之一。其思想是通过子系统先达到内部的最优化，再在大系统总体目标的指引下，让各个子系统相互协调，从而使整个系统达到最优化。

1.大系统的定义

目前，人们对于大系统并没有一个被普遍接受的定义，其中两个定义比较被人们认可。第一种定义，大系统被认为是可以通过解耦的方式而使求解过程的计算得以简化的系统；第二种定义则认为被没办法通过建模和计算等常规数学方法和计算机程序得以实现系统的太多维度时的系统，是大系统。

2.大系统的特点

大系统有不同于一般系统的特点：

（1）系统具有相当大的规模。

大系统通常情况下包含非常多的子系统、元件和部件，规模非常庞大，占有的空间也非常大，求解系统时所需的计算时间长、分散性大。

（2）系统的结构相对复杂。

大系统的子系统、元件还有部件之间的关系复杂，这三者之间往往存在包括特质流、信息流、能量流在内的多种复杂关系。此外，大系统中除包括物以外，还包括人与人、物与物、人与物等多重复杂关系。

（3）系统具有高维度和综合功能。

大系统涉及包括技术、经济、人文、社会、生态在内的多维度问题，情况复杂，例如项目过程控制、资源分配与利用、环境质量与控制、经营管理决策等，问题的多维度和问题的综合性使得大系统往往是多目标的。

（4）系统影响因素众多且具有不确定性。

影响大系统的因素是非常多的，这些因素大多具有不确定性，大系统是一个有着多个变量、多个输入输出、多个目标、多个参数和多个干扰的复杂系统，干扰的因素从人到物，从技术到经济，从社会到生态。这些因素往往还具有很强的不确定性，例如受评价专家在思考过程中所产生的不确定性、信息在传递和运输过程中所产生的不确定性、参数随着时间出现变化的不确定性、外部干扰在发展过程中的不可知和随机性，这些都使大系统在求解中存在困难。

3.大系统的基本性质

（1）递阶型结构形式是大系统的基本性质之一。

大系统由若干个子系统组成，这些子系统有特定的可共享资源、目标和约束，并且具有强关联性。子系统最常见的逻辑关系是阶梯型的关系，这种递阶型结构形式从系统结构组成和管理上，表现出一种等级层次和从属关系。子系统处于不同层级中，上层子系统将控制和协调其下层子系统，而这个子系统本身又将会受到更高一个子系统的控制和协调，这是一种典型的金字塔形式。

（2）大系统递阶控制形式的基本性质。

①整个系统由优选的决策单元和从属关系的决策单元组成。

②整个系统有一个总目标和若干个单元目标，单元目标与总目标一致或者不一致，单元目标之间通常是冲突和矛盾的。

③各级之间存在反复且垂直的信息交换。

④递阶层级从下向上升级，低级目标比高级目标反应速度更快，决策时间更短，越到高层决策，需要的时间越多。

（3）大系统递阶控制形式的几种描述方式。

在大系统递阶控制中，农村供水项目可采用多级描述的方法描述其结构。由于在大系统的构建中，所有决策单元均按一定的支配关系排列，一个决策单元不仅受到上层决策干预，还影响下层决策。由于存在相互冲突的决策目标的可能，在同级别单元进行决策时，上层决策的协调极为重要。可将此类的决策结构进一步划分为如下三种类别，这三种类别可以存在于同一个系统中，并不一定存在排斥关系。

①单层单目标：此类型只有一个控制目标，一个决策单元决定了所有决策变量的选择。

②单层多目标系统：在这种系统中，有多个存在同一个级别的决策单元，这些单元相互独立、平行，每个单元都有其控制的目标，这些目标不一定存在矛盾。

③多级多目标系统：在这种系统中，决策单元处于金字塔的结构，上下级可以交换信

息，同一级之间没有信息的交换，当目标冲突时，由上一层目标进行协调解决。目的在于全局的优化。

4.大系统优化理论的应用分析

大系统优化理论在水科学中有广泛的应用，例如流域规划管理、防洪工程系统规划、水电能源系统规划等。农村供水工程是一个由若干个子系统构成的、有其特定的功能且共享一个地区水资源的大系统，并且此系统中水厂的选址也受到相关联的约束支配。在农村供水工程中，梯阶结构是最普通的一种子系统的表达方式，在这种递阶结构中，子系统处于不同的级，某级子系统控制比该级子系统更低的级别和单元，并同时受到更高一个级别的控制，形成如金字塔式的结构。

由于系统结构上的递阶性，农村区域供水工程同样适宜采用大系统理论进行优化。采用大系统理论对区域供水系统进行分析时，对象是整个供水系统，而不只是其中的局部、个别子系统，单独考虑取水系统或者配水系统都不符合大系统理论的求解要求。所分析和求得的结果是整个系统的最优状态，仅考虑从净水厂到用户的配水系统是不够全面的，只有将各个系统都考虑进去，才能更加全面地解决区域供水问题。

农村供水工程系统协同优化问题，是对农村供水工程系统组成及其规划系统设计内容的综合考虑。本书将农村供水工程的输配水系统的规模和位置协调作为研究的重点内容，把规模经济理论和设施区位理论作为重要理论基础，并结合农村供水工程系统协同优化需要考虑的是整个系统的最优状态，而不是其所组成部分的最优状态，从而采用大系统的思想解决本研究中的农村区域供水工程的系统协同优化问题。

第三节　农村区域饮水供水工程系统协同优化分析

一、区域供水工程大系统分析

（一）区域供水工程系统重构

传统供水系统根据其建设内容，将供水系统划分为"取水、输水、净水、配水"四个部分，这样的系统划分方式仍然不能完全涵盖农村区域供水系统的全部内容，也不能表现出供水系统各个子系统之间的相互关系，相对独立和分段设计的工作规划程序很难使系统达到整体最优。大系统分析理论对区域供水工程进行重新解析，为优化模拟的构建奠定了理论基础。

区域供水系统的供水过程是这样的：片区内可利用和符合条件的水资源，通过取水点经输水管道进入水厂，原水在水厂中经过处理，又通过配水管道进入供水系统。其中，用水规模、水厂空间选择和布局、用户与水厂的距离、水源与水厂的距离，直接影响着取水、输水和配水系统的选择。通过对供水过程进行分析，我们可以将农村区域供水工程做出区别于传统供水工程不同的系统组成方式，将整个供水工程分成五个子系统，即取水子系统、输水子系统、净水子系统、配水子系统和用户子系统。

区域供水系统供水的过程分析表明整个大系统具有两个重要特点：其一，水源、水厂和用户间存在两个供需平衡关系，即在不考虑水厂自身用水的前提下，取水量与水厂的供水总量相等，水厂的供水量和用户的需水量相等；其二，水源、水厂在整个系统中呈点状分布，水厂分别通过输水管网和配水管网与水源和用户连接，水厂的空间布局直接影响到输水管网和配水管网的布置，是决定整个供水工程的关键因素之一。系统协同优化将会是一个同时考虑水源、水厂、用水点规模和位置的组合优化问题。

在区域供水系统中，取水、输水、净水、配水和用水系统是组成整个大系统的五个子系统，其中用水子系统的用水点在空间布局上已经确定，取水系统的取水点数量和规模未确定可协调，净水系统的水厂数量、供水范围和供水规模未确定可协调，输水管网和配水管网均是可以协调规划的未确定量，用水点的需求和根据这个需求所确定的目标函数是用于确定以上指标的前提。此时供水系统的协同优化可分为两个层面的含义：第一层是根据用水点目标函数来确定水厂的决策指标（含水厂数量、供水范围、供水规模和水厂地址）以及配水管网的形式；第二层含义是指净水厂的决策结果将可以用于确定输水管网的形式以及水源数量、取水量以及水源性质和位置，这是一个典型的具有递阶形式的系统协同优化问题。

（二）农村区域供水工程大系统分析

系统分析方法是一种系统的定量分析方法，其核心是通过构建整体系统和子系统之间的协调关系，以系统整体与各子系统之间的依存关系作为重点，对各个子系统进行详细的分析，但不会以子系统性能最优作为方法的最终目标。方法的关键在于构建模拟并进行优化，目前系统分析的方法已经广泛应用于大型复杂系统的规划、设计和建设全过程。系统分析的方法具有整体性、关联性、定量化、最优化、多学科性和实用性的特点。

大系统规模大、系统组成结构复杂同时包含大量功能，影响因素也很多，是一种特殊的系统。运用系统分析的方法对大系统进行分析时，空间维度比一般系统维度更多，子系统关系比一般系统关系更加复杂。区域供水工程是一个复杂的大系统，其中水源向水厂的原水分配数量和水厂向用户的净水分配数量是系统分析中典型的资源分配问题，水源向水厂的输水管网设计和水厂向用户的配水管网设计是系统分析中的流通问题，水源、水厂规模确定和空间位置的布局是系统分析中的存储型问题，从这个层面上看，区域供水工程是一个复杂的综合工程系统，包括资源配置、空间布局和物质流通几个不同的问题。

通过对区域供水工程的结构进行重构，将整个系统分成了取水、输水、净水、配水和用水五个子系统，并说明了五个子系统之间存在的递进关系。通常情况下，净水厂所需满足的用户在空间上可以确定，用水点确定后，可以决定一个或者多少净水厂数量、空间布局和供水规模，这是一个组合的结果；在水厂的数量、空间布局和供水规模确定后，又可以进一步决定水源的数量、空间布局和原水供水规模。如果将配水系统作为底层决策单元，输入变量指的是用水系统的决策结果，包括用水点的数量和用水点的需供水的规模；输出变量指的是净水系统的决策结果，包括水厂的数量、位置、供水范围和规模的组合。在输水系统构成的高级别决策中，前一个单元的输出变量转化成了输水决策单元的输入变量，而此时系统的输出变量变成了不同水厂所对应的水源的数量、规模和位置的组合。

大系统最优化告诉我们，系统最优化所表现出的是整个大系统的最佳状态，并不完全着眼于子系统的最佳状态。区域供水工程系统协同优化将致力于使整个供水系统达到效率最经济的状态，而不只是配水系统最优或者净水系统最优。

二、区域供水工程分解—协调模拟构建

农村区域供水大系统协同优化的关键问题是找到整个系统的最优水源、水厂和用水点的组合。由于空间维度多，计算复杂，常规线性优化方法、非线性优化方法和目标规划等优化方法只能给出理论上的答案，很难具体实施。为解决农村区域供水的系统优化问题，论文以大系统优化思想为指导，构建系统分解—协调模拟。分解—协调就是通过递阶控制和关联预算的思想对各个系统进行解耦，并求得整个农村区域供水大系统的最优解。

（一）区域供水工程阶梯控制分析

区域的农村供水工程系统应是一个具有递阶控制结构的典型系统，这是可以通过大系统优化的分解—协调法求解问题的前提条件。递阶控制的基本解决思路是分步实施、综合协调。第一步，将农村供水系统分解成相互关联并有递阶控制关系的子系统；第二步，求得子系统最优；第三步，在子系统最优的前提下，设置用于协调各子系统的更高级别的控制协调器，根据各子系统之间存在的相互控制的递阶关联关系，通过协调器协调各个子系统，最终得到全局最优解。

在区域供水工程中，供水系统中的用水系统点空间布局确定，取水系统取水点位置不确定，净水系统中水厂数量、规模、位置不确定，输水系统和配水系统中的输配水管网均不确定。所有这些不确定因素，都需要通过确定的用户系统设计不同的目标函数来最终决

定。根据大系统优化理论，用水系统是配水管网和不同水厂组合的决定条件；水厂组合是输水管网和水源组合的决定条件。水厂和水源的组合包括位置、规模和数量三层含义。这一特点决定了农村区域供水项目具备从水源到用水点的递阶形式。

在分析这个系统的过程中，先对两个子系统即配水系统和输水系统进行各自寻优，找出子系统的目标、约束条件和输入输出变量，两个看起来孤立的子系统实际存在紧密的联系，单个系统各自达到最优时，整个大系统往往并不能达到最优，本研究采用分解-—协调原理和关联预测的方法对其建模并求解。

（二）区域供水分解—协调法方法分析

大系统分解—协调的方法需要将大系统先分解成几个相互独立并具备递阶控制结构的子系统，对这些分层的子系统，先采用先行手段进行独立子系统的求解，以大系统总体目标为最终标准，再对各个子系统进行协调求解，是一个典型的优化方式，这也是系统优化的有效手段。通常情况下，分解—协调法的步骤如下：

（1）建立研究对象的真实数学模拟。
（2）根据模拟性质、特点，选择适宜的阶梯结构。
（3）层层分解，将大系统转化成某种递进式的子系统。
（4）分别在各自层级内寻求最优解。
（5）通过各层级间的协调，寻求整个系统的最优解。

在以上方法中，协调的主要目的是优化整个系统，通过协调控制使各个子系统之间相互协调、配合、制约，在单层级系统得到实现的前提下，实现整个系统的总目标。其中需要用关联预测的办法对整个递阶结构进行解耦。

在农村区域供水模式下，我们根据大系统理论将整个供水系统分成两个子系统，从局部看，子系统可以独立，有各自的系统目标、输入输出变量和约束条件，但从总体来看，由于存在递进关系，两个子系统实际上存在上下级之间和同层级之间的系统联系，互相制约。农村区域供水系统是具体递进关系的复杂系统，在这个系统中，输水系统和配水系统能够实现本系统的最优目标时，也并不一定达到了整个大系统的最优目标。资料采用分解—协调方法，借鉴关联预测思想对供水系统建立分解-—协调模拟并求解。

根据分解—协调原理，农村区域性供水的水厂求解问题决策模拟将输水系统和配水系统的输出变量作为协调变量，通过事先设置的大系统控制性指标，对输水、配水两个子系统进行协调，保证整个供水系统达到最优。根据协调后的指标，再次对输水和配水决策两个子系统层，根据协调层所设定的控制性指标和子系统自身的模拟和约束分别求解，将求得的最优解再次反馈到协调层，如此循环，直至整个系统达到最优为止。

三、区域供水工程系统协同优化模拟构建

（一）区域供水工程系统协同优化的内涵

在农村区域供水模式下，水厂通过输配水管网分别连接水源点和用水点，水源、用水点、水厂成为空间节点，输配水管网成为连接管线。供水系统协同优化的实质是在整个复杂的区域供水系统中，科学地确定水源数量、规模、位置，同时确定水厂供水范围、数量和位置，实现整个系统的资源配置、运输和存储的协同优化。协同优化的成果是整个供水工程包括水厂、水源、用水区域的规模和空间布局的系统成果，直接影响到整个供水工程系统的建设和运营成本，区域供水工程中，水源、水厂、管网的合理布局，有利于应对系统中的突发问题，当系统中某个供水厂出现供水困难时，可以通过其他供水厂进行应急供水。

（二）区域供水工程系统协同优化的途径

我们可以根据前面对大系统的分析，结合分解—协调模拟和关联预测方法，在城乡整体规划的指导下，根据乡镇供水现状系统地确定水源和水厂的相关问题，优化过程可以参照以下程序：

（1）选定区域内可用水源节点和水厂节点。根据已经初步获取的备选水厂和水源的基础资料，确定区域内可能的水源点、水源供水量、位置等信息。根据城乡整体规划等资料，确定包括位置和规模信息在内的水厂选址点信息。

（2）建立农村供水工程区域供水系统的分解—协调模拟并优化求解，最终确定水源数量、规模、空间布局以及水厂节点的数量、规模和空间布局。

（3）充分调研供水片区内的农村情况，对模拟求解并优化的协调结果进行调整，最终确定整个系统中所有水源、水厂节点的位置、规模和数量指标。

（三）区域供水工程系统协同优化模拟的构建

（1）模拟假设。在给定的农村供水区域范围内，选择 p 个水源点，包括地上水源点、地下水源点，选择 q 个可供水厂使用的地块，需要用水的区域数量为 m。以这些区域的几何中心点作为区域的中心点，并用中心点之间的欧式距离表达输水管线和配水管线长度。

（2）模拟建立。根据农村规模化供水工程建设的目标，我们把系统协同优化的目标设定为"效益——费用"最大化。通过系统的协同优化，使工程能以最小的投资获得最大的投资收益。设计整个系统各个子系统的费用函数将成为解决问题的前提条件。为了避免

只考虑工程建设费用不精确，在考虑规划使用年限前提下采用费用现值规划使用年限内费用现值最小，涵盖了农村供配水系统中供配水费用现值（包括净水厂向用水需求点配水的配水费用和净水厂向水源取水费用的现值）、净水厂建设投资现值和供配水管网的基建投资现值。

（四）区域供水工程系统协同优化模拟的分析

由于农村区域工程系统是一个复杂的问题，包括水资源的统一配置、存储和流通问题，其中水源和水厂的规模问题是存储问题，水源对水厂的原水配置和水厂到用水户的净水配置是水资源的配置问题，输配水的管网属于流通问题，很难用一个简单的数学模拟将三个问题全部反映出来，资料尝试用另一种手段对这个模拟进行优化分析。

以上模拟的目标是使供水系统的费用现值最小化，模拟求解的实质问题是在水厂选址的大量约束条件限制下，找到一个 $n \times m$ 维的数组和一个 $m \times k$ 维的数组，这两种数组分别代表水源地到各个供水厂分别的供水规模和所有水源的总供水规模，以及净水厂至各个用水区域分别的供水规模和总的供水规模，这两个子系统的供水规模能使整个系统的目标函数最小。在确定供水规模的同时确定各个水源点的位置、数量和供水规模，也可以确定各个供水厂的位置、数量和供水规模，从而使水厂选址问题得以解决。

第九章 水利工程进度管理

第一节 施工总进度计划的编制

施工总进度计划是项目工期控制的指挥棒,是项目实施的依据和导向。编制施工总进度计划必须遵循相关的原则,并准备翔实可靠的原始资料,按照一定的方法编制。

一、施工总进度计划的编制原则

编制施工总进度计划应遵循以下原则。

(1)认真贯彻执行党的方针政策、国家法令法规、上级主管部门对本工程建设的指示和要求。

(2)加强与施工组织设计及其他各专业的密切联系,统筹考虑,以关键性工程的施工分期和施工程序为主导,协调安排其他各单项工程的施工进度。同时,进行必要的多方案比较,从中选择最优方案。

(3)在充分掌握及认真分析基本资料的基础上,尽可能采用先进的施工技术和设备,最大限度地组织均衡施工,力争全年施工,加快施工进度。同时,应做到实事求是,并留有余地,保证工程质量和施工安全。当施工情况发生变化时,要及时调整施工总进度。

(4)充分重视和合理安排准备工程的施工进度。在主体工程开工前,相应各项准备工作应基本完成,为主体工程的开工和顺利进行创造条件。

(5)对高坝、大库容的工程,应研究分期建设或分期蓄水的可能性,尽可能减少第一批机组投产前的工程投资。

二、施工总进度计划的编制方法

(一) 基本资料的收集和分析

在编制施工总进度计划之前和编制过程中,要不断收集和完善编制施工总进度所需的基本资料。这些基本资料主要包括以下内容:

(1) 上级主管部门对工程建设的指示和要求,有关工程的合同协议。如设计任务书,工程开工、竣工、投产的顺序和日期,对施工承建方式和施工单位的意见,工程施工机械化程度、技术供应等方面的指示,国民经济各部门对施工期间防洪、灌溉、航运、供水、过木等方面的要求。

(2) 设计文件和有关的法规、技术规范、标准。

(3) 工程勘测和技术经济调查资料。如地形、水文、气象资料,工程地质与水文地质资料,当地建筑材料资料,工程所在地区和库区的工矿企业、矿产资源、水库淹没和移民安置等资料。

(4) 工程规划设计和概预算方面的资料。如工程规划设计的文件和图纸、主管部门的投资分配和定额资料等。

(5) 施工组织设计其他部分对施工进度的限制和要求。如施工场地情况、交通运输能力、资金到位情况、原材料及工程设备供应情况、劳动力供应情况、技术供应条件、施工导流与分期、施工方法与施工强度限制,以及供水、供电、供风和通信情况等。

(6) 施工单位施工技术与管理方面的资料、已建类似工程的经验及施工组织设计资料等。

(7) 征地及移民搬迁安置情况。

(8) 其他有关资料,如环境保护、文物保护和野生动物保护等。

收集了以上资料后,应着手对各部分资料进行分析和比较,找出控制进度的关键因素。尤其是施工导流与分期的划分,截流时段的确定,围堰挡水标准的拟定,大坝的施工程序及施工强度,加快施工进度的可能性,坝基开挖顺序及施工方法、基础处理方法和处理时间,各主要工程所采用的施工技术与施工方法、技术供应情况及各部分施工的衔接,现场布置与劳动力、设备、材料的供应与使用等。只有充分掌握这些基本情况,理顺它们之间的关系,才能做出既符合客观实际又满足主管部门要求的施工总进度安排。

(二) 施工总进度计划的编制步骤

1. 划分并列出工程项目

总进度计划的项目划分不宜过细。列项时,应根据施工部署中分期、分批开工的顺序和相互关联的密切程度依次进行，防止漏项，突出每个系统的主要工程项目，分别列入工程名称栏内。对于一些次要的零星项目，可合并到其他项目中。例如，河床中的水利水电工程，若按扩大单项工程列项，则可以有准备工作、导流工程、拦河坝工程、溢洪道工程、引水工程、电站厂房、升压变电站、水库清理工程、结束工作等。

2.计算工程量

工程量的计算一般应根据设计图纸、工程量计算规则及有关定额手册或资料进行。其数值的准确性直接关系到项目持续时间的误差，进而影响进度计划的准确性。当然，设计深度不同，工程量的计算（估算）精度也不同。在有设计图的情况下，还要考虑工程性质、工程分期、施工顺序等因素，按土方、石方、混凝土、水上、水下、开挖、回填等不同情况，分别计算工程量。某些情况下，为了分期、分层或分段组织施工的需要，还应分别计算不同高程（如对大坝）、不同桩号（如对渠道）的工程量，做出累计曲线，以便分期、分段组织施工。计算工程量常采用列表的方式进行。工程量的计量单位要与使用的定额单位相吻合。计算出的工程量应填入工程量汇总表。

在没有设计图或设计图不全、不详的情况下，可参照类似工程或通过概算指标估算工程量。常用的定额资料如下：

（1）万元、10万元投资工程量、劳动量及材料消耗扩大指标。

（2）概算指标和扩大结构定额。

（3）标准设计和已建成的类似建筑物、构筑物的资料。

3.计算各项目的施工持续时间

确定进度计划中各项工作的作业时间是计算项目计划工期的基础。在工作项目的实物工程量一定的情况下，工作持续时间与安排在工程上的设备水平、人员技术水平、人员与设备数量、效率等有关。

4.分析确定项目之间的逻辑关系

项目之间的逻辑关系取决于工程项目的性质和轻重缓急、施工组织、施工技术等许多因素，概括地说分为以下两大类。

工艺关系，即由施工工艺决定的施工顺序关系。在作业内容、施工技术方案确定的情况下，这种工作逻辑关系是确定的，不得随意更改。如一般土建工程项目，应按照先地下后地上、先基础后结构、先土建后安装再调试、先主体后围护（或装饰）的原则安排施工顺序。现浇柱子的工艺顺序为：扎柱筋→支柱模→浇筑混凝土→养护和拆模。土坝坝面作业的工艺顺序为：铺土→平土→晾晒或洒水→压实→刨毛。它们在施工工艺上，都有必须遵循的逻辑顺序，违反这种顺序将付出额外的代价，甚至造成巨大损失。

组织关系，即由施工组织安排决定的施工顺序关系。如工艺上没有明确规定先后顺序关系的工作，由于考虑到其他因素（如工期、质量、安全、资源限制、场地限制等）的影响而人为安排的施工顺序关系，均属此类。比如，由导流方案所形成的导流程序，决定了各控制环节所控制的工程项目，从而决定了这些项目的衔接顺序。再如，采用全段围堰隧洞导流的导流方案时，通常要求在截流以前完成隧洞施工、围堰进占、库区清理、截流备料等工作，由此形成相应的衔接关系。又如，由于劳动力的调配、施工机械的转移、建筑材料的供应和分配、机电设备进场等原因，一些项目安排在先，另一些项目安排在后，均属组织关系所决定的顺序关系。由组织关系所决定的衔接顺序，一般是可以改变的。只要改变相应的组织安排，有关项目的衔接顺序就会发生相应的变化。项目之间的逻辑关系，是科学安排施工进度的基础，应逐项研究，认真确定。

5.初拟施工总进度计划

通过分析项目之间的逻辑关系，掌握工程进度的特点，厘清工程进度的脉络，初步拟定出一个施工进度方案。在初拟进度时，一定要抓住关键，分清主次，厘理清关系，相互配合，合理安排。要特别注意把与洪水有关、受季节性限制较严、施工技术比较复杂的控制性工程的施工进度安排好。

对于堤坝式水利水电枢纽工程，其关键项目一般位于河床，故施工总进度的安排应以导流程序为主要线索。先将施工导流、围堰截流、基坑排水、坝基开挖、基础处理、施工度汛、坝体拦洪、下闸蓄水、机组安装和引水发电等关键性工程控制进度安排好，其中应包括相应的准备、结束工作和配套辅助工程的进度。这样构成总的轮廓进度，即进度计划的骨架。再配合安排不受水文条件控制的其他工程项目，以形成整个枢纽工程的施工总进度计划草案。

需要注意的是，在初拟控制性进度计划时，对于围堰截流、拦洪度汛、蓄水发电等关键项目，一定要进行充分论证，并落实相关措施。如果延误了截流时机，影响了发电计划，对工期的影响和造成的国民经济损失往往是巨大的。

对于引水式水利水电工程，有时引水建筑物的施工期限是控制总进度的关键，此时总进度计划应以引水建筑物为主来进行安排，其他项目的施工进度要与之相适应。

6.调整和优化

初拟进度计划形成以后，要配合施工组织设计其他部分的分析，对一些控制环节、关键项目的施工强度、资源需用量、投资过程等重大问题进行分析计算。若发现主要工程的施工强度过大或施工强度不均衡（此时也必然引起资源使用的不均衡）时，应进行调整和优化，使新的计划更加完善，更加切实可行。

必须强调的是，施工进度的调整和优化往往要反复进行，工作量大且枯燥。现阶段已普遍采用优化程序进行电算。

7.编制正式施工总进度计划

经过调整优化后的施工进度计划，可以作为设计成果在整理以后提交审核。施工进度计划的成果可以用横道进度表（又称横道图或甘特图）的形式表示，也可以用网络图（包括时标网络图）的形式表示。此外，还应提交主要工种工程施工强度、主要资源需用强度和投资费用动态过程等方面的成果。

三、落实、平衡、调整、修正计划

完成草拟工程进度后，要对各项进度安排逐项落实。根据工程的施工条件、施工方法、机具设备、劳动力和材料供应以及技术质量要求等有关因素，分析论证所拟进度是否切合实际，各项进度之间是否协调。研究主体工程的工程量是否大体均衡，进行综合平衡工作，对原拟进度草案进行调整、修正。

以上简要地介绍了施工总进度计划的编制步骤。在实际工作中不能机械地划分这些步骤，而应该将其联系起来，大体上依照上述程序来编制施工总进度计划。当初步设计阶段的施工总进度计划获批后，在技术设计阶段还要结合单项工程进度计划的编制，来修正总进度计划。在工程施工中，再根据施工条件的演变情况予以调整，用来指导工程施工，控制工程工期。

第二节　网络进度计划

为适应生产的发展和满足科学研究工作的需要，20世纪50年代中期出现了工程计划管理的新方法——网络计划技术。该技术采用网络图的形式表达各项工作的相互制约和相互依赖关系，故此得名。用它来编制进度计划，具有十分明显的优越性：各项工作之间的逻辑关系严密，主要矛盾突出，有利于计划的调整与优化，促使电子计算机得到应用。

网络图由箭线（用一端带有箭头的实线或虚线表示）和节点（用圆圈表示）组成，用来表示一项工程或任务进行顺序的有向、有序的网状图形。在网络图上加注工作的时间参数，就形成网络进度计划（一般简称网络计划）。

网络计划的形式主要有双代号与单代号两种，此外，有时标网络与流水网络等。

一、双代号网络图

用一条箭线表示一项工作（或工序），在箭线首尾用节点编号表示该工作的开始和结束。其中，箭尾节点表示该工作开始，箭头节点表示该工作结束。根据施工顺序和相互关系，将一项计划的所有工作用上述符号从左至右绘制而成的网状图形，称为双代号网络图。用这种网络图表示的计划叫作双代号网络计划。

双代号网络图是由箭线、节点和线路三个要素组成的，现将其含义和特性分述如下。

箭线：在双代号网络图中，一条箭线表示一项工作。需要注意的是，根据计划编制的粗细不同，工作所代表的内容、范围是不一样的，但任何工作（虚工作除外）都需要占用一定的时间，消耗一定的资源（如劳动力、材料、机械设备等）。因此，凡是占用一定时间的施工活动，如基础开挖、混凝土浇筑、混凝土养护等，都可以看成一项工作。

除表示工作的实箭线外，还有一种虚箭线。它表示一项虚拟工作，没有工作名称，不占用时间，也不消耗资源，其主要作用是在网络图中解决工作之间的连接或断开关系问题。另外，箭线的长短并不表示工作持续时间的长短。箭线的方向表示施工过程的进行方向，绘图时应保持自左向右的总方向。

节点：网络图中表示工作开始、结束或连接关系的圆圈称为节点。节点仅为前后诸工作的交接之点，只是一个"瞬间"，既不消耗时间，也不消耗资源。

网络图的第一个节点称为起点节点，表示一项计划（或工程）的开始；最后一个节点称为终点节点，表示一项计划（或工程）的结束；其他节点称为中间节点。任何一个中间节点都既是其前面各项工作的结束节点，又是其后面各项工作的开始节点。因此，中间节点可反映施工的形象进度。

节点编号的顺序是，从起点节点开始，依次向终点节点进行。编号的原则是，每一条箭线的箭头节点编号必须大于箭尾节点编号，并且所有节点的编号不能重复出现。

线路：在网络图中，顺箭线方向从起点节点到终点节点所经过的一系列由箭线和节点组成的可通路径称为线路。一个网络图可能只有一条线路，也可能有多条线路，各条线路上所有工作持续时间的总和称为该条线路的计算工期。其中，工期最长的线路称为关键线路（主要矛盾线），其余线路则称为非关键线路。位于关键线路上的工作称为关键工作，位于非关键线路上的工作则称为非关键工作。关键工作完成得快慢直接影响整个计划的总工期。关键工作在网络图上通常用粗箭线、双箭线或红色箭线表示。当然，在一个网络图上，有可能出现多条关键线路，它们的计算工期是相等的。

在网络图中，关键工作的比重不宜过大，这样才有助于工地指挥者集中力量抓主要矛盾。

关键线路与非关键线路、关键工作与非关键工作，在一定条件下是可以相互转化的。例如，当采取了一定的技术组织措施，缩短了关键线路上有关工作的作业时间，或使其他非关键线路上有关工作的作业时间延长时，就可能出现这种情况。

（一）绘制双代号网络图的基本规则

1.网络图必须正确地反映各工序的逻辑关系

在绘制网络图之前，要确定施工的顺序，明确各工作之间的衔接关系，根据施工的先后次序逐步把代表各工作的箭线连接起来，绘制成网络图。

2.一个网络图只允许有一个起点节点和一个终点节点

除网络的起点和终点外，不得再出现没有外向箭线的节点，也不得再出现没有内向箭线的节点。如果一个网络图中出现多个起点或多个终点，则此时可将没有内向箭线的节点全部并为一个节点，把没有外向箭线的节点也全部并为一个节点。

3.网络图中不允许出现循环线路

在网络图中从某一节点出发，沿某条线路前进，最后又回到此节点，出现循环现象，就是循环线路。

4.网络图中不允许出现代号相同的箭线

网络图中每一条箭线都各有一个开始节点和结束节点的代号，号码不能重复。一项工作只能有唯一的代号。

另外，网络图中严禁出现没有箭尾节点的箭线和没有箭头节点的箭线，网络图中严禁出现双向箭头或无箭头的线段。因为网络图是一种单向图，施工活动是沿着箭头指引的方向去逐项完成的，所以一条箭线只能有一个箭头，且不可出现无箭头的线段。绘制网络图时，要尽量避免箭线交叉。当交叉不可避免时，可采用过桥法或断线法表示。如果要表明某工作完成一定程度后，后道工序要插入，可采用分段画法，不得从箭线中引出另一条箭线。

（二）双代号网络图绘制步骤

（1）根据已知的紧前工作，确定出紧后工作，并自左至右先画紧前工作，后画紧后工作。

（2）若没有相同的紧后工作或只有相同的紧后工作，则肯定没有虚箭线；若既有相同的紧后工作，又有不同的紧后工作，则肯定有虚箭线。

（3）到相同的紧后工作用虚箭线，到不同的紧后工作则无虚箭线。

（三）双代号网络图时间参数计算

网络图时间参数计算的目的是确定各节点的最早可能开始时间和最迟必须开始的时间，各工作的最早可能开始时间和最早可能完成时间、最迟必须开始时间和最迟必须完成时间，以及各工作的总时差和自由时差，以便确定整个计划的完成日期、关键工作和关键线路，从而为网络计划的执行、调整和优化提供科学的数据。时间参数的计算可采用不同的方法。当工作数目较少时，直接在网络图上进行时间参数的计算则十分方便。由于双代号网络图的节点时间参数与工作时间的参数紧密相关，所以在图上进行计算时，通常只需标出节点（或工作）的时间参数。

1.节点的最早时间

所谓节点的最早时间，就是该节点前面的工作全部完成，后面的工作最早可能开始的时间。计算节点的最早开始时间应从网络图的起点节点开始，顺着箭线方向依次逐项计算，直到终点节点为止。

2.节点的最迟时间

所谓节点的最迟时间，是指在保证工期的条件下，该节点紧前的所有工作最迟必须结束的时间。若不结束，就会影响紧后工作的最迟必须开始时间，从而影响工期。计算节点的最迟时间要从网络图的终点节点开始逆着箭头方向依次计算。当工期有规定时，终点节点的最迟时间就等于规定工期；当工期没有规定时，最迟时间就等于终点节点的最早时间；其他中间节点和起点节点的最迟时间就是该节点紧后各工作的最迟必须开始时间中的最小值。

3.总时差

工作的总时差是指在不影响工期的前提下，各项工作所具有的机动时间。而一项工作从最早开始时间或最迟开始时间开始，均不会影响工期。因此，一项工作可以利用的时间范围是从最早开始时间到最迟完成时间，从中扣除本工作的持续时间后，剩下就是工作可以利用的机动时间，称为总时差。

4.自由时差

工作的自由时差是总时差的一部分，是指在不影响其紧后工作最早开始时间的前提下，该工作所具有的机动时间。这时工作的可利用时间范围被限制在本工作最早开始时间与其紧后工作的最早开始时间之间，从中扣除本工作的作业持续时间后，剩下的部分即为该工作的自由时差。

工作的总时差与自由时差具有一定的联系。动用某工作的自由时差不会影响其紧后工作的最早开始时间，说明自由时差该工作独立使用的机动时间，该工作是否使用，与后续工作无关。而工作总时差是属于某条线路上所共有的机动时间，动用某工作的总时差若超过了该工作的自由时差，则导致后续工作拥有的总时差相应减少，并会引起该工作所在线路上所有后续非关键工作以及与该线路有关的其他非关键工作时差的重新分配。由此可见，总时差不仅为本工作所有，也为经过该工作的线路所共有。

二、单代号网络图

（一）单代号网络图的表示方法

单代号网络图是由许多节点和箭线组成的，但是节点和箭线的意义与双代号有所不同。单代号网络图的一个节点代表一项工作（节点代号、工作名称、作业时间都标注在节点圆圈或方框内），而箭线仅表示各项工作之间的逻辑关系。因此，箭线既不占用时间，也不消耗资源。用这种表示方法，把一项计划的所有施工过程按其先后顺序和逻辑关系从左至右绘制成的网状图形，叫作单代号网络图。用这种网络图表示的计划叫单代号网络计划。

与双代号网络图相比，单代号网络图具有这些优点：工作之间的逻辑关系更为明确，容易表达，而且没有虚工作；网络图绘制简单，便于检查、修改。因此，我国单代号网络图得到越来越广泛的应用，而国外单代号网络图早已取代双代号网络图。

（二）单代号网络图的绘制规则

同双代号网络图一样，绘制单代号网络图也必须遵循一定的规则，基本规则具体如下：

①网络图必须按照已定的逻辑关系绘制。②不允许出现循环线路。③工作代号不允许重复，一个代号只能代表唯一的工作。④当有多项开始工作或多项结束工作时，应在网络图两端分别增加一个虚拟的起点节点和终点节点。⑤严禁出现双向箭头或无箭头的线段。⑥严禁出现没有箭尾节点或箭头节点的箭线。

第十章　水利工程质量监督

第一节　水利工程质量监督与影响因素

一、水利工程质量监督

（一）水利工程质量监督的概念

水利工程质量监督是指水利工程质量监督机构受建设行政主管部门的委托，依据国家法规、行业标准、设计要求等，以行政执法的手段对水利工程主要参与方实行质量行为的监管并对水利工程实体质量的合格与否做出判定，从而使水利工程质量得到保障。

（二）水利工程质量监督的工作程序和内容

在水利工程中，对于质量监督的工作周期是这样定义的：起始时间为工程的项目法人到质量监督机构办理完成相关的质量监督手续，截止时间为工程通过竣工验收。在此期间，水利工程质量监督的具体工作内容大致可以分为开工前的监督准备、建设过程中的监督开展、各类验收中的监督职责三个方面。

1.开工前的监督准备

（1）办理质量监督手续

根据有关规定，水利工程的项目法人或代建单位应在工程开工令下发之前，到权限对应的质量监督机构及时申请办理监督手续，晚于开工令下发时间申请办理监督手续的，视为违规。办理质量监督手续时，项目法人必须提交项目建设审批文件（初步设计及概算批准文件和投资计划批复等）；施工单位资质复印件；施工组织设计；经审查批准后的施工图纸；工程所涉及的各参建单位的质量管理人员体系表；设计合同、设计方资质证书复印件；监理合同、监理方资质证书复印件；施工合同、施工方资质证书复印件等。经质量监督机构审核资料通过后，与其签订《水利工程建设质量监督书》。

（2）编制质量监督计划

监督手续办理完成后，质量监督机构应当及时确定负责监督该工程质量的监督人员，并根据所监督工程的建设内容、所处环境等实际情况制定《水利工程质量监督工作计划》印发给工程各主要参建单位，监督计《水利工程质量监督工作计划》中应包括该工程的监督依据、检查方式、监督工作要求、监督到位点、质量控制要点、重点检查部位等。

（3）检查所有参建单位的质量管理人员体系情况

在工程建设项目开工前，质量监督机构对项目法人或代建单位的质量检查体系、监理单位的质量控制体系、施工单位的质量保证体系以及设计单位的现场服务体系等内容进行核查并填写《质量管理体系检查记录》。对在核查过程中查出的问题，填写《质量管理体系监督检查整改通知书》，责令有关问题单位立即整改。整改后，由项目法人上报质量监督机构，质量监督机构对整改效果进行复查，并填写《质量管理体系监督整改复查结果通知书》。质量管理体系的监督检查内容简要介绍如下。

第一，对项目法人的监督检查内容。其中包括：有没有完善的工程质量管理机构；人员结构是否能够满足工程质量管理的需要；有没有建立完善的工程质量责任制；是否建立质量管理体系；是否对工程除自身外各参建单位的质量管理人员体系进行过核查；是否对除自身外各参建单位建立的工程质量管理制度和工程质量岗位责任制进行过检查。

第二，对监理单位的监督检查内容。其中包括：现场监理机构的设置是否按照监理合同的约定内容进行设置；是否明确了总监理工程师对工程质量负责的制度；监理人员的配备人数和人员资格是否满足监理合同要求，并全员持证上岗；现场监理机构是否及时制定各项监理工作的规章制度并装订成册；监理单位是否及时制定工程建设监理规划，并根据工程建设计划制定监理实施细则；在监理实施细则中，是否对质量控制方法、质量检测方法、质量验收办法、质量评定标准等有明确的表述；监理工作使用的表格是否符合《水利工程建设项目施工监理规范》（SL 288—2024）中的要求；原材料、构配件、设备投入使用前是否进行了质量检查。

第三，对施工单位的监督检查内容。其中包括：项目经理部是否按照施工合同中的约定内容组建；项目经理、技术负责人等人员是否实际在场以及关键岗位施工人员到位情况；项目经理部是否设置了独立的质量检测管理部门，质量检测人员的人数、专业及试验的仪器是否达到施工质量检测的需要；是否建立了工程质量岗位责任制及工程质量管理制度，并检查制度的落实情况；施工组织设计的编制和要求进行的施工工艺参数试验结果是否得到监理的批准；施工记录表格、验收与质量评定表格是否符合施工规范并得到监理、设计、项目法人的共同确认。

第四，对设计单位的监督检查内容。其中包括：在工程现场有无设计代表机构；是否建立了相应的责任制；设计人员的工作能力和专业配置能否达到工程建设的要求；设计文件采用的强制性条文、规程、规范和技术标准是否符合国家水利行业最新的规定；是否建立了内容健全的设计交底、设计通知、设计变更的审定和批复等制度；设计图纸及文件提供是否满足工程进度的要求。

对参与工程建设的各有关质量责任主体单位的资质等级及经营范围、检测能力进行核查并记录检查结果。对于发现的违规转包、分包或超越资质承包工程等违反行业规定的现象，应立即责成相关单位进行整改，并将情况上报至相应的行政主管部门。

对施工单位的安全生产许可证、特种作业人员上岗证等进行复核。检查施工准备情况：是否按照合同中的内容配备与之数量和规格一致的工程设备；进场原材料、构配件的质量、种类等是否满足相关规范和设计单位编制的施工技术要求中的具体规定；检查工地实验室的建设情况，是否符合工程需要；检查测量基准点的复核和工程测量控制网的布置情况；检查砂石料供应、混凝土搅拌、场内道路、工程用水、用电、供风、供油及其他辅助设施的准备情况；检查是否制定了临时工程施工措施、冬季施工措施、防汛降温措施、养护保护措施等方案；检查工程预防自然灾害预案等的准备情况。

检查检测单位是否符合资质等级标准；是否存在伪造、租借等违规行为；是否存在转包、违规分包。发现问题，应责令其整改，问题严重的，上报至相应的水行政主管部门。

2.建设过程中的监督开展

（1）对工程项目划分进行确认

当项目法人报送《工程项目划分》后，质量监督机构应对其进行确认并予以核备，核备的主要事项包括工程所包含的各项单位工程名称及分部工程名称；单元工程数量及重要隐蔽单元工程或关键部位单元工程的名称；项目划分的具体划分依据和原则。

在工程建设过程中，因设计变更或其他原因需要对工程项目的单位工程、主要分部工程、重要隐蔽单元工程和关键部位单元工程的划分方式进行变动时，项目法人应行文写明变动的具体原因，并连同变动后的工程项目划分上报质量监督机构进行确认。

大型水利工程的项目法人可根据工程进度，在保障工程质量不受影响的前提下，分期将项目划分报送质量监督机构进行确认。

（2）专项施工技术方案备案

针对某些专项工程，质量监督机构完成对项目法人报送的《专项施工技术方案》的审查，并予以备案。

对工程涉及的所有参建单位的质量管理行为开展监督抽查。工程建设项目开工后，质量监督机构对项目法人或代建单位，施工、监理、设计、检测等各参建单位的质量管理行为进行不定期抽查，并填写《质量管理行为记录表》。对检查中发现的问题，填写《质量管理行为监督检查整改通知书》并责令有关单位立即整改。整改完成后，质量监督机构对整改情况进行复查，并填写《质量管理行为监督整改复查结果通知书》。

对项目法人的监督检查内容：项目法人有没有按规定及时开展有效的质量管理工作；是否执行强制性条文及涉及工程质量的规范、规程和技术标准中的具体内容；项目法人的主要负责人员有没有参与工程的质量评定，法人验收有没有及时进行组织；有没有对除自身外的其余参建单位的质量行为及工程实体质量开展项目法人抽查；当工程发生质量事故时，项目法人有没有按规定流程进行质量事故的处理和报告。

对监理单位的监督检查内容：监理单位有没有对工程质量进行有效把控；总监理工程师有没有常驻施工现场，监理人员有没有按要求出勤到岗，有没有按照工程所涉及的各项专业配置相应的监理人员；是否执行了强制性条文以及工程质量的规范、规程和技术标准中的具体内容；有没有与具备水利检测资质，且与施工单位及施工自检检测单位没有利益关联的检测单位签订监理抽样检测合同；监理工程师有没有对工程中的主要工序和关键部位进行旁站监理，有没有相应的旁站记录；有没有按时召开监理例会，会上有没有通报监理检查过程中发现的质量问题；有没有按规定要求每天认真填写监理日志，发现的质量问题有没有下发监理整改通知；有没有对施工过程中出现的质量缺陷进行备案；有没有按规定要求对施工单位的自检结果开展监理复查；有没有及时对单元、分部工程的质量评定结果进行复核；有没有按照开工前制定的工程检测计划及时对原材料和中间产品等内容进行抽检，抽检结果是否合格。

对施工单位的监督检查内容：施工单位有没有按规定及时开展有效的质量管理工作；施工单位的技术负责人有没有常驻施工现场，质量检测人员有没有按要求及时开展质量检测工作；是否执行了强制性条文及涉及工程质量的规范、规程和技术标准中的具体内容；当工程中应用了尚未有国家或行业技术标准控制质量的新工艺时，有没有组织相关专业的专家进行评审，有没有按要求向有关机构进行报备；有没有按照规范要求实施施工班组自检、施工队复检、质量检测人员终检的施工质量"三检制"；进场人员的配备和机械设备有没有与合同内容一致；特殊岗位人员有没有相应的上岗证件；有没有按要求进行技术交底并形成相应记录；有没有对施工人员开展增强质量意识的教育培训；工程施工过程中，各工序有没有完整的验收资料，是否存在漏验现象；有没有按照开工前制定的工程检测计划及时对原材料和中间产品等内容进行自检，自检结果是否合格；有没有按照规范和设计要求对工程实体质量开展各项检测并形成相应的检测记录，检测内容和数量有没有达到要求；有没有按要求对施工质量缺陷进行处理和报备；见证取样有没有按照检测计划开展，检测结果有没有达到设计指标；有没有按照规范和技术标准等及时对工序和单元工程开展质量评定。

对设计单位的监督检查内容：设计项目负责人有没有常驻施工现场；现场设计人员有没有按要求出勤到岗；有没有按照工程所涉及的各项专业配置相应的设计人员；当工程出现设计变更时，设计人员有没有按规定要求履行设计变更的相应程序；设计人员有没有按时参加工程验收,并明确指出验收结果有没有达到设计要求;设计单位有没有按照工程进度和合同约定内容,及时供应工程建设所需要的图纸;当工程出现质量事故时,设计单位有没有及时参与并配合质量事故的调查和处理;设计单位有无在设计要求中针对工程材料、构配件、设备等进行暗示或指定生产厂家、供应商的行为。

对其他参建单位的监督检查内容:单位资质有没有满足工程建设的需要或要求;有没有建立相应的质量管理人员体系;特殊岗位人员有没有相应证件或上岗资格;有没有随建设进度及时、完整地填写质量检验资料;工程所用的原材料有没有生产厂家提供的出厂合格证,工程中形成的中间产品有没有按型号和批次具备相应的进场检验合格证,有没有对金属结构或机电设备等制作进行出厂检验,并配套相应的检验合格证;质量检测机构有没有具备水务局或其以上部门的计量认证,检测报告有没有相应的中国计量认证(CMA)标识的印章,承揽的检测内容有没有在认证规定的范围内,有没有按照有关标准和规定进行检测;仪器设备的运行、检定和校准情况。

(3)对工程的实体质量进行监督检查

在工程建设实施过程中,监督人员对工程实体质量进行监督检查,对于某些对工程主体质量影响较大的重要结构和关键部位,监督人员可以在必要时对其实体质量或所用原材料进行监督抽检。

(4)对工程质量评定情况进行监督检查

联系具备相应资质且不同于施工单位自检和监理单位抽检的检测单位,对工程质量进行监督检查,查看检测结果是否满足规范和设计要求。

(5)质量缺陷备案

当工程建设过程中发生质量缺陷时,项目法人应填写《水利工程施工质量缺陷备案表》,并及时报质量监督机构备案。质量监督机构在接到工程施工质量缺陷备案后,应及时进行现场检查,复核质量缺陷备案内容,自收到工程施工质量缺陷备案之日起7个工作日内办结备案审查核准手续。

(6)质量评定资料备案

质量监督机构应对以下内容进行备案:对主体工程结构质量有较大影响的临时工程的质量检验及评定标准;重要隐蔽单元和关键部位单元的工程质量等级;分部工程验收质量结论;单位工程外观质量标准及标准分;单位工程外观质量评定结论;单位工程验收质量结论;法人验收监督管理机构、质量监督机构提出的需要进行报备的其他内容。

(7)质量等级核备

工程项目质量等级应由项目法人或代建单位报送至质量监督机构进行核备。质量监督机构在对收到的相关单位上报的工程质量等级评定材料进行审核后,需要在一个工作日内对该质量评定资料进行核备。质量监督机构宜参考过往的质量监督检查结果、质量检测结果、工程设备试运行情况、工程质量验收情况等对工程质量等级结论和其他相关材料进行审核，并采取必要的现场检查。质量监督机构审核完成后，应签署质量等级核备意见书，盖章后发送项目法人，并返还有关材料。质量监督机构应在工程整体竣工验收前明确对工程项目质量等级的核定意见并编制相应的质量监督报告。

3.各类验收中的监督职责，重要隐蔽工程验收

项目法人应在重要隐蔽单元工程验收前两个工作日通知质量监督机构，质量监督机构可派员出席，并检查隐蔽工程验收有关资料。

第一，分部工程验收。项目法人应在分部工程验收前5个工作日通知质量监督机构，质量监督机构可派员出席，并对验收情况进行监督。

第二，工程外观质量评定。项目法人应在工程外观质量评定前5个工作日通知质量监督机构，质量监督机构可派员出席，并对工程外观质量评定过程进行监督。

第三，单位工程验收。项目法人应在单位工程验收前5个工作日通知质量监督机构，质量监督机构应当派员出席，并对验收情况进行监督。

第四，阶段验收。项目法人应在工程阶段验收前10个工作日通知质量监督机构，质量监督机构应派员参加阶段验收会议，提交工程质量监督报告。

第五，竣工验收。项目法人组织工程竣工验收自查前，应提前10个工作日通知质量监督机构，质量监督机构应派员出席自查工作会议。

第六，项目法人应在工程竣工技术预验收前20个工作日通知质量监督机构，质量监督机构应派员参加竣工预验收，并提交工程质量监督报告。

第七，项目法人应在工程竣工验收前20个工作日通知质量监督机构，质量监督机构应派员参加竣工验收，并提交工程质量监督报告。

4.工程质量监督档案与资料的管理

工程质量监督档案管理应符合《水利工程建设项目档案管理规程》（DB 13/T 5329—2021）等规定，且监督档案的归纳整理应与监督工作同步开展。同时，质量监督机构应当按照工程项目分别建立档案。质量监督档案应主要包含在工程建设过程中，涉及质量管理资料及质量监督单位自身的工作资料等。应长期保存的质量监督档案包括质量监督手续办理文件及相应材料；质量监督计划；项目划分确认文件及相应材料；质量监督检查记录、取证材料、检查意见；整改通知及被整改单位的回复文件；经监督员审核签字后的工程质量评定核备、核定等资料；质量缺陷、质量事故备案资料，质量问题调查处理报告及相关材料；质量举报调查处理相关材料；参建单位验收管理报告；质量监督检测报告、质量评估报告及质量监督报告；质量监督人员在工程检查过程中产生的图片、音像等资料；其他需要保存的资料。

二、影响水利工程质量监督的因素

（一）政策法规的制定和执行

这里所说的政策法规的制定，是指水利部根据法律和国务院的行政法规、决定、命令，在本部门的权限内按照规定程序制定有关水利工程质量管理的规章制度，以及全国水利工程质量监督总站制定的水利工程质量监督有关规定和办法。政策法规的执行是指各级质量监督机构贯彻执行国家、省、自治区、直辖市有关工程建设质量管理的方针、政策，对辖区内水利工程建设项目有关工程建设质量的执行情况进行监督检查。水利工程质量监督机构是依据有关法规的授权，行使监督管理水利工程质量的行政权力的专职机构，政策法规的制定和执行是它的外部环境因素中最为重要的政治法律环境要素。

政治法律环境要素对组织机构来说是不可控的，具有强制性约束力，它对组织机构的生存与发展，将产生长期而深刻的影响。只有适应这些环境要素的要求，使自己的行为符合国家的政治路线、政策、法令的要求，在政府政策的指导下，在法律允许的范围内进行活动，组织机构才能生存和发展；而一旦政府的政策和法规发生变化，组织的战略就要随之进行调整。

（二）质量监督机构与各参建单位的关系

每个组织机构都存在一定的社会环境中，同时它还从属于一定的行业，这就是组织机构生存发展的竞争环境。质量监督机构在水利工程建设行业中，与建设单位（项目法人）、设计单位、监理单位、施工单位、检测单位等参建单位的关系，在《水利工程质量管理规定》中已经做了明确的规定。

目前，水利工程建设市场刚刚建立，体制改革尚未完成，参建各方的关系还未理顺，尤其是市县级的中小型水利工程，"政府监督、社会监理、企业保证"三个层次的质量管理依然混乱，有的把质量监督、社会监理和施工企业内部质量保证体系混在一起，对各单位的职责、性质、依据、工作要求和工作方法分不清。另外，由于各地普遍存在地方保护主义思想，工程项目的建设常常由当地的水行政主管部门或下属机构充当项目法人，下属的设计单位、施工企业、监理单位参与工程建设，而作为质量监督部门的质监站也是水行政主管部门的一个下属机构，与各个参建单位有着千丝万缕的利益关系，质量监督机构的工作或多或少都会受到影响，影响了质量监督的成效。

（三）质量监督人员自身的素质

在现实社会中，各类社会组织存在和发展的重要依据是其本身具有的，其他社会组织所不能代替的职能，而这些组织职能一般又可以依一定原则和方法逐层逐项分解为一定数量的职位。只有由任职人员完成职位的要求，组织职能才得以实现，从而使整个组织具有活力。因此，一个组织机构的生存和发展的前景如何，在很大程度上取决于该组织内部的人员素质。

质量监督员的职责是依据国家和水利行业有关工程建设法规、技术标准，以及经各级水行政主管部门制定的各种规章制度和批准的设计文件，对水利工程质量进行监督管理。质量监督工作要想做到公正、合法、合理，既达到保证工程质量的目的，又不影响施工单位的工作，就必然要求质量监督员具有相当高的专业素质，既要掌握有关质量管理方面的方针、政策和法规，熟悉质监业务和技术规范、标准，也要具有丰富的设计、监理或施工经验。

第二节　水利工程质量监督机构的建设与单项工程的监督管理

一、水利工程质量监督机构的建设

（一）水利工程质量监督站的目标

1.水利工程质量监督站的使命

一个组织的使命是组织存在的目的或理由，定义组织使命就是要描述组织存在的根本性质和存在理由，因而应该将组织赖以生存的经营管理业务与其他类似组织的业务区分开来。一个组织的使命包含组织哲学和组织宗旨。组织哲学是指一个组织为其经营活动方式所确立的价值信念和行为准则。一个组织的哲学对一个组织来说是至关重要的，它影响组织的全部经营活动和组织中人的行为，决定着组织经营的成功与失败。而组织宗旨是指组织执行或打算执行的活动以及现在的或期望的组织类型。明确组织宗旨是十分重要的，没有具体的宗旨，要制定清晰的目标和战略是不可能的。

水利工程质量监督站组织哲学的表述，要体现水利行业在社会、经济生活中的地位，要能够激发质量监督员的积极性和创造性，要提高到保护整个社会和广大人民生命财产安全的层次，使每个质量监督员都怀着一种使命感和自豪感。要超越本单位的小圈子，提高到除害兴利，创造优美环境，推进水利产业化，实现可持续发展，为国民经济发展提供优质服务的境界。

水利工程质量监督站组织宗旨的表述要明确，且为公众及社会所理解，反映本单位的特色，必须根据自身的特点和战略需要做出适当的科学的选择，不一定包罗全部。对水利工程质量监督站而言，组织使命应当包括公正、公平、公开履行质量监督职能，全心全意为水利工程建设服务等内容，同时要注意形象化、具体化、特色化。

2.水利工程质量监督站的目标

组织目标的确定在组织战略的制定中起着特殊的作用，它将组织的使用与组织的日常活动联结在一起，成为组织使命的具体化。组织战略目标规定着组织执行其使命时所预期的成果。组织目标需要准确地描述，要尽可能量化，成为事后可评价、可考核的标准。

质量监督站的组织目标一般包括总体目标、长远目标、短期目标、单项工程质量控制目标等，要形成一个完整的目标体系，以便实施目标管理。质量监督站的总体目标是使每个水利工程都符合质量标准要求，能安全可靠地运行并发挥其效益，消除质量不合格、运行不安全的工程。市县质量监督站应该根据总体目标和各自的具体情况和特点，制定自己的长远目标和短期目标。一般来说，应包括质量监督员的培训，配套法规制度的建立和完善，组织结构的调整，新的检测检查技术的应用和推广等方面的内容，这都是关系到质量监督站本身的发展、质量控制能力和质量监督效果逐步提高的问题。而单项工程质量控制目标，则是在现阶段针对工程的规模、重要程度、技术复杂程度等具体情况，并结合有关规程规范的要求，制定的有关单元工程优良率、中间产品、外观质量等质量指标目标的要求。质量监督站根据单项工程质量控制目标的实现情况来核定工程质量等级和对质量监督员进行考评。

3.水利工程质量监督站的战略

按照美国肯尼斯·安德鲁斯（Kenneth Andrews）教授的观点，战略是由目标、意志和目的，以及为达到这些目的而制订的主要方针和计划所构成的一种模式。组织中的战略分为三个层次：总体战略、经营战略和职能战略。总体战略决定和揭示企业目的和目标，确定组织重大方针和计划，组织经营业务类型和人文组织类型，以及组织应对职工、顾客和社会所做出的贡献。经营战略解决组织如何选择经营的行业和如何选择组织在一个行业中的竞争地位问题，包括行业吸引力和企业的竞争地位。职能战略是为实现组织总体战略和经营战略，对企业内部的各项关键活动做出的统筹安排，主要包括财务战略、人力资源战略、组织战略、研究与开发战略等方面。

水利工程质量监督机构是由政府依据有关法律法规设立的，明确规定了它在本地区、本行业中独一无二的地位，一般来说，不存在组织经营战略问题。质监站应该注意的是总体战略和职能战略的问题，要彻底转变思想，吸收和借鉴其他行业的建设工程质量管理经验，应用先进的管理理论知识，从传统的管理方式中跳出来，树立现代化的管理观念。克服被动、服从、僵化的管理模式，要注重战略管理方面的研究，制定切实可行的适合本单位特点的发展战略。在战略制定出来以后，还要特别注意战略的控制与实施。尤其在组织结构的调整、组织治理结构的完善、资源的有效配置、营造组织文化等方面取得突破，积累经验将水利工程质量管理推向一个新的高度。

（二）组织结构

水利工程质量监督机构是被《建设工程质量管理条例》《水利工程质量管理规定》授权，能以自己的名义实施行政行为，承担行政法上的责任，在其授权范围内具有行政主体资格，具有行政性职能的机构，是一种广义上的行政组织。它具有许多行政组织的基本特点和组织结构。任何组织的职能都必须通过建立合理而科学的结构来实现，由此也形成了各类社会组织的结构特征。与其他的社会组织相比，质量监督机构也同样应该有其自己的特点。

作为一个广义上的行政主体，质量监督机构应该具有以下一些基本特点：享有法定的行政权力；能以自己的名义实施行政管理行为，并承担行政法上的责任；具备一定的组织形式；有相对独立的经费。

水利工程质量监督站（组）职能单一，责任和权力简单、明确，所从事的各项工作均有法定的工作程序，有严格的法规制度，因而除了具有一般行政组织的特点外，还有结构简单、稳定，受外部环境、技术因素、组织规模等影响较少的特点。

从权责方面来说，《水利工程质量监督管理规定》对质量监督员的资质条件有严格的规定，从制度上保证了质量监督员的技术素质和工作能力，使每个质量监督员都能处理施工中出现的各种质量问题，能独立负责工程的质量监督，从管理学的角度看，是具有较高成熟度的。也就是说，水利工程质量监督站（以下简称"质监站"）有条件实行授权式的管理。质监站接受质量监督任务后，指派一名质量监督员作为该项工程的质量监督项目负责人，并采用授权的方式，授予质量监督员与其工作相对应的权力，使其能在其权力范围内独立完成该项工程的质量监督工作。采用这种管理方式，质监站一般不干预质量监督员在授权范围内的工作，真正做到职责与权力的统一，有利于充分调动质量监督员的工作积极性，有利于及时处理施工中出现的质量问题，有利于提高质量监督工作的效能。

水利工程质量监督站的组织结构，采用地区部门化与简单式相结合的组织结构形式。对于下属各市县的质量监督组采用地区部门化的方式，让其独立负责本地区一定规模工程的质量监督。对于本监督站的质量监督员采用简单的授权管理。质监站对质监组、质量监督员的管理，主要是划定质监组的管辖范围，分配质量监督员的工作；调配质监站的人力、物力，对质量监督员的工作给予最大限度的支持；处理质监组、质量监督员授权以外的问题；监督、检查质量监督员是否在其授权范围内行使职权；监督、检查质监组、质量监督员是否按照法定的程序，规章制度实施质量监督，对质监组、质量监督员的工作进行评定、奖惩。而质量监督员只需按照法定的程序、按照有关的政策法规、在授权范围内行使自己的职能，只需对质监站负责，不受其他单位的影响。

水利工程质量监督站采用这种简单的组织结构，管理幅度合适，管理层次较少，内部各种职位的权责统一，符合行政组织结构的基本要求；有利于质监站内部的组织管理，有利于发挥质量监督员的潜能，有利于减少外界对质监工作的影响，也有利于提高质监站的效能。

（三）人事管理

质量监督员是质量监督工作的主体，他们的素质、积极性和工作作风直接关系到质量监督工作的效率和成效。人事管理的根本任务是运用其特殊的手段和方式来计划、组织、指挥、协调和监控人事活动，建立保障人和事的最佳联结，以便人适其事、事得其人、人尽其才、事尽其功，为组织目标的实现提供可靠和有效的人力保障。为此，质量监督员的挑选、任用、培训、考核都必须从质量监督工作的需要出发，必须有利于质量监督职能的发挥。

1.质量监督员的招聘和挑选

质量监督员的录用是质量监督机构人事管理的首要环节，也是衡量人事管理是否科学的重要标准。质量监督机构的人才需求是根据质量监督的职能、日常的工作量及质量监督员的素质和能力决定的，具体数量在进行组织结构设计时就基本确定了。其中，质量监督员的技术素质和工作能力是一个极其重要的因素，这在《水利工程质量监督管理规定》中就有明确规定，水利工程质量监督员必须具备以下条件：取得中级以上专业技术职称；具有大专以上学历并有五年以上从事水利水电工程设计、施工、监理、咨询或建设管理工作的经历；熟练掌握国家有关的法律、法规和工程建设强制性标准，有一定的组织协调能力；有良好的职业道德，坚持原则、秉公办事、责任心强；经过培训、考核，取得水利工程质量监督员证；年龄一般不超过六十岁，最大不超过六十五岁。

水利工程质量监督项目站站长除符合上述规定外，还必须具备以下条件：取得高级专业技术职称或取得中级专业技术职称五年以上；具有十年以上从事水利水电工程设计、施工、监理、咨询或建设管理工作的经历；具有三年以上从事大中型水利工程质量监督工作的经历；年龄不超过六十岁。同时，根据《水利工程质量监督管理规定》，水利工程质量监督机构可聘任符合条件的工程技术人员作为工程项目的兼职质量监督员。为保证质量监督工作的公正性、权威性，受监工程的项目法人（建设单位）、监理、设计、施工、设备制造或材料供应单位的人员不得担任该工程的兼职质量监督员。

在确定了需要的人员数量和人员资格条件之后，就要挑选一些合格的人选补充到质量监督队伍中来。鉴于质量监督站采用以巡查、抽检为主的质量监督方式，质量监督员必须具有较强的独立工作能力和很强的工作责任心，需要有当场独立处理各种质量问题的能力，质量监督工作是要靠质量监督员的自觉性来开展的。

另外，在招聘和挑选质量监督员时，还要遵循以下原则：必须因事招人，不能因人设事。只能是寻找适合职位要求的人，使质量监督员的条件适应职位要求的条件，而不能改变职位来适应质量监督员的条件。

2.质量监督员的任用原则

从总体上看，质量监督员均是经过严格的考核挑选的，一般来说，都是具有较高的技术素质、独立工作能力和工作责任心的。质量监督员具有较高的任务成熟度和心理成熟度，对自己的行为承担责任的能力和愿望都较强。在质量监督工作中，能够自己独立开展工作，完成任务，几乎不需要领导者加以指点，因此适合采用授权式的管理。所谓授权，就是管理者将其权力的一部分授予下属，使下属在一定的监督下，拥有相当的行动自主权，以此作为下属完成任务所必需的客观手段。市县质量监督站对于质量监督员的任用，采用授权的方式，具有以下优点。

（1）减轻领导人的负担

授权可以使质监站的领导人从日常事务中解脱出来，集中精力处理重大的质量问题，分配质监任务，对质量监督员实施监督管理，处理与各相关单位的关系等。

（2）发挥质量监督员的专长，培训人才

通过授权，质监站可以把日常的质量监督工作，委托给有相应专长的质量监督员去做，这有利于发挥专业人才的作用。同时，可以使质量监督员有机会单独处理问题，在实践中提高工作能力并增强责任心，从而为质监站培养更多优秀的质量监督员，有利于质监工作的长期发展。

（3）提高质量监督员的积极性，增进效率

授权使质量监督员既拥有一定的权力，也承担相应的责任，体现了对质量监督员的信任和重用，可以调动质量监督员工作的积极性和主动性。同时，授权明确质量监督员的权力和责任，简化了凡事都要请示批准的烦琐手续，提高了质监工作的效率。

质量监督站在实行授权式管理的时候，要想充分发挥这种管理方式的优点，避免由此带来的不良影响，必须遵循以下原则。一是制定明确的目标。明确的质量监督目标应当作为委任权力的必要前提。二是权责相当。要想有效地委任权力，必须做到授予质量监督员的权力和质量监督员所承担的责任和任务相适应。三是责任的绝对性。虽然质监站的领导，通过授权把权力和责任委派给质量监督员，但是领导者对上级主管部门的责任是绝对的，是不可推卸的。四是命令的统一性。每个质量监督员应当仅对一个上级负责。越是单线领导，个人对成果的责任感就越强。五是正确选择质量监督员。坚持"因事设人"而绝不可"因人设事"。应明确质量监督员的工作内容和要求，以确立职责，避免人浮于事。六是控制的必要性。领导者必须对质量监督员的行动进行控制，保证质量监督员履行职责并正确地使用权力。

3.质量监督员的培训

培训是质量监督员参加政治理论、政策法规学习，学习工作岗位必备知识和技能及更新知识的教育和训练。随着建设市场的建立和逐步完善，建设管理体制的转变和工程建设技术的发展进步，相关的政策法规、规范规程、检测技术等都发生了较大的变化，而且人们知识更新的周期也已经大大缩短了。因此，质监站应该定期组织、举办一些培训班，让质量监督员能及时了解和掌握各种新出台的政策法规、规范规程，及时掌握和运用最新的技术、理论和检查检测手段，使质量监督员能够跟上时代发展的步伐，使质量监督员的知识水平满足不断变化的工作需要。

4.质量监督员的考评和奖惩

考核是组织机构按管理权限和法定程序对其工作人员进行考核和评价的活动，是人事行政的一个重要环节。对质量监督员的考核是由质监站参照行政机关有关人员考核的规定和程序，按照岗位的职责要求对质量监督员的工作表现和工作成绩进行监督、检查和评价，质量监督员必须如实地汇报成绩和工作表现。

另外，按照《水利工程质量监督管理规定》的要求，质量监督员的资质每年需要由上一级水行政主管部门考核、审验一次。对质量监督员以职守考核和实际监督为中心内容的考核，是保证质量监督员遵纪守法、尽职尽责的重要措施，也为质量监督员的职务晋升、奖惩、培训和工资待遇提供客观、科学的依据。

人适其职、职得其人，是完成工作任务的前提和保障。但是，人的工作热情和积极性等非智力因素不仅是完成工作任务的重要条件，而且使人的聪明才智获得最大限度发挥的保障和动力，对工作任务的完成和效率的提高有极其重要的影响。因此，如何保持和提高质量监督员的工作热情和积极性，就成为质量监督站人事管理的一个不容忽视的重要问题。而以考核为基础，以功过为根据的奖惩制度则是解决这一问题的有效途径。

奖和惩是激励机制的两个基本手段，是诱导性和强制性两种人事功能的实际运用。对于质量监督员，尤其是市县质量监督站的质量监督员，由于采用授权式的管理，都拥有较大的自由度来处理各种问题，在很大程度上靠自己的自觉性和责任感来行使自己的职权。这就更需要根据质监站的实际情况，制定一套行之有效的监督、检查机制，制定一套较为完善的考核、奖惩制度。对于成绩突出，工作卓有成效的质量监督员，给予适当的精神上、物质上的激励和提供更多的培训、晋升的机会。按照行政机关的有关做法，对于连续两年考核被评为不称职的质量监督员，报请上级主管部门予以撤销其质量监督员资格；对于滥用职权、玩忽职守、徇私舞弊的质量监督员,按照《水利工程质量监督管理规定》由质量监督站提交水行政主管部门视情节轻重,取消其水利工程质量监督员资格,给予行政处分;构成犯罪的,由司法机关依法追究其刑事责任。

二、单项工程质量监督管理

(一)质量监督的项目管理

工程质量是指工程实体满足明确和隐含需要能力的特性总和。所谓满足明确需要,是指符合国家有关规程规范、技术标准和合同规定的要求;所谓满足隐含需要一般是指满足业主的需要。上述需要是工程产品的性能、可信性、安全性、适应性、经济性、时间性等特性的要求。项目管理就是为了限期实现一次性特定目标,对有限资源进行计划、组织、指导、控制的系统管理方法。

1.工程项目质量监督的主要内容

工程项目建设过程,就是质量的形成过程。工程项目质量的形成过程是一个有序的系统过程,大致可以分成项目决策、设计、施工、竣工验收和保修几个阶段,各阶段对工程项目的质量有着不同程度的影响。

从质量的形成过程可以看出,工程项目的质量管理,不能单纯理解为对施工质量的管理,而应该是贯穿建设项目的全过程管理。按照现行的水利工程建设质量管理体制,工程项目决策阶段和设计阶段的质量控制,是由水行政主管部门在项目审批过程中进行的。根据《水利工程质量监督管理规定》,从工程开工前办理质量监督手续开始,到工程竣工验收委员会同意工程交付使用为止,为水利工程建设项目的质量监督期(含合同质量保修期)。也就是说,质量监督站应在项目的施工阶段、竣工验收阶段、保修阶段对工程质量实施监督管理。

工程项目质量监督的主要内容包括对监理、设计、施工和有关产品制作单位的资质及其派驻现场的项目负责人的资质进行复核;对项目法人、监理单位的质量检查体系和施工单位的质量保证体系以及设计单位现场服务等实施监督检查;检查有关质量文件、技术资料是否齐全和符合规定;对工程质量检测单位(或实验室)的资质及其检验工作实施监督检查;对工程项目的单位工程、分部工程的划分是否符合规定进行监督检查;对工程施工用的原材料、构件、设备加工制作质量进行抽查;监督检查有关水利工程建设的法律、法规、规章和强制性标准(含技术规程、规范和质量标准)的执行情况;监督检查项目法人(建设单位)、设计、监理、施工单位对工程质量检查或质量评定情况和工程实物质量;会同有关部门对质量事故进行分析研究和提出处理意见,对工程质量争端进行仲裁;对工程施工现场的施工安全进行监督检查;在工程竣工验收前,对工程质量进行等级核定,提交工程质量评定报告，向工程竣工验收委员会提出工程质量等级的建议；参加工程的竣工验收。

2.质量监督机构的权力

质量监督机构是一个广义上的行政执法单位，代表政府对建设工程质量实施公正、公平、公开的监督管理。要做到依法行政，就必须明确界定质量监督员的权限和职责。

根据《水利工程质量监督管理规定》，质量监督有以下权限：对监理、设计、施工等单位的资质等级、经营范围进行核查，发现越级承包工程等不符合规定要求的或将工程擅自转包、分包的，责成项目法人限期改正，并向水利行政主管部门报告；对工程有关部位进行检查，调阅项目法人、监理单位和施工单位的检测成果、质量检查记录和施工记录；责成违反技术规程、规范、质量标准或设计文件的项目法人，设计、监理、施工单位进行整改，问题严重时，可向水行政主管部门提出整改的建议；对使用未经检测或检测不合格的建筑材料、构配件及设备等行为，责成项目法人采取措施纠正；提请有关部门奖励先进质量管理单位及个人；提请水行政主管部门对存在重大质量问题的单位及个人予以通报批评；根据《水利工程质量检测管理规定》，在受监工程竣工验收时，或根据工程特定需要，督促项目法人委托具有相应资格的水利工程质量检测单位对受监工程进行质量检测。

3.质量监督站的管辖范围

根据《水利工程质量监督管理规定》，在我国境内新建、扩建、改建、加固各类水利水电工程和城市与乡镇供水、排灌、滩涂围垦等工程及其技术改造，包括配套与附属工程，均必须由水利工程质量监督机构负责质量监督。

4.中小型工程项目质量监督的主要程序

从管辖范围可以看出，质量监督站负责监督的工程项目均是中小型工程项目。中小型水利工程在工程规模、复杂程度、技术难度、资金人力的投入等方面均不同于大中型工程项目，其质量监督的程序既要参照大中型工程的质量监督程序，也要根据自己的特点，采用符合实际情况、便于操作，且能达到质量监督目的的工作程序。一般来说，可采用以下的工作程序。

（1）项目法人在工程开工前，按照工程的类别，到相应的水利工程质量监督机构办理受监手续，签订水利工程质量安全监督书，并连同开工报告一并呈报主管部门审批。未办理受监手续者，一律不准开工。

（2）项目法人办理受监手续时，按规定缴纳质量监督费，同时提交以下材料：工程项目建设审批文件；项目法人与监理、设计、施工单位签订的合同（或协议）副本；建设、监理、设计、施工等单位的基本情况和工程质量管理组织情况等资料。

（3）质量监督站在办理监督手续时，应对监理、设计、施工及有关产品制作单位资质进行复核，并根据受监工程的规模、重要性等，指派该项工程的质量监督项目负责人和有关质量监督员。

（4）质量监督站在接受质量监督项目后，依据该工程的实际情况及质监工作的任务、权限、责任等，制定该工程项目的质量监督计划；对该项工程的项目划分进行复核；对建设、监理单位的质量检查体系，施工单位的质量保证体系及设计单位的现场服务计划实施监督检查。

（5）在工程项目施工的过程中，采用以抽查为主的监督方式或进行巡回监督；根据质量监督计划，对重要的隐蔽工程和工程的关键部位进行现场监督检查；按规定及计划对原材料、中间产品、工程成品进行抽样检查；对单元工程、分部工程的质量评定情况和工程实物质量进行监督检查。

（6）在工程竣工验收前，对工程竣工验收所需质保资料进行检查；对工程质量进行等级核定，编制工程质量评定报告，向工程竣工验收委员会（或小组）提出工程质量等级的建议。

（7）参加工程竣工验收。

（二）施工质量控制

施工质量控制作为一项管理职能，是指按照计划标准，衡量计划完成情况并纠正计划执行中的偏差，以确保计划目标的实现。工程质量监督站对工程施工质量进行控制，就是按照有关的规范规程、技术标准和设计要求，衡量各参建单位在工程建设过程中各种活动的完成情况，对施工过程中产生的工程质量偏差提出纠正措施，处理各种质量问题，对工程质量评定情况进行检查核实。施工是形成工程实体的动态过程，施工质量控制是由核查施工单位、监理单位资质，监督检查施工单位的质量保证体系和监理单位的质量检查体系开始，包括投入材料的质量控制，施工现场的抽查或巡回监督，质量评定情况的核查，中间产品的抽检，现场质量监测及质量问题的处理等控制措施，直到保修期结束为止的全过程的控制。施工质量控制大致可分为事前、事中、事后质量控制三种类型。

1.影响工程施工质量的因素

影响工程施工质量的因素很多，但可概括为人员、材料、机械、方法或工艺、环境五大因素。事前、事中对这五方面因素进行全面的严格控制，是保证项目施工质量的关键。

（1）人员对工程质量的影响

人员是指直接参与设计、施工的操作者和管理者以及监理工程师。每个工作岗位和每个人的工作都直接或间接地影响着工程质量。

（2）材料对工程质量的影响

材料是指工程项目所用的原材料、构配件和工程金属结构及设备等。材料是工程的物质条件，没有这些材料就无法进行施工，若材料质量不合格，则工程质量不可能符合标准，因此加强对材料的质量控制，是工程质量控制的重要内容。

（3）机械设备对工程质量的影响

机械是指施工机械设备和检验工程质量所用的仪器设备。施工机械设备是实现机械化施工的重要物质基础，是现代施工中不可缺少的设施，对施工质量有直接影响；质量检验所使用的仪器设备，是评价施工质量不可缺少的基础条件，它对质量控制也有直接影响。

（4）方法或工艺对施工质量的影响

方法或工艺是指施工方法、施工工艺及施工方案。施工方法或施工工艺的先进性、施工方案的合理性均对施工质量影响极大。在制定和审核施工方案和施工工艺时，必须结合工程实际，从技术、组织、管理、经济等方面进行全面分析、综合考虑，确保施工方案技术上可行、经济上合理，且有利于提高工程质量。

（5）环境对施工质量的影响

施工环境因素很多，主要指技术环境、自然环境、施工管理环境等。技术环境包括施工所用的规程、规范、设计图纸、质量评价标准等因素；自然环境包括地质、水文、气象等因素；施工管理环境包括质量检验、监控制度、质量签证制度等因素。上述环境因素对施工质量的影响具有复杂和多变的特点，而且有些因素是人难以控制的。

2.事前质量监督

事前监督是通过事前考虑各种影响工程质量的因素，预先分析目标偏离的可能性，并拟定和采取各种预防措施，以使计划目标得以实现。它是一种面向未来的控制，是为了防止问题的发生而不是当问题出现时再补救。从质监站的职能来看，事前质量监督是一种主要的质量管理方式，具体内容包括以下方面。

（1）监理单位、施工单位资质的复核，检查各参建单位是否按规程、规范、合同的要求把人员、设备派驻现场，在技术力量、人员素质、机械设备等因素方面为工程质量提供保障。

（2）督促建立和完善各参建单位的质量保证系统，包括检查其计量及检测技术和手段，协助有关单位制定现场会议制度、现场质量检查、检验制度，质量统计报表制度，质量保证资料收集整理制度和质量安全事故报告及处理制度，使各参建单位均有章可循、有法可依，明确各自的责任并知道应该怎么做，在制度、工作环境方面为工程质量提供保障。

（3）根据有关规程规范，核定建设（监理）单位确定的工程项目划分，以便于监理单位对工程质量进行评定以及质量监督机构对工程质量进行监督检查。

（4）对工程所需的原材料、构件的质量进行控制。凡进场材料均应有产品合格证或技术说明书，同时应按有关规定进行抽检。没有合格证或抽检不及格者，不得用于工程。

（5）通过对已完工工程的质量情况及质量数据进行统计分析，研究质量偏差发展的趋势及产生偏差的原因，及时要求有关单位采取适当的措施，纠正不合理的质量偏差，以便把工程质量偏差控制在有关规程规范允许的范围内。

（6）水利工程质量监督站尤其应该注意的是，事前控制并非仅仅指工程开工前的控制。从管理学的角度来看，前一道工序的事后控制，就是后一道工序的事前控制，是一种动态的管理。也就是说，除在开工前核查各参建单位的资质及其质量保证体系，制定有关的规章制度外，在施工的工程中，还必须及时收集整理工程建设的各种质量资料，分析工程质量变异发展的趋势，及时总结经验教训，以便更好地控制后续工程的质量。

3.事中质量监督

事中质量监督也称现场监督或实施监督，是指在活动正在进行时所实施的控制。工程质量监督中，最常用的事中监督方式是旁站监督。在市县质量监督站（组），由于受监工程的规模不大，一般没有设置工程质量监督项目站，没有派出专职质量监督员进驻工地现场，而是主要采用随机的、不定时的抽查或巡回监督的质量监督方式，只是对重要的隐蔽工程和工程的关键部位实施有计划的现场检查，因而较难对工程建设实施全面的事中控制。同时，现在的水利工程已全面实行了施工监理制，监理单位建立和完善了工程质量控制体系，由监理工程师进驻施工现场，并对工程建设的全过程实施旁站监督，按相应的质量评定标准和办法对完成的工序、单元工程进行质量检查、评定。监理单位承担了对工程建设实施事中控制的主要责任。因此，市县质量监督站是通过监理单位的工作来对工程建设实施事中控制的。质量监督站的主要工作是监督检查有关水利工程建设的法律、法规、规章和强制性标准（含技术规程、规范和质量标准）的执行情况以及对监理单位质量检查体系的全面落实进行监督检查，并通过抽查、抽检、核查单元工程质量评定情况等事后控制的方式来对监理单位的工作进行控制。

4.事后质量监督

事后质量监督也称反馈监督，控制的作用发生在行动之后，其注意力集中在历史结果上，目的是在一个过程结束之后再进行改进，以防将来发生偏差，这是最常见的控制类型。事后监督最大的缺点是，在实施纠偏措施前，偏差已经产生，损失已经造成。从质量监督站的监督方式和工作内容看，质监站大量的工作都属于事后控制。主要的内容有以下方面。

（1）审查核定监理单位所做的单元工程、分部工程和单位工程的质量评定，并检查工程实物的质量。按照以往的规定和习惯，工程质量的评定是由质量监督部门负责的。但是随着建设监理制的全面实施，质量监督与建设监理的分工逐步明确，质监部门主要是采用抽查或巡回监督的方式进行质量控制，而监理单位在质量控制方面是实行全面、全过程的旁站监督，两者的质量控制方式不同。可以认为，监理单位对工程质量评定更有发言权，更应负起这个责任，而监督部门则主要是负责监督检查监理单位的工作，通过抽查、抽检、实物检查来核查监理单位对工程质量的评定。市县质量监督站（组）不宜像以往那样代替监理单位对工程质量进行评定。

（2）审核相关质量检验报告及技术文件，收集、整理、分析各种工程质量评定资料、中间产品抽样检测数据、现场检查资料等，以便预测工程质量变异发展的趋势，为后续工程的质量控制提供支持。这项工作，应该是贯穿工程建设全过程的，每一分项、分部工程完成后，或者每隔一段时间都应及时进行，以便及时发现工程建设中存在的问题，及时采取适当的控制措施，防止同类问题的重复出现，尽可能将造成的损失降到最低，为后续工程做好事前控制。但是目前，市县质监站（组）常常在工程施工的过程中忽视了这方面的工作，经常只是在工程准备验收时，才查看有关的质量评定、检测试验资料，这在某种意义上使质量评定和抽样检测失去了作用，影响了对工程质量的控制。这是应该注意改正的。

（3）竣工验收前审查有关工程项目的竣工验收资料，按照有关规程规范的要求进行现场质量抽查，并编制工程质量监督报告。

（4）参加工程验收。对工程项目质量控制而言，事前控制和事后控制都是不可缺少的，都是实现项目质量目标必须采用的控制方式。有效的工程项目质量控制就是将事前、事中、事后控制紧密地结合起来，力求最大限度地发挥事前控制在项目质量控制中的作用，同时进行不间断的事中、事后控制。

第三节　水利工程质量监督管理模式与建议

一、国外工程质量监督管理模式及启示

（一）国外工程质量监督管理模式

由于建设工程质量的重要性，无论是发达国家，还是发展中国家，均强调政府、社会、业主及相关的企业、事业单位对建设工程质量的监督和管理。有些国家市场经济起步和发展比较早，在积累大量经验的同时，形成与之有关的法律、法规、监督管理体系，即"三大体系"。三大体系与现行的市场经济比较适应，结合本国国情加有效的管理机制，有效地维护了国家利益。住宅、城市、交通、环境建设和建筑等行业的质量管理法规的制定和执行监督被大多数政府的建设主管部门定为主要任务，国家和省市投资的项目和大型

的建设项目被视为重点监督对象。

1.政府不直接参与工程项目质量监管——以法国为代表

法国政府主要运用法律和经济手段，而不是通过直接检查来促使建筑企业提高产品的质量，通过实行强制性工程保险制度，来保证工程项目质量水平。为此，法国建立了全面完整的建筑工程质量技术标准法规，为开展质量监督检查提供有力依据。建筑法规《建筑职责与保险》规定，工程建设项目各参与方，包括业主，材料设备供应商，设计、施工、质检等单位，都必须向保险公司投保。为保证实施过程中的工程质量，保险公司要求每个工程建设项目都必须委托一个质量检查公司进行质量检查，同时承诺给予投保单位一定的经济优惠（一般少收取工程总造价的1.0%~1.5%），因此法国式的质量检查又包含了一定的鼓励性。

在法国，对政府出资建设的公共工程而言，法国标准（NF）和法国规范（DTU）都是强制性技术标准；对非政府出资的不涉及公共安全的工程，政府并未做出要求，强制性标准的要求是由保险公司提出的。保险公司要求，参与建设活动的所有单位的投保工程必须遵守NF和DTU的规定，所以无论投资方是何种性质，NF和DTU都是强制性标准。根据技术手段、结构形式、材料类型的更新情况，NF和DTU以每2~3年1次的频率进行修订。

法国为了使建筑工程产品质量得到保障，各建筑施工企业都建立健全了各自的质量自检体系，不但许多质量检测机构检查产品质量，而且企业的质量保证体系也是重点检查的项目之一。大公司均内设质检部门，配备检验设备，质量检查记录也细致到每道工序、每个工艺。

法国的工程质量监督机构以独立的非政府组织——质量检查公司的形式存在，具体执行工程质量检查活动。在从事质量检查活动前，政府有关部门组成的专门委员会将对公司的营业申请进行审批，公司必须在获得专门委员会颁发的认可证书后方可开展质量检查活动。许可证书每2~3年进行复审。

法律规定质量检查公司在国内不得参与除质检活动以外的其他任何商业行为，以确保其可以客观公正地对工程质量进行微观监督，保持独立于政府外的第三方身份，保证了其质量检查结论客观公正。

2.政府直接参与工程项目质量监督——以美国为代表

美国政府建设主管部门直接参与工程建设项目质量监督和检查。在政府部门中设置建设工程质量监督部，负责审查工程的规划设计，审批业主递交的建造申请并征求相关部门意见，同时对项目建设提出改进建议，对工程质量形成的全过程进行监督。此外，该部门还负责对使用中的建筑进行常规性的巡回质量检查。从事工程项目质量监督检查的人员一部分是政府相关部门的工作人员，另一部分则是根据质量监督检查的需要，由政府临时聘请或者要求业主聘请的，具有政府认可从业资质的专业人员。每道重要工序和每一个分项、分部工程的检查验收只有经这些专业人员具体参与并认定合格后，方可进行下一道工序。对工程材料、制品质量的检验都由相对独立的法定检测机构进行。

质量监督检查一般分为随时随地和分阶段监督检查方式。在建筑工程取得准许建造证后，现场监督员即开始到施工现场查看现场状况和施工准备情况；在施工过程中，现场监督员则经常到现场监督检查。当一个部位工程（相当于我国的某些分项工程或一个分部工程）完成后，通知质量监督检查部门，请他们到现场进行该部位工程质量的监督检查。若该部位工程质量符合统一标准规定，则予以确认并准许施工方进行下一道工序的施工。

根据工程的性质和重要程度，分别采取不同的监督方式。对一般性工程，现场监督员是以巡回监督的方式检查；如果是重要或复杂的工程，则派驻专职现场监督员，全天进行监督检查。对一些特殊的工程项目，需请专家进行监督检查，专家检查后签名盖章以示负责。在监督检查的深度上，也因工程性质及重要程度而有所不同。比如，涉及钢结构焊接，高强螺栓的连接，防火涂层和防水涂膜的厚度等安全部位，要增大监督检查的深度。通过严格检查和层层把关，保证建设工程的质量安全。

美国的工程保险和担保制度规定，未购买保险或者未获得保证担保的工程项目参与方是不具备投标资格的，是没有可能取得工程合同的。在工程保险业务中，保险公司通过对建设工程情况、投保人信用和业绩情况等因素进行综合分析以确定保费的费率。承保后，保险公司（或委托咨询公司等其他代理人）参与工程项目风险的管理与控制，帮助投保人指出潜在的风险及改进措施，把工程风险降到最低。

3.委托专业第三方开展工程项目质量监督管理——以德国为代表

德国政府对建筑产品的监督管理，是以间接管理为主，直接管理为辅。

间接管理方面：通过完善建筑立法、制定行业技术标准等宏观调控手段来规范建筑产品的施工标准和施工过程，引导建筑业健康发展；通过州政府建设主管部门授权委托质量监督审查公司，由国家认可的质监工程师组建的质量审查监督公司（质监公司），对所有新建和改建的工程项目的设计、结构施工中，涉及公众人身安全、防火、环保等内容的部分，实施强制性监督审查。

直接管理方面：对建筑产品的施工许可证和使用许可证进行行政审批。《建筑产品法》是对建筑产品的施工标准和施工过程进行约束的法律，它是检测机构、监督机构、发证机构进行监督管理的依据，规定了检测机构、监督机构、发证机构的组成、职能及操作程序。

德国的质量监督审查公司以下简称"质监公司"由国家认可的质监工程师组成，属于民营企业，代表政府而不是业主，对工程建设全过程的质量进行监督检查，保证了监督工作的权威性、公正性。质监公司在施工前要对设计图进行审查，并报政府建设主管部门备案，还要对施工过程进行监督抽查，主要针对主要结构部位、隐蔽工程进行抽查，并出具检验报告，最后要对工程进行竣工验收，并对整个检查结果负责。此外，质监人员还应到混凝土制品厂、构件厂等单位对建筑材料和构配件的质量进行抽查。

德国的质监公司是对微观层次的工程质量进行监督，其职能相当于我国的监理和质监机构的组合体，政府只对质监工程师的资质和行为进行监督管理，不对具体工程项目进行监督检查，这有利于加强政府对工程质量的宏观控制。质监人员若在监督工作中徇私舞弊、收受贿赂，将被终身吊销执业执照。

自然人、法人、机构、专业团体在经过政府的同意，并取得相应的资质资格证书后，可以开展质量监督活动，被称为"监督机构"。主要的监督活动：对施工单位生产控制的首次检查及监督、评价和评估；对施工单位的建筑产品质量控制系统进行初检；对整个生产控制体系进行全过程监督与评价。

（二）国外工程质量监督管理模式特点

1.质量监督管理认识方面

强调政府对工程质量的监督管理，以大型公共项目和投资项目作为监督管理的重点，以许可制度和准入制度为主要手段，在项目策划阶段就对建设项目进行筛选，去劣存优，保障了建设者（投资方）的经济效益，也保证了使用者的合法权益。

重视质量观念的建立，强调质量责任，突出对建设工程项目质量管理的全过程进行全面控制管理的思想，建立健全工程质量管理的三大体系。

发达国家健全完善的法律法规体系，行之有效的市场机制，有效地规范了工程项目参建各方的质量行为，使参建各方自觉主动地进行质量管理；通过加大对科研立项阶段、设计阶段的质量控制和质量规划监督管理的力度，尽可能从根本上杜绝质量事故的发生，从而引导和规范各建设主体的质量行为和工程活动，提高各方主体的质量意识。

2.质量监督管理体制方面

把健全完善的重点放在建设工程领域的法律法规和运行体系上，促进工程项目建设活动安全健康发展，规范市场行为，推进行业全面发展，实现政府对建设市场的宏观调控目的。重视工程项目建设单位的专业资质，从业人员职业资格和注册，工程项目管理的许可制度建设，实现政府对建筑行业服务质量的控制和管理。

政府建设主管部门的管理方式，以依法管理为主，以政策引导、市场调节、行业自律及专业组织管理为辅，以经济手段和法律手段为首选方式，依法对建筑市场各主体从事的建筑产品的生产、经营和管理活动进行监督管理。充分发挥各类专家组织和行业协会的积极性和能动性，依靠专业人士具有的工程建设所需要的技术、经济、管理方面的专业知识、技能和经验，实现对建筑产品生产过程的直接管理。

3.质量监督管理对象方面

重视对业主质量行为的监督管理,因为业主是项目的发起人、组织者、决策者、使用者和受益者,在工程项目建设质量管理中起主导作用,对建设项目全过程负有较大的责任。监督管理的对象还包括工程咨询方、承包商和供应商等所有参与工程项目建设的市场主体以及质量保证体系和质量行为。政府的干预较少,只限于维护社会生活秩序和保障人民公共利益。

重视工程项目可行性研究和工程项目的设计,以投资前期与设计阶段作为质量控制的重点。可行性研究阶段主要是控制建设规模,规划布局监管和投资效益评审。西方国家分析认为,由设计失误造成的工程项目质量事故占有很大比例。一个项目可行性研究工作一般要用1~2年的时间完成,花费总投资额的3%~5%,排除了盲目性,减少了风险,保护了资金,争取了时间,达到少失而多得的目的。在设计开始前制定设计纲要,业主代表在设计全过程中进行检查。对设计进行评议,包括管理评议及项目队伍外部评议,全面发挥设计公司强有力的整体作用。

加大实行施工过程中的监督、检查力度(包括企业自检与质量保证、业主与政府的质量监督检查两个方面)。建材和设备全部要与FIDIC条款中相应品质等级及咨询工程师的要求相吻合。对质量符合技术标准的产品,需要由第三方认证机构颁发证书,保证材料质量。

(三)先进工程质量监督管理经验与启示

在政府是否直接参与微观层次工程质量监督的问题上,根据各国政体和国情的不同,发达国家采取的工程质量监督管理模式不尽相同,但是在质量监管的法律法规体系建设中,对工程项目的全过程监督,质量保证体系建设方面存在可为我国借鉴之处。

1.法律法规体系

建立健全工程质量管理法规体系是政府实施工程质量监督管理的主要工作和主要依据,是建筑市场机制有序运行的基本保证。大部分建设工程质量水平较好的国家一直重视建设行业的法治规范建设,对政府建设主管部门的行政行为,各主体的建设行为和对建筑产品生产的组织、管理、技术、经济、质量和安全都做出了详细、全面且具有可操作性的规定,从建设项目工程质量形成的全过程出发,探求质量监督管理的规律,基本上已经形成成熟完善的质量监管和保障执行的法律法规体系,为高效的质量监管提供了有力依据。

发达国家的建设法律法规体系大体上分为法律、条例和实施细则、技术规范和标准三个层次。首先,法律在法律法规体系中位于最顶层,主要是对政府、建设方、质监公司等行为主体的职能划分、责任明确和权利义务的框架规定,以及对建设工程实施中的程序和管理行为的规定,是宏观上的规定。其次,条例和实施细则,是对法律规定的明确和细化，是对具体行为的详细要求。最后，技术规范和标准，是对工程技术、管理行为的程序和行为成果的详细要求。一般分为强制性、非强制性和可选择采用三类。既有宏观规定，又有具体行为指导，既有对实体质量的标准要求，也有对质量行为和程序的条例规范，还有执行监督管理行为实施的法律保障，构成了全面完整的法律法规体系，将工程建设各个环节、项目建设参与各方的建设行为都纳入管理规定的范围。

发达国家的建设工程法律法规体系呈现国际化趋势，在法律法规的制定过程中积极同国际接轨，或者遵循国际惯例，促进国内企业的发展，同时为国内企业参与国际竞争提供支持。

2.普遍实行的工程担保和保险制度

完备的工程担保和保险制度是保障建设工程质量的经济手段。工程项目建设期一般以年为单位，时间跨度大、投资数额高、影响因素多，从项目策划到保修期结束存在各种不确定因素和风险。对建设工程项目的投资方而言，其有可能会遭遇设计失误、施工工期拖延、质量不合格、咨询（监理）监督不到位等风险；对承包商（施工方）来说，其有可能面临投标报价失误、工程管理不到位、分包履约问题及自身员工行为不当等风险。勘察设计、咨询（监理）方则承担的是职业责任风险。这些都是影响工程质量的风险因素。工程保险和担保制度对于分散或减少工程风险和保证工程质量起到了非常大的作用。

各参建单位必须进行投保，而且投保要带有强制性。从立项到质保期结束，按照合同约定由责任负责方承担担保与保险责任，为工程寿命期提供经济保证。

由于担保与保险费率是保险公司根据承包商以往建设工程完成情况、业绩、信用情况，以及此次工程建设项目的风险程度等综合考虑确定的，所以浮动担保与保险费率制有利于增强质量意识，提高质量管理。一旦失信，保证金及反担保资产将被用于赔偿，信用记录也会出现污点，造成再次投保或者担保的费率提高甚至没有保险担保公司承保，相当于被建设工程市场驱逐。守信受益，失信受制，通过利益驱动，在信用体系建立社会保证、利益制约、相互规范的监督制衡机制，强化了自我约束与自我监督的力度，有效地保证参与工程各方的正当权益，同时对于规范从业者的商业行为，健全和完善一个开放、具有竞争力的工程市场，使招投标体系得以健康、平衡运行，可以起到积极的促进作用。

3.严格建设工程市场准入制度

在市场经济模式下，国际上建设管理比较成功的国家都是按照市场运作规律进行调整，在工程建设市场投入大量的精力，制定严格的专业人员注册许可制度和企业资质等级管理制度，在有效约束从业组织和从业个人正当从事专业活动方面发挥着极其重要的作用。

注册许可制度对专业人员的教育经历、参加相关专业活动的从业经历等条件具有严格的要求。只有符合条件要求，通过考试评审，同时具有良好的职业道德操守的人员，才能够获得职业资格，获得注册许可后，专业人员仍需严格遵守职业行为规范等规定，定期完成对职业资格的复审。一旦出现失职或违法等行为，专业人员将被记录在案，甚至被取消资格。严格的准入制度保证了专业人员的专业水准和职业活动的行为质量，实现了政府对行业服务质量的管理。

4.工程质量监督模式的变化

国际上建设水平较发达的国家普遍委托第三方——审查工程师、质量检查公司或者质量检查部门对工程实体进行质量监督控制，监督费用由政府承担，避免了第三方同被检查对象因存在经济关系而发生利益关系，使检查结果能更加客观公正，有利于工程质量水平的提高。

比如，德国的审查工程师就代表政府，实施工程质量监督检查，但是审查工程师需通过国家的认证与考核，而众多的审查工程师为了获得更多的业务，必然会在工程质量监督检查过程中客观公正地执法，全面提高自身的监督管理水平，否则会因此无法通过认证或者考核；还有法国的质量检查公司也是独立于其他参建主体之外的第三方检查公司，一般受工程保险公司的委托进行质量检查，也完全脱离了政府的授权或委托关系，当然质量检查公司的资质认证和考核肯定要受政府的制约和控制。在这样的质量管理机制下，对促进施工企业的管理水平，对保障工程质量水平起到了实效，值得我们学习借鉴。

5.模范工程专业化服务和行业协会的作用

建设工程质量监督管理体系较完善的国家，一般都有相当完善的专业人士组织和行业协会，政府通过对专业人员和专业组织实行严格的资格认证和资质管理，为工程项目的质量管理提供有效的服务。

政府以对专业人员资格认可和专业组织资质的审核许可为管理手段，以法律法规为专业人员和专业组织的行为规范，保证了专业组织的能力水平和从业行为质量。专业组织作为获政府委托授权的第三方机构，对建设工程项目的质量进行直接的监督管理，充分发挥专业水平，成为政府进行工程质量监督管理的有力助手。职业资格和资质的等级设置，激励了专业人员、专业组织不断提升自身专业水平、服务水平，主动规范行业行为，以获取更高级别的资格和资质，在带动行业整体发展的同时，有效提高咨询服务质量，也推动了建设工程项目质量水平的不断进步，对工程项目质量监督管理水平的提升起到了重要作用。

行业积极向上发展的良好趋势，要求其自身不断加强行业自律，主动约束行业从业人员的素质、专业水平、从业行为。以专业人士为核心的工程咨询方对市场机制的有效运行及项目建设起着非常重要的作用，有利于提高行业从业人员的素质和从业组织的市场竞争能力，对于提高工程质量起着积极作用。

二、水利工程项目质量监督管理政策与建议

（一）水利工程项目质量监督管理的发展方向

1.健全水利工程质量监管法规体系

我国对水利工程质量实行强制性监督，建立健全的法律体系是开展质量监督管理活动的有力武器，是建筑市场机制有序运行的基本保证。

（1）完善质量管理法律体系，制定配套实施条例。统一工程质量管理依据，改变建设、水利、交通等多头管理、各自为政的现状，将水利工程明确纳入建设工程范畴。出台建设工程质量管理法律，将质量管理上升到法律层面。修订完善《水利工程质量管理条例》中的陈旧条款，加入适应新形势下质量管理要求的新条款，作为建设工程质量法的实施细则，具体指导质量管理。增加中小型水利工程适用的质量监督管理法规和标准，规范质量监督管理工作，保证工程项目质量。

（2）尽快更新现行法律法规体系。随着政府职能调整，行政审批许可的规范，原有法律法规体系中质量监督费征收、开工许可审批、初步设计审批权限等行政审批事项已经被废止，虽然水利部及时发文对相关事项进行补充说明，但并未对相关法规进行修订。

（3）加大与保障法律执行有关制度的建设。为促使各责任主体积极主动地执行质量管理规定，应制定相应的奖惩机制，制定保障执法行为的相关制度。在法治社会，失去强有力的质量法律法规体系的支撑，质量监督管理就会显得有气无力，对违法违规行为不能给出有力的处罚，不能有效地震慑违法行为主体。执行和保障法律体系的缺失，会使质量监督管理沦为纸上谈兵。要制定度量明确的处罚准则，树立质量法律威信，才能真正做到有法可依、执法必严、违法必究。对信用体系建设中出现的失信行为，也应从法律角度加大处罚力度，强化对有关法律法规的自觉遵守意识。

（4）我国在制定本国质量监督管理相关法律时，应充分考虑国际通用法规条例和国际体系认证的标准规则，提升与国际接轨程度，从而提高我国建设工程质量水平，也为增强我国建设市场企业的国际竞争提供有利条件。

2.完善水利工程质量监督机构

转变政府职能，将政府从繁重的工程实体质量监督任务中解脱出来。政府负责制定工程质量监督管理的法律依据，建立质量监督管理体系，确定工程建设市场发展方向，在宏观上对水利工程质量进行监督。

工程质量监督机构受政府委托从事质量监督管理工作，属于政府的延伸职能，属于行政执法，这就决定了工程质量监督机构的性质只能是行政机关，在我国事业单位不具有行政执法主体资格，所以需要通过完善法律，给水利工程质量监督机构正式明确独立的地

位。质量监督机构被确立为行政机关后,经费由国家税收提供,使其不再面临因经费短缺造成的质量监督工作难以开展的局面。工程质量监督机构负责对工程质量进行监督管理,水行政主管部门对工程建设项目进行管理,监督与管理分离,职能不再交叉,有利于政府政令畅通,效能提升。

工程质量监督机构接受政府的委托,以市场准入制度、企业经营资质管理制度、执业资格注册制度、持证上岗制度为手段,规范责任主体质量行为,维护建设市场的正常秩序,消除水利工程质量和技术的不确定因素,达到保证水利工程质量水平的目的。

工程质量监督机构还应加强自身质量责任体系建设,落实质量责任,明确岗位职责,确保机构正常运转。

3.强化对监督机构的考核,完善上岗制度

质量监督机构是以年为单位,制定年度工作任务目标,并报送政府审核备案。在年度考核中,以该年度任务目标作为质量监督机构职责履行年终考核的依据。制定考核激励奖惩机制,促进质量监督机构职责履行水平、质量监督工作开展水平不断提高。

质量监督机构的质监人员严格按照公务员考录制度,通过公开考录的形式加入质监人员队伍,质监人员的专业素质,可以在公务员招考时加试专业知识,保证新招录人员的专业水平。新进入人员上岗前,除参加公务员新录用人员初任资格培训外,还应通过质监岗位培训考试,获得质量监督员证书后上岗。若在一年试用期内,新进入人员无法获得质监岗位证书,可视为该人员不具有公务员初任资格,不予以公务员注册。

公务员公开、透明的招考方式,是引进高素质人才的有效方式。质量监督员可采用分级设置、定期培训、定期复核的制度。根据业务工作需要,组织质监人员学习与建设工程质量监督管理有关的法律、法规、规程、规范、标准等,并分批、分层次对其进行业务培训。质监人员是否有效地实施质量执法监督,是否可以科学统筹发挥质监人员的作用,是建设工程质量政府监督能否高效运行的关键。分级设置质量监督员既对质量监督员本身起激励作用,又对质量责任意识起强化作用。

(二)水利工程项目质量监督的建议与措施

1.工程项目全过程的质量监督管理

(1)强调项目前期监管工作,严格立项审批

水利工程项目应突出可行性研究报告(以下简称"可研报告")审查,制定相关审查制度,确保工程立项科学合理,符合当地水利工程区域规划。水利工程项目的质量监督工作应从项目决策阶段开始。分级建立水利工程项目储备制度,各级水行政主管部门在国家政策导向作用下,根据本地水利特点、地方政府财政能力和水利工程规划,上报一定数量的储备项目。储备项目除在规模、投资等方面符合储备项目要求外,其可研报告必须已经

通过上级主管部门审批。水利部或省级水行政主管部门定期会同有关部门对项目储备库中的项目进行筛选评审。将通过评审的项目作为政策支持内容，未通过储备项目评审的项目发回工程项目建设管理单位，对可研报告进行补充完善。可行性研究为项目决策提供全面的依据，减少决策的盲目性，是保证工程投资效益的重要环节。

（2）全过程对质量责任主体行为的监督

项目质监人员在开展工作时，往往会进入对制度体系进行检查的误区。在完成对参建企业资质经营范围，人员执业资格注册情况，以及各主体质量管理体系制度建立情况的检查后，就误以为此项检查已经完成，得到"存在即满分"的结论。在施工阶段，质监人员把注意力完全放在对实体质量的关注上，忽视了对上述因素的监控。全过程质量监督，不仅是对项目实体质量形成过程的全过程监督，也是对形成过程责任主体行为的全过程监督，在施工前完成相应制度体系的检查以及企业资质、人员执业资格是否一致的检查后，在施工阶段应该着重对各责任主体质量管理、质量控制、质量服务等体系制度的运行情况、运行结果进行监督评价，对企业、人员的具体工作能力与所具有的资质资格文件进行核查，通过监督责任主体行为水准，保证工程项目的质量水平。

2.加大项目管理咨询公司培育力度

水利工程建设项目实行项目法人责任制，是工程建设项目管理的需要，也是保证工程建设项目质量水平的前提条件。在我国，水利工程的建设方是各级人民政府和水行政主管部门，由行政部门组建项目法人充当市场角色，阻碍了市场机制的有效发挥，对建设市场的健康发展，水利工程质量的监督管理都有不利影响。水利部多项规章制度对项目法人的组建，对法定代表人的标准要求，项目法人机构的设置等都进行了明确的规定。但在工程项目建设中，由于政府的行政特性，对项目法人并不能发挥对工程项目质量负全责的作用。

政府（建设方）应通过招投标的方式，选择符合要求的专业项目管理咨询公司，授权委托项目管理咨询公司组建项目法人，代替建设方履行项目法人职责，对监理、设计、施工等责任主体进行质量监督。由专业项目咨询公司组建项目法人，按照委托合同承担和履行规定的职责义务，与施工、设计单位不存在隶属关系，能更好地发挥项目法人的职责，发挥项目法人质量全面管理的作用。

工程项目管理咨询公司是按照委托合同，代表业主方提供项目管理服务的。监理单位与工程项目管理咨询公司在本质上都属于代替业主提供项目管理服务的社会第三方机构，但是监理只提供工程质量方面的项目管理服务，工程项目管理咨询公司是可以完全代替业主行使项目法人权利的专业咨询公司。

国家应该对监理公司、项目咨询管理公司等提供管理咨询服务的企业进行政策扶持，可以通过制定鼓励性政策，鼓励水利工程项目法人同项目管理咨询公司签订协议，由专业项目管理咨询公司提供管理服务,并给予政策或经济鼓励,在评选优质工程时,也可以将其作为一项优先条件。

3.加大推进第三方检测力度

第三方检测是指实施质量检测活动的机构与建设、监理、施工、勘察设计等单位不存在从属关系。检测单位应具有水利部或省级水行政主管部门认可的检测资质。检测资质共有五个类别,分别是岩土工程、混凝土工程、金属结构、机械电气和量测。

现行水利工程质量检测制度是在验收阶段进行的质量检测活动,是在施工方自检、监理方抽检基础上进行的,虽然也属于第三方检测范畴,但是检测的对象是已完工的工程项目,是对工程质量等级的评定,不能起到监督作用,具有局限性。在施工过程中,施工单位的自检、监理单位的抽检通常都是由其内部的质量检测部门完成的。检测单位和委托单位具有隶属关系,结果的准确性、可信度得不到保障,检测结果获得其他单位认同的程度较低。

第三方检测是受项目法人(或项目管理公司)的委托,依据委托合同和质量规范标准对工程质量进行独立、公正检测的,只对委托人负责,检测结果的准确性、可信程度更高。对工程原材料、半成品的检测,由第三方检测机构依据施工进度计划或施工方告知的时间到施工现场进行取样,制作试验模块,减少了中间环节,改变了以往施工单位提供样本,检测单位只负责检测的模式,检测单位的结论也相应地由对样本负责改为对整个工程项目质量负责,强化了检测机构的质量责任意识。质量检测结果更加准确、公正,时效性更强。

在目前检测企业实力有限的形势下,检测结果可信性和权威性有待提高,可以允许交叉检测、施工质量检测和验收质量检测由不同的检测机构进行交叉检测,分别形成检测结果,以确保检测结果真实可靠。推行第三方检测模式,遵循公正、公开、公平的原则,维护质量检测数据的科学性和真实性,确保工程质量。

4.从业组织资质和从业个人执业资格管理

对从业组织资质和从业个人执业资格的管理,是对工程项目质量技术保障的一种强化。严格的等级管理制度,限定了组织和个人只能在对应的范围内开展经营活动和执业活动,对工作成果和工作行为的质量是一种保障,也有效地约束了企业的经营行为和个人的执业活动。对企业和个人也是一种激励,只有获得更高等级的资质和资格,经营范围和执业范围才会更广泛,有竞争更大型工程的条件,才有可能获得更大利益。

(1)制定严格的等级管理制度。对从业以来无不良记录的企业和个人给予证明,在竞争活动中比其他具有同等资质的竞争对手具有优势;同时,对违反规定,在规定范围外承接业务的行为,挂靠企业资质和个人执业资格的行为进行严厉的处罚,包括行政和经济两方面的处罚,等级不但可以晋升还可以降低。

（2）加大企业年审和执业资格注册复审的力度。改变以往只在晋级或者初始注册时严审，开始经营活动和执业活动后管理松懈的状况。按照企业发展趋势，个人执业能力水平提升趋势，制定有效的年度审核复审制度，对达不到年审标准和复审标准的企业与个人予以降级或暂缓晋级的处罚。改变以往的定期审核制度，将静态审核改为动态管理，全面管理企业和个人的执业行为。

（3）加大审核力度不能只依赖对企业或个人提供资料的审核，应结合信用体系记录、企业业绩、个人成绩等进行综合审核、综合评价。强化责任意识，利用行政、经济两个有效手段进行管理，增强企业、个人自觉遵守的意识，促进市场秩序的建立和市场作用的有效发挥。

参考文献

[1]孙玉玥，姬志军，孙剑.水利工程规划与设计[M].长春：吉林科学技术出版社，2020.

[2]李战会.水利工程经济与规划研究[M].长春：吉林科学技术出版社，2022.

[3]程令章，唐成方，杨林.水利水电工程规划及质量控制研究[M].北京：文化发展出版社，2022.

[4]宋秋英，李永敏，胡玉海.水文与水利工程规划建设及运行管理研究[M].长春：吉林科学技术出版社，2021.

[5]李宗权，苗勇，陈忠.水利工程施工与项目管理[M].长春：吉林科学技术出版社，2022.

[6]曹刚，刘应雷，刘斌.现代水利工程施工与管理研究[M].长春：吉林科学技术出版社，2021.

[7]高喜永，段玉洁，于勉.水利工程施工技术与管理[M].长春：吉林科学技术出版社，2019.

[8]耿娟，严斌，张志强.水利工程施工技术与管理[M].长春：吉林科学技术出版社，2022.

[9]赵黎霞，许晓春，黄辉.水利工程与施工管理研究[M].长春：吉林科学技术出版社，2022.

[10]刘进宝，陈宇翔.水工混凝土材料检测技术[M].北京：中国水利水电出版社，2021.

[11]洪世兴，张玉飞，拔丽萍，等.水利水电工程验收报告编写指南与示例：质量检测卷[M].北京：中国水利水电出版社，2022.

[12]栾策，崔瑞，石玉东.水工建筑材料与检测[M].北京：中国水利水电出版社，2021.

[13]王海龙，杨虹.浮石胶粉混凝土在水工建筑上的试验研究与探讨[M].北京：中国水利水电出版社，2021.

[14]曹京京.建筑材料检测综合实训[M].北京：中国水利水电出版社，2022.

[15]李平先，程红强.水工混凝土结构[M].第2版.郑州：黄河水利出版社，2020.

[16]赵二峰，顾冲时.水工混凝土结构强度理论[M].南京：河海大学出版社，2020.

[17]蔡一飞，韩云峰，梅伟.水工金属结构理论与应用研究[M].长春：吉林大学出版社，2019.

[18]马慧，张胜，王鹏.城市给排水系统设计与规划研究[J].能源与环境，2021（06）：106-107.

[19]李鸣凤.城市给排水设计及污水处理原则与措施研究[J].城市住宅，2021，28（S1）：60-61.

[20]李慧.水利工程建设管理云平台的建设与应用[J].中国管理信息化，2021，24（16）：186-188.

[21]徐伟.PPP模式下水利工程项目建设管理的难点及应对措施[J].水利规划与设计，2021（08）：117-121.

[22]甄永权.辽宁省农村小型水利工程建设管理模式探析[J].黑龙江水利科技，2021，49（07）：68-70.

[23]谭万桂.小型农田水利工程建设管理问题及对策[J].农家参谋，2021（13）：179-180.

[24]樊学惠.农田水利工程建设管理的创新思路[J].农业科技与信息，2021（12）：101-103.

[25]贾宝力.水利工程建设管理云平台建设与应用探讨[J].山东水利，2021（05）：11-12.

[26]李成立.浅析城市管理中给排水工程施工质量的管理与控制[J].农家参谋，2020（19）：170-171.

[27]王君晗.城市给排水管道的管理及养护策略研究[J].大众标准化，2020（15）：207-208.